航空磁探仪搜潜原理及战术应用

吴　芳　吴　铭　牛庆功　王学敏　著

国防工業出版社

·北京·

内容简介

本书系统地介绍了航空磁探仪搜潜原理和反潜机磁探仪战术应用。全书分为两大部分，共由6章组成。第一部分是航空磁探仪搜潜原理，由第1章～第4章组成，包括地磁场及海洋环境磁场、潜艇磁场、潜艇磁场建模方法。第二部分是航空磁探仪作战应用，由第5章和第6章组成，包括航空磁探仪的作战使用、航空磁探仪搜潜建模方法与仿真分析、反潜机磁探仪对潜艇作战模拟仿真评估方法和关键技术等内容。

本书可供从事航空磁探仪研究的专业人员参考。

图书在版编目（CIP）数据

航空磁探仪搜潜原理及战术应用／吴芳等著．—北京：国防工业出版社，2023.3

ISBN 978-7-118-12749-2

Ⅰ.①航…　Ⅱ.①吴…　Ⅲ.①磁探测器-航空设备-反潜设备-研究②磁探测器-航空设备-反潜设备-军事技术　Ⅳ.①TJ67②E926.38

中国国家版本馆 CIP 数据核字（2023）第 065400 号

审图号　GS 京（2023）0287 号

※

国防工业出版社出版发行

（北京市海淀区紫竹院南路23号　邮政编码 100048）

天津嘉恒印务有限公司印刷

新华书店经售

*

开本 710×1000　1/16　**印张** 12　**字数** 212 千字

2023 年 3 月第 1 版第 1 次印刷　**印数** 1—1500 册　**定价** 99.00 元

（本书如有印装错误，我社负责调换）

国防书店：(010) 88540777　　书店传真：(010) 88540776

发行业务：(010) 88540717　　发行传真：(010) 88540762

前　言

随着潜艇技术的发展，潜艇不仅成为攻击海面舰船、封锁海上通道的重要武器，而且成为潜射战略导弹的发射平台，这意味着潜艇在战争中的地位已得到进一步提高。面对潜艇日益增长的威胁，近年来各国海军对反潜技术提出了迫切要求，已形成从水面、水下、空中到太空的多维空间的立体反潜网。因此，反潜已成为一种非常重要的作战和训练任务。

对潜艇的探测手段可以分为声探测和非声探测两大类。目前，在实际装备中使用最多是声探测设备，如声纳浮标和吊放声纳等。然而，随着近年来潜艇声隐身技术的发展，传统的声探测手段面临着严峻的挑战。现代潜艇在设计和制造上对潜艇的声隐身性能格外重视，美国、俄罗斯等军事强国已经装备了声隐身潜艇，在低速潜航状态下，总声级可以低至120dB 以下。按照声级随距离的衰减规律，这些目标在距离 100m 外，总声级将下降为 80dB。声隐身潜艇的线谱不明显，除了局部频段外，大部分频段的噪声已被淹没在海洋背景噪声中，而在 3 级海况下的浅海地区，海洋环境噪声级可达到 100dB 以上，对现代潜艇的声探测已经相当困难。为了提高对潜艇目标的探测能力，各国海军越来越重视发展非声探潜手段。

非声探潜手段主要是利用光、电、磁、废气、核辐射等物理场对潜艇进行探测，通常与航空反潜声探测设备配合使用、互相补充，进一步提高反潜作战效能。目前，装备使用的航空反潜非声探测设备主要包括磁探仪、目视探测仪、机载雷达、红外探测仪、激光探测仪、废气探测仪和核辐射探测仪等。其中，磁探仪是磁异常探测仪的简称，它是一种探测由于潜艇的存在而使所在位置的磁场发生变化，进而发现潜艇的仪器，称为磁力探测仪。磁探测仪可在空中一定高度上发现水下活动的核潜艇，并对其精确定位。航空磁探仪按其探头的安装位置分为两种：一种是安装于固定翼反潜机尾部的固定式磁探仪，其探头安装于无磁性探杆内；另一种是安装于反潜直升机上的吊放式磁探仪，吊放式磁探仪的优点是不需要对本机的磁干扰进行补偿，但使用不方便。

磁探仪与其他探测手段相比具有以下独特的优势：①被动探测、隐蔽性好；

②识别能力好，执行时间短，定位精度高；③独立工作能力强；④单位时间搜索面积大。由于以上优越性，航空磁性探潜装备在一些军事强国已得到广泛的应用。

航空磁性探潜技术，不论在国外还是在国内，都要晚于声纳探测技术的发展，在国内这是一个相对涉足不多的领域。目前，我国海军的航空磁性探潜技术还远远落后于西方海军强国，他们的海军现在已经普遍装备了搭载磁性探潜仪的反潜飞机，包括固定翼反潜飞机和反潜直升机，航空磁性探潜的理论和技术都已经接近成熟。

目前，美军 P-3C 反潜巡逻机上采用 ASQ-81（V）磁异探测仪、ASA-64 检测器、ASA-65 磁补偿器构成磁异常探测（MAD）系统，该系统通过检测地磁的变化发现海中的磁体。该系统工作时，由 MAD 获得信息，通过检测器自动校正因机体运动产生的误差，并与原先掌握的潜艇的磁变数据相对照，操作员操作磁补偿器对局部地区环境变化进行磁补偿，得到正确的磁变数据。ASQ-208（V）是 ASQ-81（V）的数字化改型，其数字化信号处理能力在远海水域将提高 25%，在沿海水域则将提高 50%。

我国在这方面的研究还处于起步和发展阶段，不论在航空磁性探测的理论研究上还是工程应用上都与西方发达国家存在很大差距。在航空磁探潜战术运用和战法研究方面更是缺乏成熟、有效的成果。因此，发展我国航空磁性探潜技术的任务非常紧迫。

全书分为两大部分，共由 6 章组成。第一部分由第 1 章 ~ 第 4 章组成，为航空磁探仪搜潜原理，主要介绍了地磁场及海洋环境磁场、潜艇磁场、潜艇磁场建模方法。第二部分由第 5 章和第 6 章组成，为航空磁探仪作战应用，主要介绍了航空磁探仪的作战使用、航空磁探仪搜潜建模方法与仿真分析、反潜机磁探仪对潜艇作战模拟仿真评估方法和关键技术。

作者在教学和编书的过程中，得到了许多老师和同学的鼓励和帮助，特别是杨日杰教授通读书稿，纠正了许多错误，熊雄博士完成了对海浪磁场环境噪声的建模与仿真，周家新硕士完成了潜艇磁场建模与仿真，蒋志忠博士完成了反潜机搜索及跟踪的建模与仿真，为本书的出版做了大量工作。在此，作者一并向他们表示衷心感谢！

磁异常探测技术是一门博大精深的学问，由于编者水平有限及相关资料不足，本书选材和叙述难免有不当之处，恳请广大读者指正和帮助。

作者

2020 年 10 月

目　　录

第一部分　航空磁探仪搜潜原理

第二部分 航空磁探仪作战应用

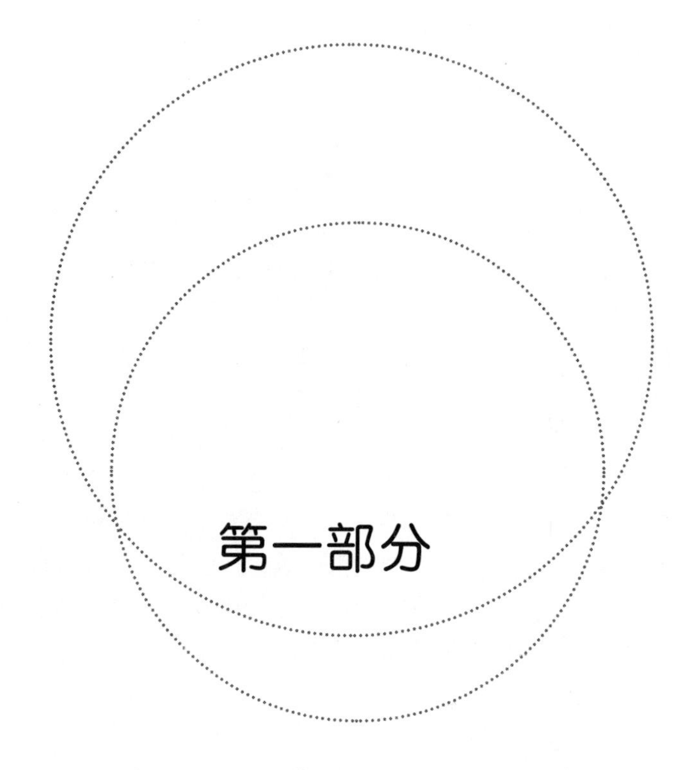

第一部分

航空磁探仪搜潜原理

第1章　绪　　论

1.1　引言

第一次世界大战以来，潜艇就广泛用于海战，日益显示出巨大的威力。随着科学技术的不断发展，现代潜艇技术有了长足的进步，隐蔽性、机动性、自给力、续航能力大大增强，潜深更大、探测距离更远、武器威力更大，具备发射战略导弹的能力，尤其是核动力弹道导弹潜艇既能执行战役战术任务，又能执行战略任务。潜艇不仅是攻击海面舰船、封锁海上通道的重要武器，而且成为战略导弹的发射平台，使其在未来战争中的地位得到进一步提高。因此，第一次世界大战后至今各个国家都把潜艇兵力作为海军发展的重点，当今世界除美、俄等西方军事强国继续保持和拥有占世界多数的核潜艇和常规潜艇外，亚太地区国家，尤其是我国周边国家和地区正在竞相发展潜艇。韩国拥有从德国引进的209型常规潜艇和更先进的加装了瑞典AIP系统（不依赖空气的推动系统）的214型常规潜艇；日本则有自主研发的“夕潮”级和“亲潮”级常规潜艇，以及加装AIP系统的“苍龙”级常规潜艇；印度尼西亚、马来西亚、新加坡等南海周边的东南亚国家也正计划建造和购买常规潜艇[1-3]。因此，在未来海战中，特别是可以预见的国家海洋利益争端和海洋运输航线安全方面，潜艇的威胁更大、地位更高，反潜任务变得更加艰巨和重要。

潜艇的主要威胁来自于它的隐蔽性和攻击的突然性，自从它一问世就显示了其卓越的战斗效能，在潜艇使用之初主要攻击的目标是水面舰艇。因此，发展水面舰反潜是当时反潜战的首要任务，后来几乎所有的水面舰都装备了反潜专用的设备和武器。但是，潜艇威胁依然巨大，面对当时潜艇的极大威胁，紧急实施了航空反潜行动，航空反潜经历第二次世界大战、冷战后获得了迅速发展。航空反潜和其他反潜相比具有以下特点。

（1）快速反应能力强（反潜机速度快、反应迅速），其速度比潜艇高一个数量级以上，能快速起飞迅速到达应召海区，实施搜索和攻击。

（2）搜潜效率高，能在短时间内搜索大面积的海域，各种装备可以联合使用。

（3）隐蔽安全，反潜机不易被潜艇发现，而且目前潜艇还没有对空中目标进行有效探测和攻击的武器装备。

(4) 攻击效果好，反潜机可快速飞至目标区域对潜艇实施突然攻击。

航空反潜发展初期，反潜机主要是海上飞机、小型飞机和各种飞艇，依靠目视发现敌方潜艇。现代反潜战已由早期的以水面舰艇为主的反潜发展到目前的空中、水面、水下、太空立体协同反潜，航空反潜依然是诸多反潜手段中最重要和最有效的一环，在现代反潜战中的地位也越来越重要[4-6]。

经过两次世界大战的严峻考验，反潜作战取得了丰硕战果和宝贵的经验。但是，由于反潜作战手段与技术能力有限，海洋环境广阔复杂，潜艇目标特性的复杂性和不确定性，在当前和今后相当长的一段时间内，反潜作战的资源和能力都将处于相对不足的状态。为了应对这种危机，各军事强国高度重视反潜技术的创新和应用，各种反潜作战平台、反潜作战武器和反潜探测系统性能的提高，以及新的反潜战术、技术的应用是世界各国反潜作战研究的重点。

由于声波是目前唯一能够进行水下远程传播的能量形式，因此各种声探测装备的发展最为广泛和迅速，声探测技术是各国海军进行水下监视的主要技术，可以完成对水下探测、分类、定位、跟踪、通信和导航等任务[7]。现代军事强国的海军编队携带的声探潜装备主要包括水面舰装备的舰壳声纳、拖曳线列阵声纳、反潜飞机装备的吊放声纳、声纳浮标等。为了应对声探测装备和技术发展的挑战，世界上的海军大国均投入大量人力、物力和财力对潜艇声隐身技术进行不懈研究，以提高潜艇的生存能力。为实现潜艇的安静化，美国、俄罗斯等发达国家在声隐身技术上取得革命性的突破，具体主要表现在以下几个方面。

(1) 减振降噪技术，所有产生噪声的设备采用柔性连接，使噪声不易传播到艇外。

(2) 外形尽量光滑，如水滴形设计，减少水动力噪声。

(3) 在潜艇非耐压壳表面敷设具有吸声和隔声功能的消声瓦。

(4) 采用大侧斜桨降低螺旋桨的振动噪声，提高潜艇的临界航速。

(5) 采用 AIP 技术。

采用了上述降噪消声措施后，潜艇噪声得到有效降低，特别是在嘈杂的浅海，被动声纳探测效率大大降低。这时，主动声纳成为唯一的选择[8]。

在浅海背景噪声越来越大，而潜艇噪声越来越小的情况下，水声探潜设备面临巨大挑战，声探测的效率大大降低，声探测作用范围受到极大限制。对潜艇非声特性的研究和应用受到普遍重视，发展了大量非声探测手段，包括雷达探测技术、磁探测技术、激光探测技术、尾迹探测技术、废气探测技术、红外探测技术和核辐射探测技术等[9-10]，其中，航空磁异常探测技术就是各国着重研究的对象。潜艇的磁场是造成潜艇暴露并破坏其隐身性能的重要物理特征，装备磁探测仪的反潜机能在空中探测到潜艇所引起的周围地磁场的畸变和异常，从而发现水下潜航的潜艇。与其他反潜探测设备相比，磁探仪探潜的独特之处是它不受空气、海水、泥沙等介质影响。航空磁探仪装载在反潜机上以被动方式探测，具有隐蔽性好、可以连续搜索、使用简单可靠、定位精度高、反应迅速、搜索效率高等优点[11-12]。美国、日本甚至中国台湾地区对空中磁性探测技术的发展和应用十分重视。例如，美国几乎所有的反潜飞机都装备了AN/ASQ-81（V）型磁探仪，其磁探测范围达到900m，另有少量的P-3C反潜机装备了更为先进的AN/ASQ-208型数字式磁探系统；日本“八八舰队”的所有HSS-2B型舰载直升机上也均装备了磁探仪；中国台湾地区近年来购买了大量的磁探潜设备，现有的20架S-2E、32架S-2T反潜巡逻机、16架500MD“防御者”、20架S-70CM-1及11架S-70CM-2反潜直升机上均装备有美国的AN/ASQ-81（V）或加拿大的AN/ASQ-504磁探仪。航空磁探测是由于探测潜艇需要而发展起来的，但是航空磁探测在民用需求领域同样具有重要的应用前景和巨大的价值，如在基础地质研究、航空物探、城市稳定性调查、大型工程建设选址、地质调查、沉船搜索等方面，已经发挥了重要作用，为国民经济建设做出了重要贡献[13-14]。

由此可见，航空磁探测不管在军事应用需求还是民用需求领域都具有广泛的发展前景和巨大的应用价值。虽然不论在国外还是在国内，航空磁性探潜技术都要晚于声纳探测技术的发展，但是由于航空磁探测的独特优势，20世纪40年代以来，西方海军强国非常重视航空磁异常探测的理论、实验、工程、应用的研究，经过几十年突飞猛进的发展，他们的航空磁性探测的理论和技术都已经接近成熟，出现大量不同工作原理、不同搭载平台的航空磁性探测系统，特别是应用于反潜战的反潜飞机普遍搭载磁性探潜设备，包括固定翼反潜飞机和反潜直升机[15]。目前，我国在航空磁性探潜技术方面的研究还处于起步和发展阶段，这是一个相对涉足不多的领域，几乎没有系统和深入的研究，不论在航空磁性探测的理论研究上还是工程应用上都远远落后于西方海军强国。

美国海军积极采用最新科技成果，增大磁异常探测（Magnetic Anomaly Detection，MAD）的探测距离。要增大MAD的探测距离，首先要提高MAD的灵敏度，即降低MAD的噪声。类似潜艇这样的磁性物体，可以用磁偶极子来代表，它产生的异常磁感应强度与距离的3次方成反比。因此，如果要将探测距离增大1倍，则磁探仪的灵敏度要增加到原来的8倍。增大MAD的探测距离是一项非常困难的任务。对于航空探测来说，在MAD频带内（0.04～0.4Hz），除了磁力仪本身的噪声外，还有测量平台（飞机、直升机）和环境噪声。要增大MAD的探测距离：一方面要提高MAD的灵敏度；另一方面要相应地降低测量平台（飞机、直升机）和环境噪声。其中，主要的环境噪声源是地质、地磁和海浪。有了性能优异的磁力仪、相应地降低测量平台和环境噪声的方法手段以及探测潜艇的算法，就可从空中侦察到潜艇的存在并确定其位置。目前，西方国家磁异探潜的发展趋势如下。

（1）提高磁探浮标的性能和精度。磁探浮标能连续估计潜艇的距离、航向和速度，是声纳浮标所不及的。

（2）研究更高精度的磁探仪——原子磁力仪。据 2004 年美国海军部门公开招标的需要研究的课题，其中第二个课题题目是：在地球磁场范围内研究高灵敏度磁力仪。其目标是：研究开发可以在一个活动平台上测量低于 1fT 水平的磁场的磁力仪新技术，并且说明：在探寻具有磁性特征的目标时，海军要求提高探测概率，增大探测距离到约 2743m。如果目前的 MAD 探测距离是 500m，要将探测距离增大到 2743m，则磁力仪的灵敏度要提高 2 个或 3 个数量级，要达到上述目标是非常困难的。有 3 家公司分别提出了他们的研究方案。特瑞斯坦技术公司（Tristan Technologies，Inc.）与 Romalis 教授共同提出根据上述超灵敏的原子磁力仪技术开发 MAD 系统的方案。拍拉托密克公司提出反潜战用的新型光学方法驱动的自旋旋进磁力仪。西南科学公司（Southwest Sciences，Inc.）提出根据加利福尼亚大学物理系 D. Budker 教授研究的频率调制非线性磁学 - 光学转动原理设计灵敏磁力仪，转动率与磁场成比例，用极化测定方法测量。这 3 家公司都是受 Romalis 教授发明的原子磁力仪的启发，进行多路探索，以尽快达到美国海军提出的目标。

（3）发展水下拖曳、布放式磁探网。实验证明，使用磁力传感器探测距离可达 1800 ~ 3600m，同时虚警率极低。水下布放的方式可以封锁一定范围的浅海水域和港湾等，水下拖曳时，对水下 100m 深的潜艇，检测宽度可达 1000m。

现代战争中，潜艇以其隐蔽性和突击能力强等优点在各国军事中的地位日益提高，世界各国以不断扩大潜艇部队规模来加强海上作战能力，所以，及时有效地发现敌方潜艇是海上作战中取胜的关键。潜艇战和反潜战是矛与盾的关系，我国要从一个海洋大国发展成为一个海洋强国，在研究高技术潜艇的同时，必须积极研究各种反潜技术以提高反潜能力，保护我方军事目标的安全。磁异常反潜始于最初的反潜需要，长期以来以其独特的优势在反潜作战中得到广泛关注，世界各海洋强国争相发展，而我国在这方面却还处于起步研究阶段。因此，研究磁异常探潜技术的历史和发展状况，对开展磁异常反潜技术的研究、提高我国海军的反潜能力、维护我国的海洋安全具有重要的实战和战略意义。

1.2 航空磁探仪的发展历史

由于地球是天然的磁体，无论任何装置、仪器、交通工具以及军事武器均要受到地磁场的影响，而各种铁磁性的物质也会相应地影响地磁场的分布，从而引起磁场异常。因此，利用这种磁异常现象可以对目标进行定位和跟踪，这就是基于磁异信号的目标磁探测技术——MAD。基于磁异信号的目标磁探测技术在军事上有重要的意义和作用，它为探测潜艇、水雷和地雷等隐蔽性目标提供了一种重要的方法，能够很好地弥补传统目标探测方法的缺陷，如声纳探测的有源性等。磁异探测技术是基于铁磁性物体（Ferrous Objects）磁力线均匀分布的基本物理现象基础之上的。光、雷达波以及声音不能以任意角度从空气中传递到水中而不改变传播方向和能量，磁场的传播却可以做到，磁场的磁力线从水里进入空气中几乎并不改变传播方向，而且传播方式几乎一致，这样我们就能够通过在空气中测量磁场的异常而确定水面下的潜艇等目标了。舰船、武器装备等在制造过程中要经过大量锻造、压制等工序，并且含有大量的钢铁等成分。我们知道，钢铁中含有大量的铁分子等微观颗粒，每一个小颗粒都是一个小磁体，拥有自己的南极和北极，常态下，它们的磁场方向是随机的。因此，宏观上不显示磁性。然而，一旦铁磁性物体放置在一个恒定磁场中时，或者经过高温锻压等操作后，这些小磁体趋向于改变磁场方向，它们的南极朝向外加磁场的北极，而其北极朝向外加磁场的南极，大量的小磁体的磁场方向朝向一个方向便会使得物体拥有了自己的磁性。大型的军事武器装备含有大量的钢铁等铁磁性材料，那么其产生的磁性就会相应地变得很可观了。磁异信号探测技术正是利用这种现象从地磁场的背景中测得磁异常信号来判断军事目标的探测信息的。

在信息化战争时代，侦察与监视是获取军事情报的手段，其目的在于从一定的背景中发现与识别目标。任何目标均处于一定的背景之中，目标与背景之间在外貌、物理特征方面各不相同，总存在某种差别。这种差别使得目标容易被侦察监视装备或系统所发现与识别。随着信息化武器装备的大量使用，侦察与监视技术在战争中的作用越来越大，而基于磁异信号的目标磁探测技术就是侦察与监视以及获取情报的一种极其重要的途径，具有无源被动探测、隐蔽性能好、抗干扰强和保密性高等优点。

以海湾战争为开端、以伊拉克战争为代表的现代高技术局部战争是一场现代条件下陆、海、空、天、电磁环境五位一体的各种高新技术武器的综合较量。电磁环境作为重要的一环越来越受到各国军事领域的重视。由于各种武器装备均或多或少地含有铁磁性物质，而且地磁场又是无处不在的。因此，以地磁场为背景的磁异信号目标探测技术大有用武之地。

随着传感器的发展和信息革命的到来，在高技术战争中，多种信息的融合以实现对战场监控有重要的作用。通过对战场声、热、磁等信号的探测从而确定敌方目标，对占据战略主动权拥有重要影响，在这里，磁异信号亦是重要一环。另外，目前反潜技术发展也需要磁探测技术的补充，由于潜艇消声技术的发展，水下的潜艇越来越隐蔽，而采用磁异信号的目标探测技术能弥补声纳探测在这方面的不足。

在反潜战中，探测敌方潜艇是首要的一环，在探测与定位敌方潜艇的手段中，声纳固然也具有极其重要的地位，但在对潜艇进行攻击前的最后识别与定位阶段中，磁异探潜法与其相比却具有很多的优越性：①优越的识别能力；②运行时间短；③定位精度好；④一探测到潜艇，即可实施攻击，故命中率高；⑤成本低。因此，目前各国的探潜飞机中，一般都装备有磁探设备。在飞机中的磁探装备是光泵式或核磁共振式高灵敏度磁探仪（灵敏度大于0.02nT），以此检测出潜艇磁性引起地磁场异常的磁异信号，再将该信号输入计算机处理后做出判别及定出潜艇所在位置。

磁异探测技术目前已经得到广泛应用，磁探仪与其他探潜设备相比，具有以下优点。

（1）识别能力好、执行时间短、定位精度高。

（2）独立工作能力强，能在探测的瞬间进行攻击，并保证有最大的直接命中概率。

（3）被动探测，隐蔽性好。

磁异探潜的缺点包括以下几方面。

（1）受气象水文影响较大，在有雾、雨、雪、低云和风浪超过5级时，探测距离明显下降，虚警率也上升。当云层下缘低于100m或水平视距小于1000m时，基本不能使用。

（2）探测距离有限。美国海军学院的一份资料说，探测距离为500m左右（斜距，从传感器算起）。

第二次世界大战中，基于对付德国和日本大量潜艇、保护盟军舰船的需要，1941年，美国开始在远程轰炸机上实验MAD系统的反潜效果，并取得成功，当时使用的是一种“磁饱和式”磁力仪（又称为“磁通门磁力仪”）。1944年，装备有该类型MAD系统的盟军VP-63型反潜机第一次成功探测并击沉德国的U-761型潜艇。当时，这种磁探仪探测距离只有120m左右。也就是说，如果飞机在离海面50m飞行，只能探测水下70m的潜艇。随着航空反潜经历第二次世界大战、冷战和冷战后期3个重要时期的长足发展，磁异探潜技术也随着航空磁探仪精度的大幅提高而被广泛应用于各国的反潜武器系统。

航空磁异常探测系统由高灵敏度磁力仪、磁补偿装置、信号处理机、数据处理机、显示部件组成。按照系统工作的原理来分，航空磁探仪磁异常探测系统可以分为总磁场标量探测系统、磁场标量梯度探测系统、磁场矢量探测系统、磁场矢量梯度探测系统、磁场梯度张量探测系统。总磁场标量探测系统测量目标总的磁场强度，磁场标量梯度探测系统测量磁场标量场在空间距离上的变化率，磁场矢量探测系统测量目标磁场三轴分量磁场强度，磁场矢量梯度探测系统测量目标磁场 3 个分量在空间上的变化率，磁场梯度张量探测系统测量目标磁场 3 个分量在空间 3 个方向上的变化率。

高灵敏度磁力仪探头是航空磁探仪系统的核心部件，从磁力仪探头传感器的原理来看，最早出现的航空磁探仪的探头是磁通门式的，这也是用得最多的一种磁力仪，它是利用铁磁性材料的磁导率在磁场中非线性变化的原理进行测量的。随着新的物理效应的发现、新材料的应用、电子技术及计算机技术的发展，出现了各种精度更高的磁探仪，包括质子旋进式磁探仪、光泵式磁探仪、超导磁探仪、原子磁探仪等。

高精度磁力仪的基本发展阶段：第一阶段，从 20 世纪 40 年代末到 70 年代中期，先后采用磁通门磁探仪、质子磁探仪、光泵式磁探仪测量总磁场强度；第二阶段，从 20 世纪 70 年代中期到 90 年代中期，利用光泵式磁探仪测量地磁场标量的水平和垂直梯度；第三阶段，20 世纪 90 年代中期至今，超高灵敏度超导量子干涉磁探仪配合惯性姿态控制系统用于磁场分量的测量和航空全张量磁力计梯度测量技术。

20 世纪 50 年代，随着量子理论的完善，利用微观世界中与磁场有关的现象测量磁场的高精度仪器得到很大发展，核子旋进磁力仪（质子磁力仪）、欧弗豪泽效应磁力仪、氦-3 磁力仪、光泵磁力仪（钾、铷、铯、氦-4）、超导磁力仪（超导量子干涉磁力仪 SQUID）等高灵敏度磁探仪都是基于量子理论而研制出来的。美国早在 20 世纪 80 年代就开始研究基于超导磁力仪（SQUID）的航空反潜技术。随着超导技术的进步、超导磁力仪精度的提高，利用超导磁力仪探测水下目标的精度越来越高。

美国和俄罗斯等国家的科学家正在积极研究与开发另一种量子磁力仪——原子磁力仪。最近，由美国普林斯顿大学物理系 M. V. Romalis 教授和位于西雅图的华盛顿大学物理系的 J. C. Allred 等研制成功的一种新型原子磁力仪，完全利用光学方法测量磁场，灵敏度达到 0.54fT（$1\text{fT}=10^{-15}\text{T}$），经过改进后还可提高到 $10^{-3}\sim10^{-2}$fT，空间分辨率达到毫米级。在弱磁场中工作时，这种磁力仪的灵敏度可能达到 1aT（$1\text{aT}=10^{-18}\text{T}$）的数量级，而且这种磁力仪不需要低温条件。表 1-1 是各种磁探仪性能的比较（$1\text{nT}=10^{-9}\text{T}$）。

表1-1 各种磁探仪性能表

磁探仪种类	饱和式	质子旋进式	光泵式	超导式	原子式
时间	20世纪40年代	20世纪50年代	20世纪60年代	20世纪80年代	21世纪初
灵敏度/nT	10^{-1}	10^{-1}	10^{-1}	10^{-1}	$10^{-9}\sim10^{-6}$
测试形式	矢量	标量	标量	矢量	矢量
工作方式	连续	连续	脉冲	连续	连续

国外经过几十年的发展，各种高精度的磁探仪不断出现，梯度和张量技术也在快速发展与不断成熟。已经装备部队并且性能先进的航空磁探仪主要有以下两种。

（1）以氦光泵磁探仪为核心的航空磁探仪。代表产品是美国TEXAS仪器公司的AN/ASQ-81（V）以及它的改进型AN/ASQ-208，这是美国生产批量最大的一种航空磁探仪，美国、日本、中国台湾地区的P-3C等反潜飞机上均有安装。

（2）以铯光泵磁探仪为核心的航空磁探仪，代表产品是加拿大的AN/ASQ-504，它代表了国际上该领域的最先进水平。

在反潜巡逻机上，为了减小飞机磁性部件的影响，MAD安装在飞机尾部的尾锥末端。在反潜直升机上，MAD用电缆吊放在后下方25~55m。例如，美国航空母舰舰载反潜飞机S-3B的尾锥内配备有MAD，在进行磁力异常探测时由机身向后伸出；其P-3C Orion型反潜巡逻机上装备的AN/ASQ-208型氦-4光泵磁探仪，灵敏度为0.003nT；用于取代P-3C系列反潜巡逻机的P-8A“海神”多用途海上飞机的出口型P-8I，由加拿大CAE公司提供灵敏度更高、更加先进的一体化磁异探测系统。中国台湾地区的反潜飞机SH-2G、英国的反潜巡逻机Nimrod MR2在可伸缩的尾锥内也有MAD。法国Atl-2飞机上的MAD是由该国原子能署CEA下属的电子技术和仪器实验室（LETI）开发制造的欧弗豪泽效应质子磁力仪，其灵敏度为0.0lnT，同样的MAD安装在该国的反潜直升机上。

1964年，我国开始研制光泵式磁探仪；1965年，长春地质学院研制出我国第一台光泵式磁探仪；1976年，北京地质仪器厂成功研制出氦光泵磁探仪CBG-1。目前，国内主要有两家科研单位研制并生产光泵式磁探仪，分别是国土资源部的航遥中心以及中国船舶重工集团有限公司第715所[17]。

1.3 航空磁探潜技术的发展现状

航空磁异常探测技术的应用领域很多，如基础地质研究、海洋和陆地航磁测量、航空物探、清除水下未引爆武器（Unexploded Ordnance，UXO）、搜索沉船等方面。航空磁探潜技术和这些领域或存在理论交叉或可以优势互补，可以相互借鉴，也可加以扩展。但是，对于不同的应用背景需要提取的信息和需要解决的关键问题都有很大差异。影响航空磁探潜作战效能发挥的关键因子包括探测平台、探测传感器、目标特性、海洋环境条件以及相应的信息处理水平。从理论研究和工程应用方面，潜艇目标磁场特性分析、高精度磁探测传感器机理研究、可靠的磁探测系统设计技术、高精度的地磁场信息、高效的背景磁场噪声的抑制和补偿技术等都是航空磁探潜技术提高的必备基础；从反潜作战方面，随着现代战争信息化进程的加快、指挥自动化程度的提高，反潜作战不仅仅是装备性能的提高，实际作战过程中，态势和环境变化也极为迅速，同样需要综合考虑相关要素，建立航空磁探潜性能分析基础计算模型库，为反潜指挥员的有效决策提供基础支撑[18]。因此，下面对航空磁探潜中目标磁特性、背景磁场补偿与处理、磁异常检测算法、探测性能分析计算、搜索方法策略的优化以及仿真训练系统等关键要素的国内外相关研究项目、关键技术和研究方法进行综述。

1.3.1 目标磁异常特性

目前，国内外关于高精度的潜艇磁场特性分布研究的主要手段包括实船测量和数学模型仿真两种方法。一方面，由于测量条件（包括测量范围、磁传感器数量等）的限制，实船测量法虽然具有测量数据准确等优点，但是耗费人力、物力与资金，并且由于实验条件的限制，只能获知部分空间的目标磁场，一般潜艇的高空磁场无法通过测量的方式获得，因此仅仅利用直接测量数据全面分析并掌握潜艇磁场的空间分布是十分困难的；另一方面，在远场区域，由于潜艇磁场信号已经衰减到足够小，使得磁场传感器无法有效获取潜艇高精度的真实远场信号，从而导致不能直接分析远场的磁场特性。潜艇的近场磁场可以较容易测得，因此在近场磁场的基础上通过高精度换算得到高空磁场的方法是获得潜艇高空磁场的强度和分布特性的常用方法。随着计算机技术的发展，经过国内外学者多年的研究，潜艇磁场计算数学模型得到了极大的发展，数学模型仿真法进行潜艇磁场分布特性计算已经形成比较成熟的理论。国内主要的研究单位是海军工程大学、上海交通大学和中国船舶重工集团有限公司第704所。能见于文献关于目标磁场建模及磁场延拓等方面的理论和应用研究主要由海军工程大学研究小组发表。数学模型仿真方法的基本思路是构建潜艇磁场的延拓数学模型，然后根据部分测量数据作为延拓数学模型的输入对其他空间的磁场进行换算，精确度较高的求解舰船磁场的方法集中体现在文献[19-20]中，主要包括磁体模拟法、积分方程法、有限元法、边界元积分法。磁体模拟法的思想是用若干个简单的磁体所产生的磁场代替实际潜艇产生的磁场，常用的磁体模拟法包括磁偶极子阵列模拟法、旋转椭球体模拟法或者两种方法的组合方法[21-23]，并且为了消除人为经验确定模拟体位置对计算精度的影响，采用逐步回归法、遗传算法、微粒群算法对模拟体进行优化[24-26]。有限元法和积分方程法对求解区域进行剖分，进而直接采用数值计算的方法求解空间各点磁场[27-29]。边界积分法的基本原理是：根据场源周围闭合曲面的外法线方向导数求得闭曲面上的标量磁位，推算出闭曲面外围空间各点的标量磁位分布，进而推算出空间各点的3分量磁场值[30-33]。其中磁体模拟法只需少量的测量数据，计算速度快，应用最为广泛。有限元法和积分方程法都是依据严格的理论推导出来的，其计算精度高，但需要对舰船进行精确的剖分，计算量较大。边界积分法只对求解区域边界剖分，可以降低问题的维数，加快计算速度。

在实际航空磁探潜中，飞机距离潜艇的距离一般大于潜艇的线度，因此，在工程中使用较多的是潜艇磁偶极子模型。美军就大量采用磁偶极子模型描述航空磁探潜中潜艇的磁场特征[34]。国内也对磁偶极子模型的适用条件进行了研究，文献［35］采用圆电流产生的磁场近似描述潜艇磁场得出了潜艇等效为磁偶极子的近似条件是反潜机和潜艇的距离大于50倍的潜艇壳体半径；文献［36］采用积分方程法并通过考察5种规则的磁性物体的磁矩收敛性和磁场相对误差得到磁偶极子模型适用条件，得出规则性物体在2.5倍物体长度上的空间视作磁偶极子处理比较准确。

以上研究解决了静止目标空中磁场分布的问题，文献［37-40］或者针对运动矢量/标量磁强计探测静止目标建立信号模型，或者针对静止标量磁强计探测运动目标建立信号模型。但是，航空磁探潜中磁探仪和目标都是动态变化的过程，因此需要建立动目标航空磁异常探测信号模型，而且航空磁探测不需要关注目标磁场在整个空间的分布，只需要研究探测过程中随观测位置和时间变化的运动目标磁异常信号特征。

1.3.2　背景磁场补偿与抑制

标量航空磁探头输出的信号为总场，总场是目标磁异常信号与探测区域的背景场之和，而我们关注的是目标的磁异常信号。在航空磁探潜中背景场主要由机载电磁设备干扰磁场、地质体磁场、地磁日变、传感器自噪声、飞机背景磁场、飞机机动引起的变化干扰磁场、海浪磁场等组成[41-43]。其中机载电磁设备干扰磁场频率一般和目标磁异常以及地磁场的频段范围相差很远，落在磁力仪检测带宽以外，只要设计性能较好的滤波器就可以抑制掉。总场中缓慢变化的地质体及日变引起的磁场变化一般是接近于直流的极低频分量，可以通过数字滤波的方法滤除。传感器自噪声是平稳的随机信号，只要对磁探头进行定期校正，自噪声的信号幅度就会比较小。

飞机背景磁场及其机动带来的磁干扰是对目标磁异常信号影响最为明显的背景场，需要通过配套的磁补偿仪消除。飞机背景磁场的研究从 20 世纪 40 年代开始，1950 年，W. E. Tolles 和 Q. B. Lawson 形成了飞机背景磁补偿的经典 Tolles-Lawson 方程[44]。1961 年，Leliak 提出飞机正弦机动情况下，通过求解 16 个方程组成的方程组，获得 Tolles-Lawson 方程的系数[45]。1979 年，Bickel 通过飞机小幅机动的假定，将 16 个方程简化为两组，每组 8 个方程[46]。加拿大某研究小组提出采用高斯高通滤波器改善方程求解的复共线性[47]。在以上基础上，美国和加拿大形成了 AN/ASQ-65 磁补偿器、AADC 自动数字磁补偿器、OA-5154/ASQ 自动磁补偿系统等[48]。国内中国船舶重工集团有限公司第 715 所吴文福研究小组和海军工程大学林春生研究小组也对飞机背景磁补偿技术的相关问题进行了研究[49-51]。从飞机背景磁场补偿技术发展来看，该项技术已经发展得较为完善，加拿大的自动磁补偿器代表了该领域的最高水平。

海水是良电导体，在地磁场中运动并切割地磁场磁力线时会产生感应电流，进而产生感应磁场。大量的实验表明，海浪磁场与要检测的潜艇磁场信号量级、频带基本接近，是海洋磁探测中不可忽视的重要噪声源。国外学者已经做过大量研究工作，总结得到了很多模型。1954 年，Longuet-Higgins 最早对海浪产生的电磁场进行了研究[52]。1965 年，Weaver 在总结前人成果的基础上，在假设海浪浪高为常数的条件下，通过解麦克斯韦方程给出了单频重力波产生的感应磁场的理论表达式，并由此形成了经典 Weaver 海浪磁场模型[53]。这个模型不仅能计算海浪在海平面下方产生的磁场，而且可以计算海平面上方的海浪磁场。美国军方的 Ochadlick 对该模型进行实验验证，验证结果表明，该模型具有较强的可信性[54]。文献［55-57］在 Weaver 磁场模型的基础上对单频海浪重力波产生的磁场信号特性、有限海深条件下的海浪磁场表达式的修正等问题进行了研究。国内也针对海洋中的磁场进行了深入的研究，大多基于经典 Weaver 海浪磁场模型，针对具体应用进行计算和分析。例如，文献［58］对中国东海区域海流磁场分布进行计算并编制计算软件；文献［59］探讨了海底大地电磁探测中海水运动产生的电磁噪声；文献［60］对有限深水域产生的海浪磁场模型进行了修正，建立了修正模型；文献［61］建立了海浪磁场三分量计算模型。

然而，以上海浪磁场模型基本上都是基于单频海浪重力波计算得到的，实际中的海浪具有三维不规则性，海浪不仅波高不同、频率不同，而且会从各个方向传到某一点，除了沿主风方向产生的主浪以外，在主浪方向两侧 $\pm\pi/2$ 角度范围内都有谐波的扩散。实际工程应用和海浪观测资料中描述海浪三维不规则性常用的方法是海浪谱。关于海浪谱，国内外研究得比较深入，海浪谱的观测手段和分析方法多种多样，针对不同的情况有很多不同的模型[62-65]。海军工程大学唐劲飞基于海浪谱从理论上对磁力计静止和运动条件下探测到的海浪磁场频谱特征进行了分析[66-68]。

对于海浪磁场抑制和消除的研究，文献［69］给出了使用高度计记录磁力计飞行高度，并基于 Weaver 单频重力波磁场模型计算该高度处的海浪磁场，然后从总的磁场中减去海浪磁场，从而得到目标磁异常场的方法。文献［70］给出了通过频谱分离海浪磁场和航行舰船的尾流产生的磁场信号。文献［71］提出了基于 LMS 自适应算法消除单频海浪重力波产生的磁场。

1.3.3　磁异常检测算法

现有磁探仪大多完成平台背景磁场补偿后直接输出探测信号波形，进行人工判读，但是随着航空磁探仪灵敏度越来越高，潜艇磁隐身性能越来越好，潜艇磁异常信号越来越容易受到各种背景扰动的干扰，直接判读很难判别出磁异常信号，因此，国内外开始重视磁异常检测问题的研究。

由于保密的原因，国外几乎没有直接关于磁异常探潜检测算法相关的内容发表，大多数是关于 UXO 等其他领域的检测和定位问题的研究。Wiegert 等发表了很多研究论文和专利，研究如何更有效地对 UXO 进行磁检测[72-73]。以色列的 Sheinker 研究小组在磁场信号处理、目标定位与磁矩估计算法等方面开展了一系列的理论与实验研究[74]。国外关于磁异常检测算法主要分为两类：①基于目标信号特性的检测算法，如基于正交基函数（Orthonormal Basis Functions，OBF）的标量、矢量、梯度磁异常信号的检测算法[75-77]，基于匹配滤波器的磁偶极子检测算法[78]，基于目标子波域的特性进行匹配检测[79]；②基于环境磁噪声数据及噪声特性的检测算法，如 MED 检测算法[80]、HOC 检测算法[81]。文献［75］首次提出了适用于标量磁力计的 OBF 检测算法，并依次将 OBF 分解算法用于矢量和张量磁力计的信号检测中。文献［82］证明 OBF 检测算法是高斯白噪声条件下的最优检测算法。

国内的磁偶极子检测技术的研究处于刚刚起步阶段，近两年才出现一些理论和分析。文献［83］在不考虑背景噪声的条件下提出了二次函数组合法检测磁偶极子目标；文献［84］给出了水中磁性运动目标的检测模型，使用均匀磁化旋转椭球体模型对水中磁性运动目标进行实时建模，通过对所建模型进行统计检验，实现对目标信号的模型化检测，同时估计目标运动参数和磁性状态，但是该方法需要测量目标周围特定空间点磁场，只适合于合作目标的检测；文献［85］提出了基于信号子空间的信号检测和参数估计方法，该方法实际是 OBF 检测方法的变形；文献［86］提出了采用 BP 网络对测量数据预处理，然后再采用 OBF 检测算法进行检测；文献［87］针对非高斯噪声条件下 OBF 检测性能差的问题，提出了带通滤波结合 OBF 分解的磁异常检测算法。

1.3.4 航空磁探潜探测宽度

对于反潜探测系统来说，作用距离是一项关键的技术、战术指标，是衡量探测系统探测性能的主要指标，是反潜搜索路径设定和探测方案选择中重要的参数。自从各种声和非声反潜探测系统问世起，国内外众多学者和研究人员对各种探测系统的技术参数进行了广泛而深入的研究，提出了机载雷达、红外搜索跟踪系统、光电系统、声纳系统等探测设备的作用距离估计模型[88-92]。但航空反潜磁异常探测系统尚未建立有效可靠的探测宽度预报模型。文献［93］通过分析特定的磁偶极子信号提出了基于半宽原则的静止磁性物质探测间距。文献［94］通过估计磁探头的最大作用距离和三角几何关系确定探测宽度。文献［95］通过计算目标平均磁矩进而估算得到探测宽度。文献［96］基于战术探测距离和三角几何关系得到探测宽度。

1.3.5 优化搜索算法

航空反潜作战分为搜索、识别、定位和攻击 4 个步骤，这几个步骤的前提条件就是搜索到目标。为了提高航空磁探潜的效能：一方面需要提高磁探测仪的传感器水平和信号处理能力；另一方面也需要运用好的搜索策略。航空磁探仪搜索潜艇同样需要研究如何通过有限的资源优化配置设计最优的搜索路径，达到最优的搜索效率。国外关于最优搜索路径的求解问题大多采用以下两种方法。

（1）基于最优搜索理论求解最优搜索路径。国外针对反潜战的需要，第二次世界大战时期开始研究最优搜索理论，Koopman 创建了搜索论的雏形，定义了一些基本概念[97]，L. D. Stone 则比较全面地总结和完善了静止目标的最优搜索理论[98]，Washburn 提出了一些在搜索资源约束下，针对运动目标的优化搜索理论[99]。文献［100］研究了离散时间和离散空间中最优搜索密度问题，文献［101］研究了连续时间和空间中多搜索者多目标的最优搜索问题，文献［102］研究了马尔可夫运动目标在搜索路径受限时的最优搜索策略，文献［103］针对运动目标的双向搜索问题，提出了 CD 和 PD 算法。

（2）基于现代优化算法求解最优搜索路径。文献［104］研究了运动目标限制路径条件下的分支界定优化搜索算法，文献［105］首次将遗传算法应用于复杂环境条件下声纳搜索计划的优化，文献［106－108］对遗传算法在声纳优化搜索中的应用进行了优化和扩展。

国内关于最优搜索路径问题的研究，大多借鉴国外经典理论，并结合相应背景进行转化。文献［109］介绍了离散和连续空间中静止目标搜索和运动目标搜索的一些主要成果，讨论如何将最优搜索问题转化为最优控制问题。文献［110］研究了目标均匀分布和正态分布时离散搜索的最优配置模型。文献［111］研究了随机恒速目标的离散时间有限区域探测的最优搜索路径问题。文献［112－113］研究了将遗传算法应用于优化浮标布阵的问题。文献［114－118］则从规则战术搜索阵型的角度对航空磁探潜的搜索路径进行建模与仿真。

1.3.6　反潜作战辅助决策工具

在注重反潜理论研究的同时，美军逐渐将研究重点转向计算机辅助决策系统的研发，打造软硬件一体的反潜决策平台，为反潜指挥官提供最直观的探测性能分析和最优策略指示[119-120]。目前，美国海军已装备的此类系统，主要包括基于个人计算机的交互式多传感器的分析训练系统（PCIMAT）[121]、反潜战术规划辅助决策系统（TDA）[122]以及作战路径规划系统（ORP）[123]等。PCIMAT 系统主要用于反潜战平台，包括水面舰艇、飞机和潜艇的海洋声学分析以及制定对潜防御兵力部署的辅助工具。美国海军起初是将该系统作为反潜训练工具使用，但后来逐渐将其开发为一款反潜兵力部署的辅助决策系统。TDA 可为对潜探测兵力的战术规划提供辅助决策，可辅助反潜指挥官根据指定的作战对手，制定不同的对潜探测兵力的配置方案，用于发现不同态势下的威胁目标，并计算该种态势下的对潜探测概率。ORP 系统主要针对声纳系统的最优搜索路径规划，可制定战术层的反潜作战最优搜索路径，其主要是采用几何的方式进行计算，为对潜防御兵力提供最优的搜索方案，其核心构架是基于蒙特卡洛法进行评估计算以制定具体的方案。

国内也有关于反潜训练的仿真系统，如潜艇学院的“声纳训练仿真系统”[124]、大连理工大学的“分布式舰载武器模拟训练系统”[125]、海军大连舰艇学院的“水面舰艇综合反潜仿真系统”[126]等。

第2章　地磁场及海洋环境磁场

2.1　地磁场的构成

地球具有的磁场称为地磁场。地磁场近似于一个置于地心的偶极子的磁场，这是地磁场的最基本的特性。这个偶极子的磁轴 N_m 与 S_m 和地轴 N、S 斜交一个角度 θ_0，$\theta_0 \approx 11.5°$。图 2-1 是地心偶极子磁场的磁力线的分布情况。在地理北极 N 附近的 N_m 极称为地磁北极，在地理南极 S 附近的 S_m 极称为地磁南极。N_m 与 S_m 就是磁轴与地面的两个交点。应当指出，地磁北极 N_m 与地磁南极 S_m 是按地理位置说的。按磁性说，偶极子的正极 N 与负极 S 应分别对应于地磁南极 S_m 与地磁北极 N_m。图 2-1 中用箭头表示出偶极子的磁矩方向。

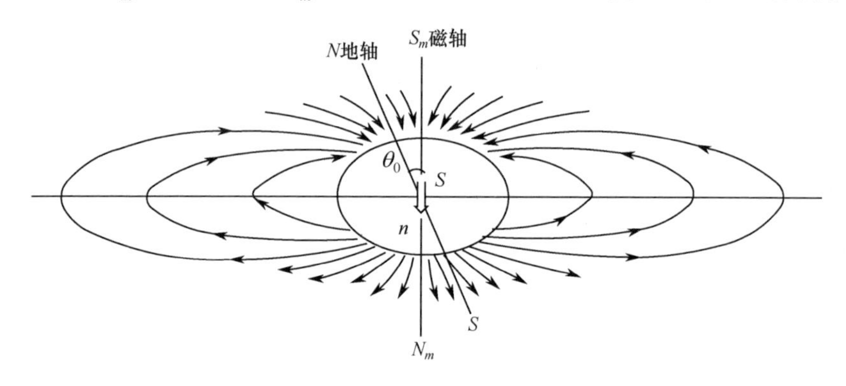

图 2-1　地心偶极子磁场

地磁场是一个弱磁场，在地面上的平均磁感应强度约为 0.5×10^{-4}T，赤道地区弱，两极地区强，呈现由南到北逐渐增强的趋势。地磁场的方向在赤道方向与地表平行，在两极接近垂直。在地磁学中，单位 T 太大，通常采用 nT 为单位，$1\text{nT} = 10^{-9}$T。

地磁场是由各种不同来源的磁场叠加构成的。按其性质，可把地磁场 B_T 区分为两大部分：一部分是主要起源于地球内部的稳定磁场 B_S；另一部分是主要起源于地球外部的变化磁场 δB_S，即 $B_S + \delta B_S$，这又是地磁场的一个重要特点。变化磁场比稳定磁场弱得多，最大的变化（磁暴）也只占地磁场感应强度的 2% ~4%，一般在 1% 以下。因此，稳定磁场是地磁场的主要部分。运

用一定的数学分析方法，可以把稳定磁场和变化磁场划分为起源于地球内部与地球外部两部分，即

$$\begin{cases} B_S = B_i + B_e \\ \delta B_S = \delta B_i + \delta B_e \end{cases} \tag{2-1}$$

式中：B_i 为起源于地球内部的稳定磁场，称为地磁场的内源场，占地磁场感应强度的 99% 以上；B_e 为起源于地球外部的稳定磁场，称为地磁场的外源场，只占地磁场感应强度的 1% 以下。由此可见，地球的稳定磁场主要起源于地球内部。δB_i 为变化磁场的内源场，约占变化磁场的 1/3；δB_e 为变化磁场的外源场，约占变化磁场的 2/3。

外源变化磁场起源于地球外部的各种电流体系。这种外部电流体系的磁场还会在具有导电性质的地球内部感应出一个内部电流体系，后者就是产生内源变化磁场的原因。可见，内源变化磁场只是外源变化磁场的感应磁场。因此，变化磁场的起源是地球外部的各种电流体系。

内源稳定磁场除偶极子磁场外还有其他成分，可以表示为

$$B_i = B_o + B_m + B_e \tag{2-2}$$

式中：B_o 为地心偶极子磁场；B_m 为非偶极子磁场；B_e 为异常磁场，常称为磁异常。

地心偶极子磁场等效于均匀磁化球体的磁场。一般认为，地核（外核）物质的对流运动所形成的涡流电流是地心偶极子磁场的成因。精确的地磁测量表明，各地磁要素在地面上的分布，在相当广的地域内并不符合地心偶极子磁场的分布规律，二者之间存在较为显著的差异。从世界正常磁场地磁图中减去按地心偶极子磁场计算出来的地面各点磁场数值，这种差值即为非偶极子磁场，也称为大陆磁场、大陆磁异常或剩余磁场。非偶极子磁场的成因还不是很清楚，一般认为，在地核和地幔边界附近可能存在着物质的对流运动，并形成涡流电流，从而产生非偶极子磁场。人造地球卫星高空磁测结果表明，非偶极子磁场随高度的增加衰减很慢，这是非偶极子磁场可能起源于地球深部的一个依据。

异常磁场又可分为两类，即

$$B_e = B'_e + B''_e \tag{2-3}$$

式中：B'_e 为区域异常，是地壳深部岩层的磁化所产生的磁场，一般分布范围较广（几十平方千米以上），磁场梯度较小，磁异常较弱；B''_e 为局部异常或地方异常，是地壳浅部岩层（包括矿物）的磁化所产生的磁场，一般分布范围较小（几平方千米或几十平方千米），磁场梯度较大，磁异常较强。

归纳起来，地磁场的构成成分可表示为

$$B_T = B_o + B_m + B_c + B'_e + B''_e + \delta B_T \tag{2-4}$$

由于偶极子磁场和非偶极子磁场是地磁场的主要成分，并且二者的起源很可能有密切关系，所以在地磁学中把二者之和称为地球的基本磁场 B_n，即

$$B_n = B_o + B_m \tag{2-5}$$

因此，地球的基本磁场是起源于地球内部并构成地磁场主要成分的稳定磁场，其变化极为缓慢，称为地磁场的长期变化。地球的变化磁场则是起源于地球外部而叠加在基本磁场之上的各种短期的地磁场变化。

2.2 地磁要素

地磁场 $\boldsymbol{B}_T$ 是矢量，可用三维坐标系表示。常用的坐标系有以下 3 种。

2.2.1 笛卡儿坐标系（*X*，*Y*，*Z*）

笛卡儿坐标系（X，Y，Z）在图 2-2 中，是以测点 O 为原点的笛卡儿坐标系。其中，x 轴指北，与地理子午线（地理经度线）同向，以向北为正；y 轴指东，与纬度圈同向，以向东为正；z 轴垂直于地平面而指向下，以向下为正。xOy 平面就是地平面或水平面。

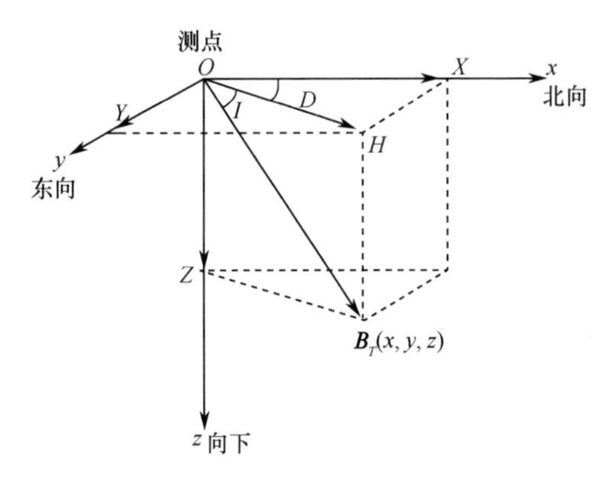

图 2-2　地磁要素

取观测点作为坐标原点 O，则 $\boldsymbol{B}_T$ 是 O 点地磁场的总磁感应强度矢量，其数值 B_T 称为地磁场的总磁感应强度。$\boldsymbol{B}_T$ 在 x、y 与 z 轴上的投影是 X、Y 与 Z。X 称为北向强度或北向分量，Y 称为东向强度或东向分量，Z 称为垂直强度或垂直分量。$\boldsymbol{B}_T$ 所在的垂直平面 HOZ 为磁子平面。这个坐标系在理论研究上比较重要，但一般不能直接测出 X 和 Y。所以，通常采用球坐标系或柱坐标系。

2.2.2 柱坐标系（*H*，*Z*，*D*）

$\boldsymbol{B}_T$ 在水平面上的投影 H 称为水平强度或水平分量。水平分量所指的方向

是指南针的正极 N 所指的方向，称为磁北。水平强度矢量偏离地理北方向的角度 D 称为磁偏角。磁偏角也就是磁子午面与地理子午面的夹角。按照规定，D 向东偏为正，向西偏为负。

2.2.3　球坐标系（H，D，I）

$\boldsymbol{B}_T$ 偏离水平面的角度 I 称为磁倾角。按照规定，$\boldsymbol{B}_T$ 下倾为正，上仰为负。在北半球大部分地区磁倾角为正。上列的 I、D、H、X、Y、Z、B_T 7 个物理量都称为地磁要素，它们之间有如下关系，即

$$\begin{cases} X = H\cos D,\ Y = H\sin D \\ \tan I = Z/H,\ \tan D = Y/X \\ H^2 = X^2 + Y^2,\ B_T^2 = H^2 + Z^2 \\ B_T = H\sec I,\ B_T = Z\csc I \end{cases} \tag{2-6}$$

要想确定地面上一点的地磁场的强度与方向，至少要测出任意 3 个彼此独立的地磁要素，称为地磁三要素。目前，只有 I、D、H、Z 与 B_T 的绝对值是能够直接测量的。在地磁三要素中，磁偏角 D 是必须测量的，其他两个要素可根据实际情况任意选测。

2.3　地磁图

为了清晰地表现地磁场的分布规律，一般将地磁要素绘成等值线图，也就是在地图上将某种地磁要素具有相同数值的各点（已化为同一时刻的数值）连成的曲线所形成的图。例如，将磁偏角数值相同的各点连起来的曲线就是等偏线图。其他则有等倾线图、水平强度等值线图及垂直强度等值线图等。这种地磁图可以把整个地球或个别区域的地磁场的数值和特征清晰地显示出来。

由于地磁要素是随时间变化的，因而必须把观测数值都化到某一特定日期，这种步骤称为通化。世界地磁图通常每 5 年画一次，日期一般选在某一年的 1 月 1 日，也有选在某一年的 7 月 1 日的。前者称为某一年零年地磁图；后者称为某一年地磁图或某一年代地磁图。例如，1980.0 年地磁图就要求把所有地磁要素的数值都通化为 1980 年 1 月 1 日 0 时 0 分的数值。

2.3.1　世界地磁图

世界地磁图表示了地球表面各地磁要素的分布情况。图 2-3 ~ 图 2-7 分别是 2015.0 年的等偏线图、等倾线图、水平强度等值线图、垂直强度等值线图与总强度等值线图。

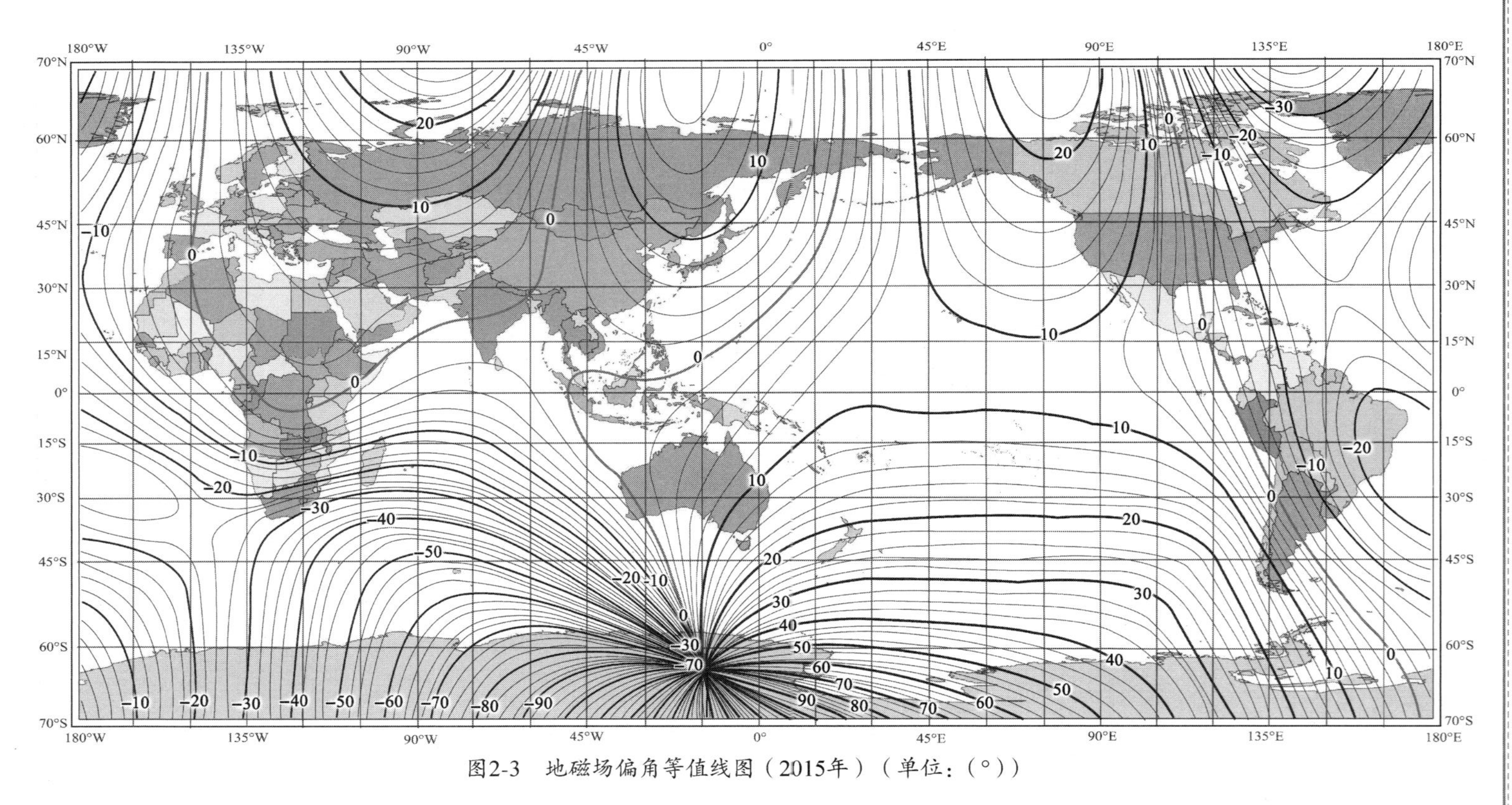

图2-3 地磁场偏角等值线图（2015年）（单位：(°)）

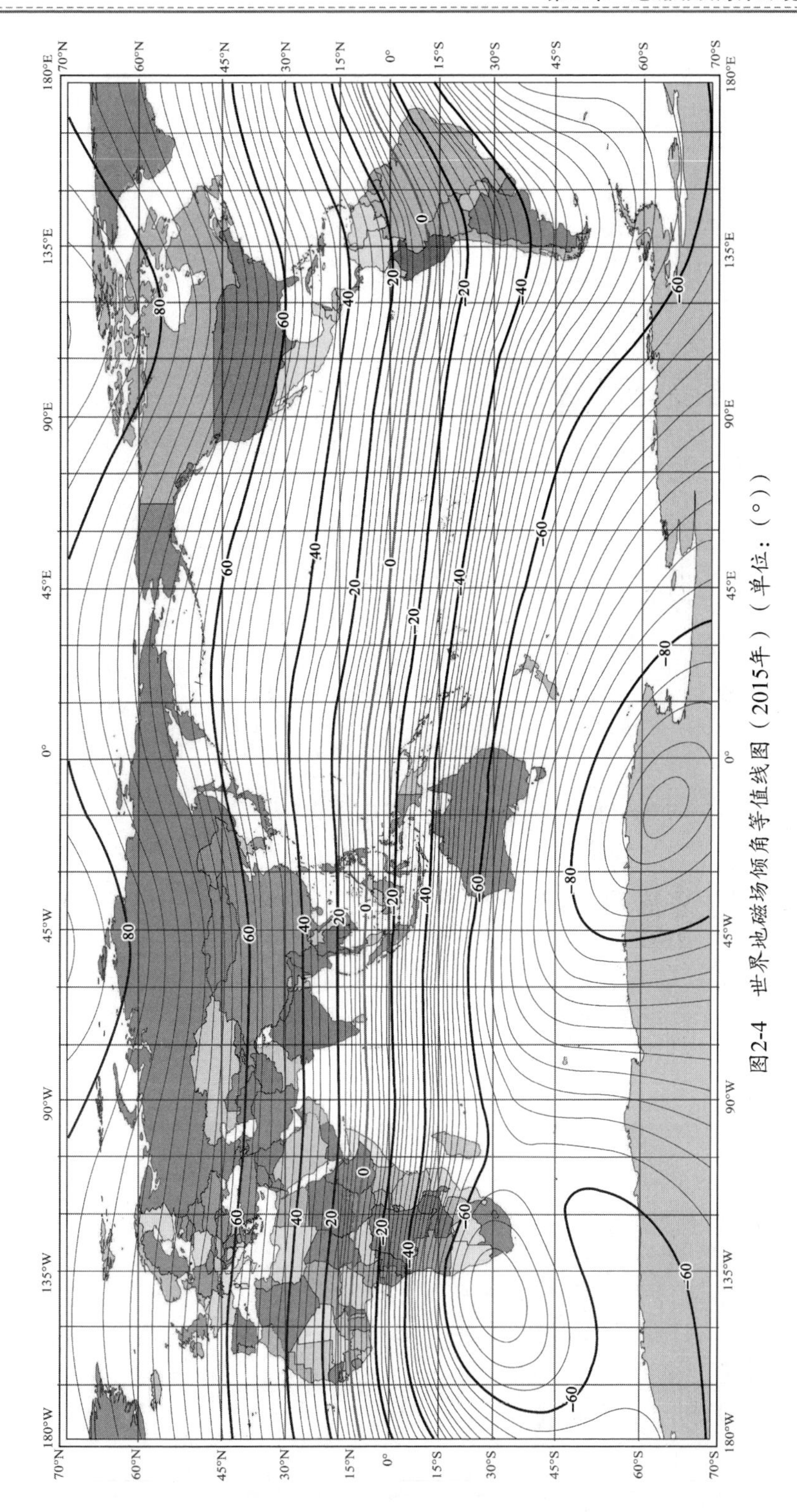

图2-4　世界地磁场倾角等值线图（2015年）（单位：(°)）

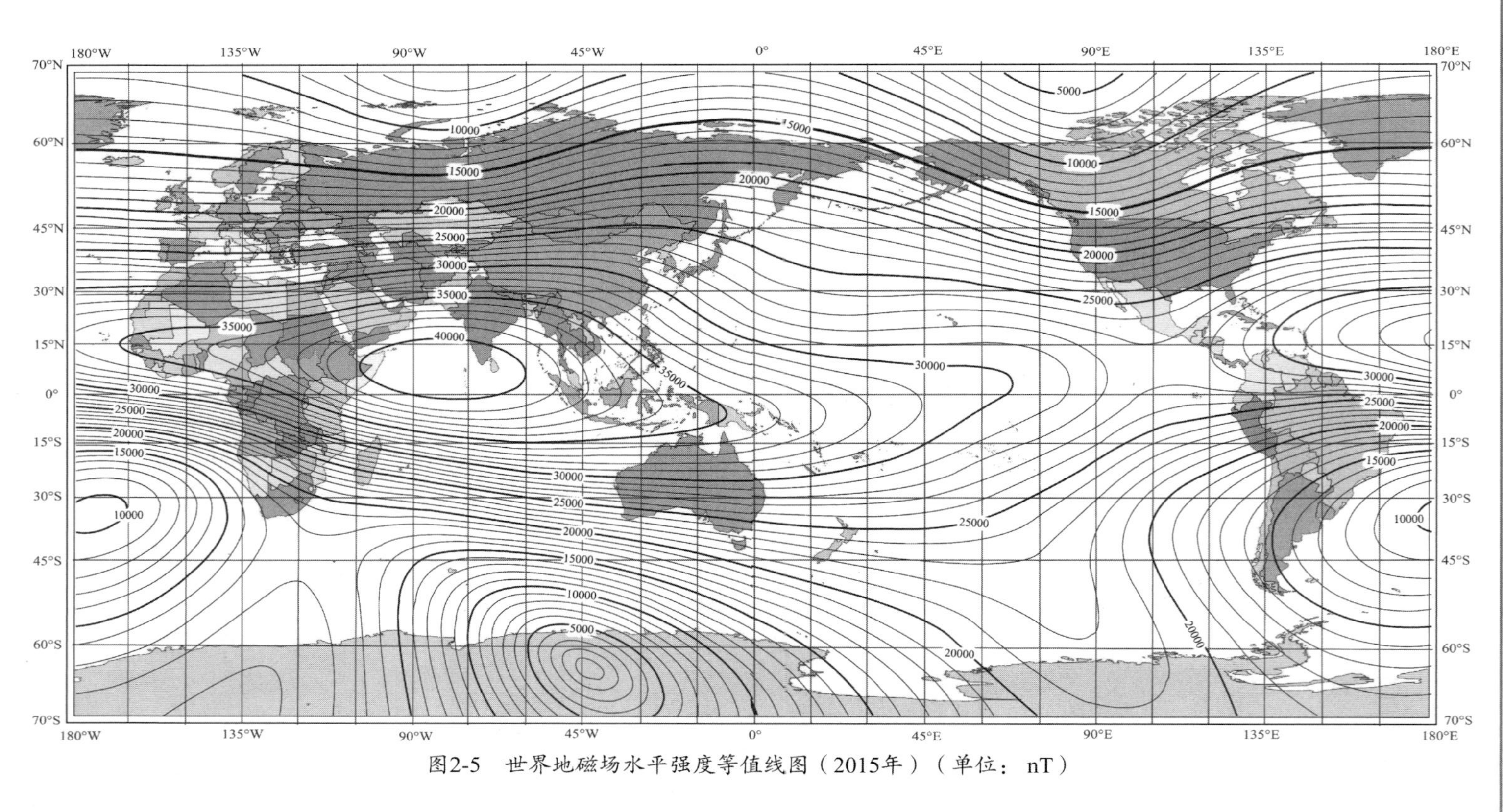

图2-5　世界地磁场水平强度等值线图（2015年）（单位：nT）

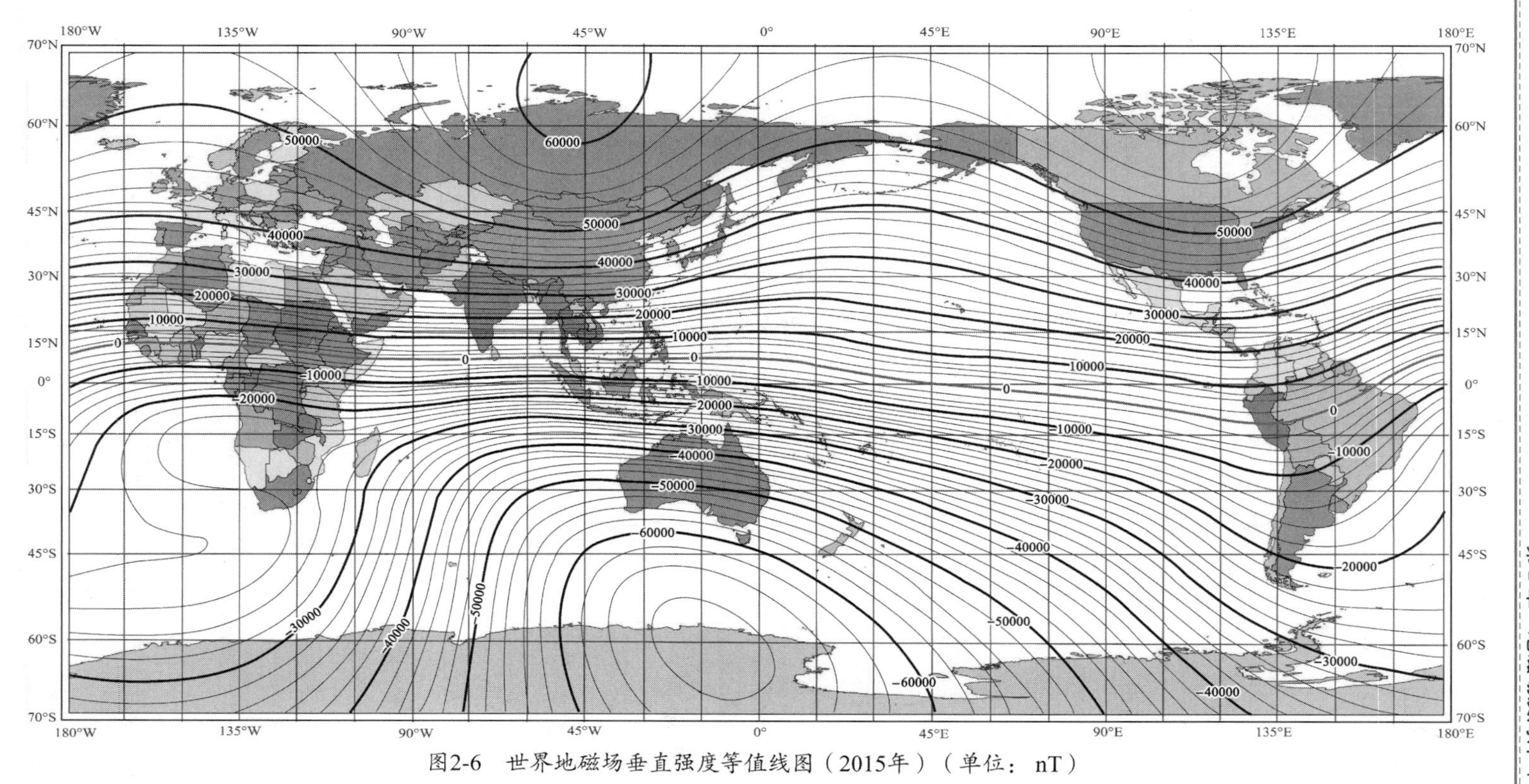

图2-6　世界地磁场垂直强度等值线图（2015年）（单位：nT）

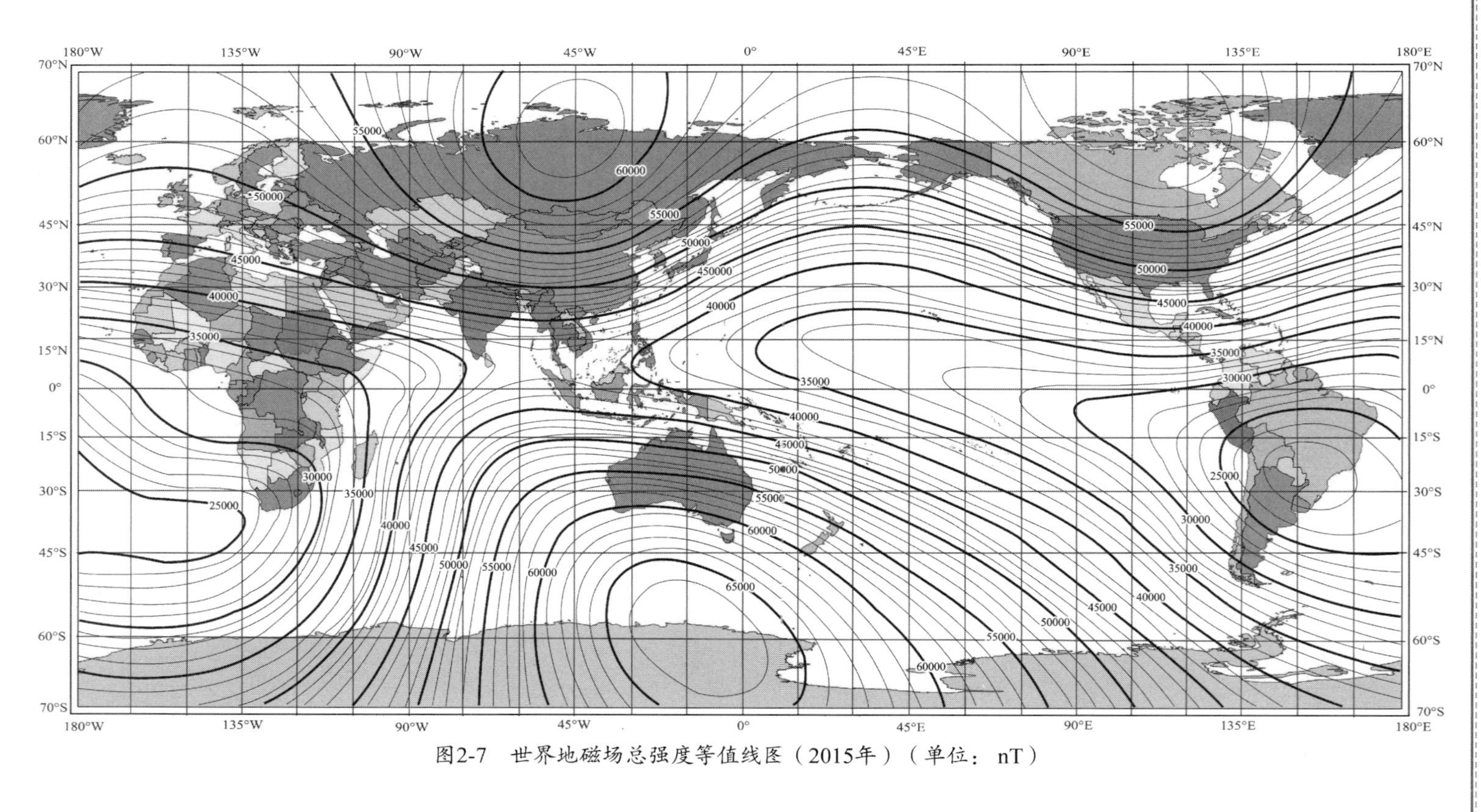

图2-7　世界地磁场总强度等值线图（2015年）（单位：nT）

等偏线是从一点出发汇聚于另一点的曲线簇。它有两条 $D=0°$ 的等偏线，把磁偏角分为正、负两个区域。等偏线在南北两半球上汇聚于 4 个点，两个点是磁极，两个点是地极。在南北两磁极处，水平强度为 0，倾角为 90°，在水平面内能自由转动的磁针在此处可停在任意位置，水平强度 H 的指向（磁子午线的方向）在此处就失去了意义，所以磁偏角可有 0° ~ ±180°的数值。同样，在地理两极处，地理子午线的概念也失去了意义，磁偏角也可有 0° ~ ±180°的数值。

等倾线是大致沿纬度分布的一系列平行曲线，分布均匀而规则。零值等倾线称为磁赤道或倾角磁赤道。由赤道至两极，倾角由 0°逐渐增到 ±90°。磁极就是倾角 $I=\pm 90°$ 的两点。

水平强度等值线大致是沿地理纬度排列的曲线簇。从北磁极到南磁极，其数值先由零逐渐增到最大，再逐渐减小到 0。最大值在赤道附近，但在不同的子午线上最大值不尽相同，其中最大的值为 0.4×10^{-4}T，在巽他群岛附近。

垂直强度等值线也是大致沿纬度排列的曲线簇。在南北两极处数值最大，为（0.6 ~ 0.7）$\times 10^{-4}$T，而在赤道附近为 0。

从世界地磁图上可见，它几乎不反映地壳的地质地理概况，如山脉、隐伏的山脊及地震带等。说明地球磁场的来源在地内很深。从地磁图可知，各地磁要素等值线的分布是不均匀的，甚至在某些地区形成封闭的曲线。这正说明了非偶极子磁场的存在。

从地磁图的规律可总结出以下几方面。

（1）地球有两个磁极，与地理极靠近。在磁极上，磁倾角为 ±90°，水平分量最大，磁偏角没有一定值。

（2）水平分量无论在何处（极地附近除外）都指向北，垂直分量在北半球指向下，在南半球则向上，这说明地球磁极在北半球的是 S 极，在南半球是 N 极。

（3）两极处的总磁场强度为 0.6 ~ 0.7Oe（1Oe = 79.577A/m），赤道处的总磁场强度为 0.3 ~ 0.4Oe，前者约为后者的 2 倍。磁倾角随纬度按一定规律变化，这与均匀磁化球体或偶极子的磁场分布相似。

（4）地球的磁化是不对称的，其磁轴与地球自转轴不重合，交角约为 11.5°。偶极子的中心偏离地球中心约 400km（向印度尼西亚方向偏移）。

不仅地磁要素的数值随时间变化，而且南、北磁极的位置也随时间变化。表 2-1 列出由不同年份的观测结果推算出来的磁极位置。

表 2-1　各年份的磁极位置

年份/年	北磁极		南磁极	
	北纬	西经	南纬	东经
1600	78°42′	59°00′	81°16′	169°30′
1700	75°51′	68°48′	77°12′	150°15′
1829	73°21′	93°56′	72°40′	150°45′
1900	69°18′	96°37′	—	—
1950	72°	96°	70°	150°
1960	74°54′	101°00′	670°06′	142°42′
1970	76°12′	101°00′	66°00′	139°06′
1980	78°12′	102°54′	65°36′	139°24′

2.3.2　中国地磁图

中华人民共和国成立后，在全国各地设立了一定数量的地磁基准观测台与野外观测点，并把观测结果绘制成相应年代的地磁图。图 2-8 ~ 图 2-12 是我国 1970 年的地磁图。从图上可看出各地磁要素的分布特点：

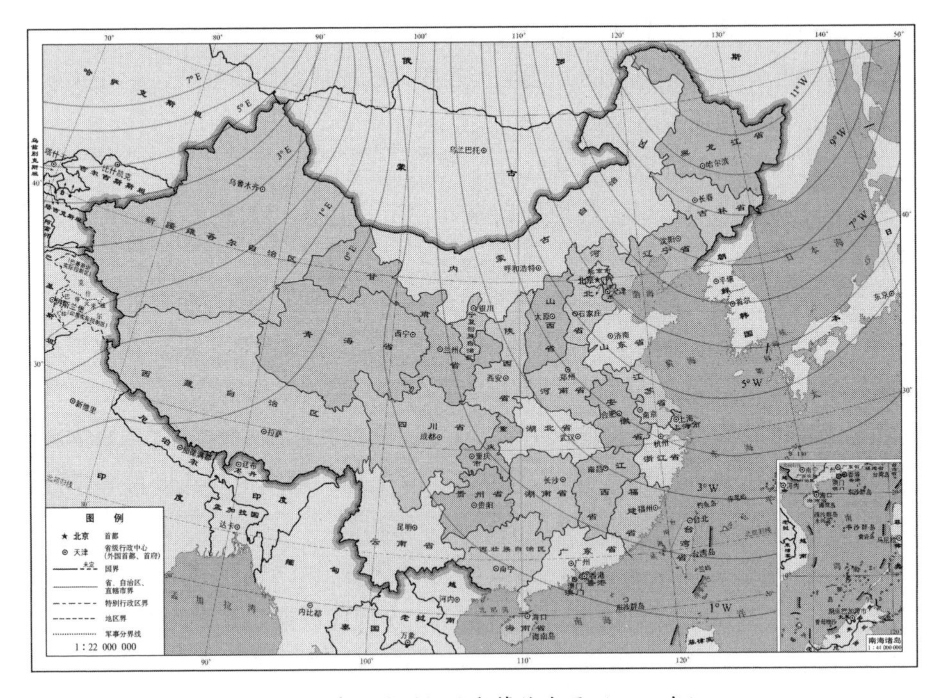

图 2-8　中国地磁场偏角等值线图（1970 年）

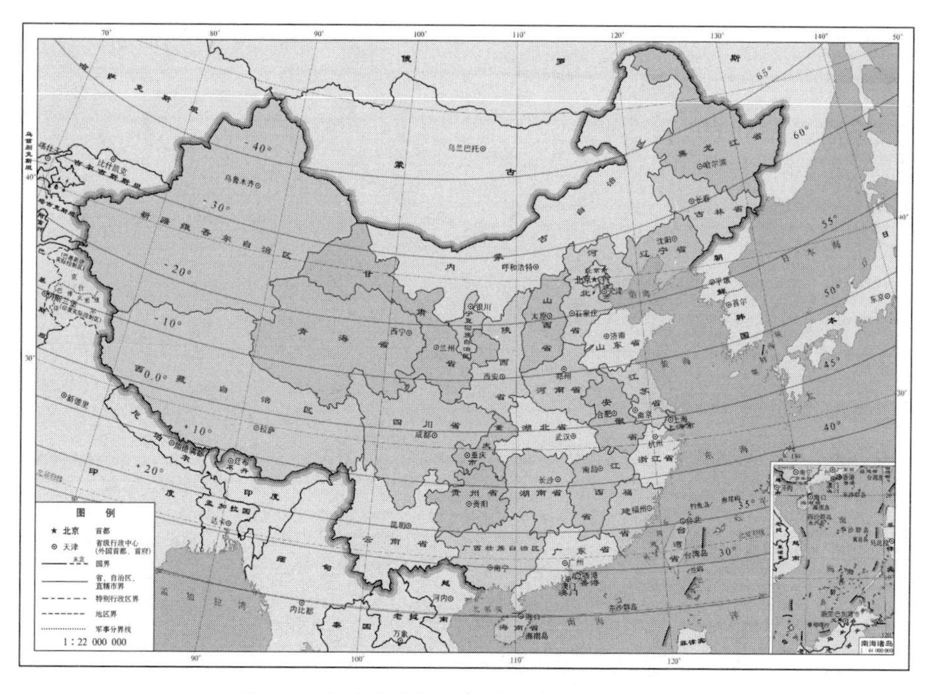

图 2-9　中国地磁场偏角等值线图（1970 年）

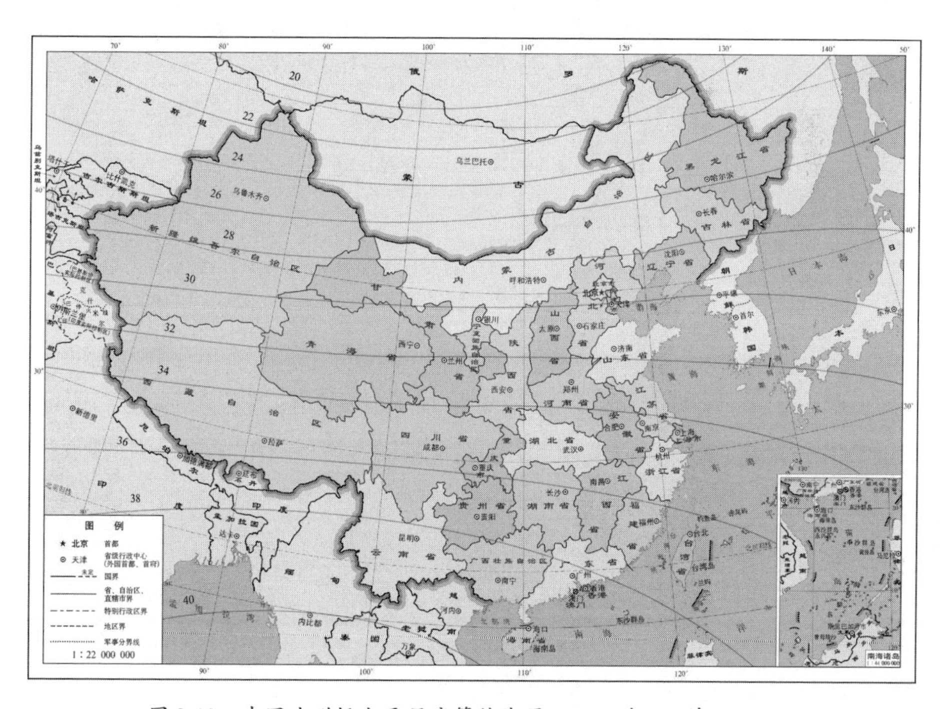

图 2-10　中国地磁场水平强度等值线图（1970 年）（单位：μT）

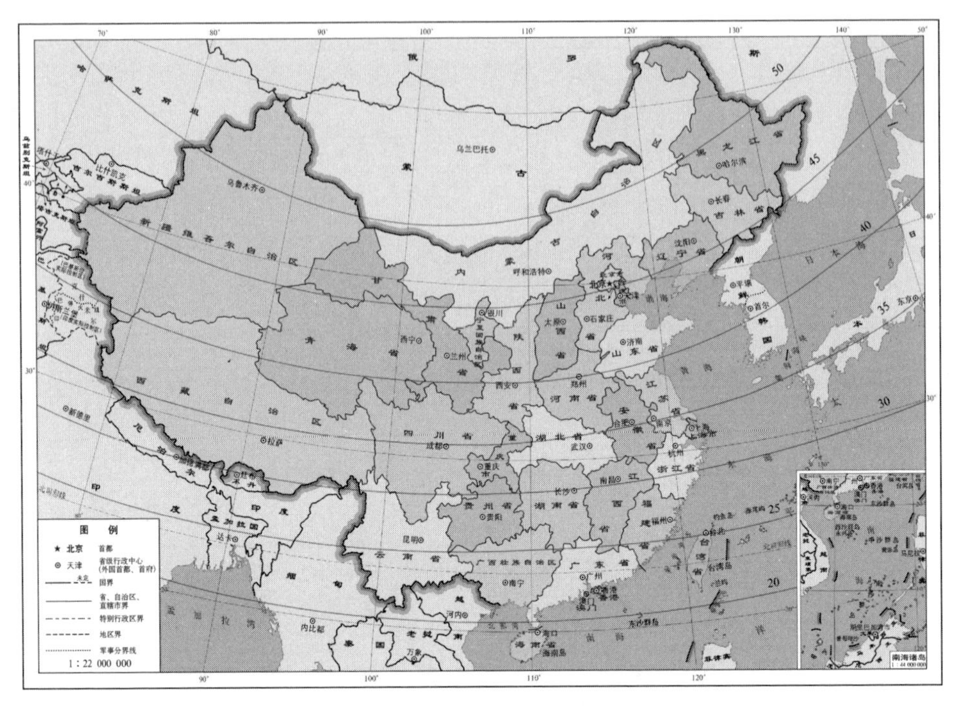

图 2-11　中国地磁场垂直强度等值线图（1970 年）（单位：μT）

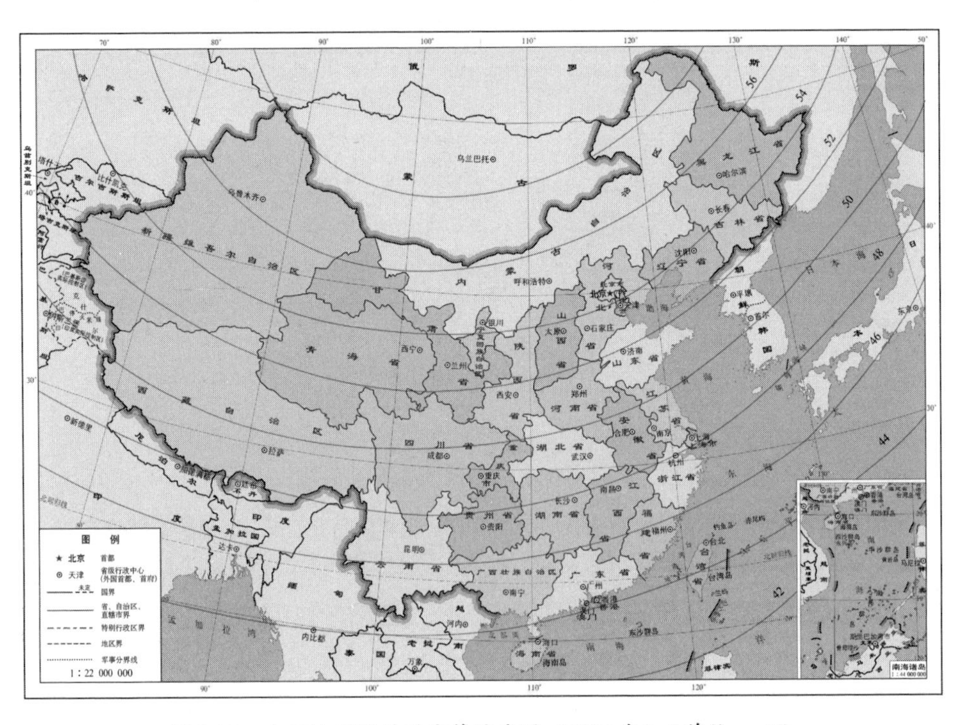

图 2-12　中国地磁场总强度等值线图（1970 年）（单位：μT）

垂直强度 Z 从南到北由 -0.1×10^{-4} T 增加至 0.56×10^{-4} T；

水平强度 H 从南到北由 0.40×10^{-4} T 减小至 0.21×10^{-4} T；

磁倾角 I 从南到北由 $-10°$ 增加至 $+70°$；

磁偏角 D 的零偏线由蒙古人民共和国穿过我国西部甘肃的安西和西藏的得宋延伸至尼泊尔、印度。零偏线以东，偏角变化由 0°到 $-11°$；零偏线以西，偏角变化由 0°到 $+5°$。

2.3.3　地磁场的长期变化

地磁场的长期变化是指基本磁场随时间缓慢变化部分，它与地球内部因素有关。地磁场各要素长期观测值表明，它的年均值不是恒定的，而是随时间作缓慢变化的，这种变化就是基本磁场的长期变化，如图 2-13 所示。

通常，用某一年的长期变化率表示该年地磁要素的变化。t_0 年的长期变化率（年变率）定义为

$$\frac{\Delta F}{\Delta t}=\frac{F_2-F_1}{t_2-t_1} \tag{2-7}$$

式中：F_2 与 F_1 为 t_2 年与 t_1 年某地磁要素的年均值，$t_0=t_1+\Delta t/2$。

在有连续观测资料的地磁台站才能这样计算年变率，而在磁测基点上，年变率则定义为两个日期地磁要素日均值之差与它们之间相隔年数的比。

在实际应用时，利用年变率等值线图和地磁图，就可求出 5 年中某一年代某地的地磁要素值。例如，在我国 20 世纪 80 年代地磁要素 Z 等值线图上，某地地磁场分 Z 量值为 0.4680×10^{-4} T，等年变率曲线图上，该地的 Z 值年变率为 -29nT/年，则 1983 年该地的 Z 值应为 0.4671×10^{-4} T。

从图 2-13 发现，等变线在地球上的分布是有规律的，所有等变线都围绕着几个中心而聚集起来。这些中心称为长期变化的焦点，该处的变化达到最大值。

许多地磁台的各地磁要素的年均值都有显著的变化，而且在相当长的时期（几十年）内单向增减。此外，不同年代计算出的地球磁矩值有所变化，非偶极子场的中心强度和中心位置也有显著变化。

目前，大多数人认为地磁场长期变化的源是在地核内和核幔界面处，它决定了地磁长期变化的全球性特征，而与地壳内和上地地幔的各种物理的、化学的和地质过程有关的长期变化，决定了长期变化的地方性和区域性特征。

长期变化的全球性特征主要有两点：一是偶极子磁矩的衰减；二是非偶极子场的西向漂移。长期变化的量值一般都很小。

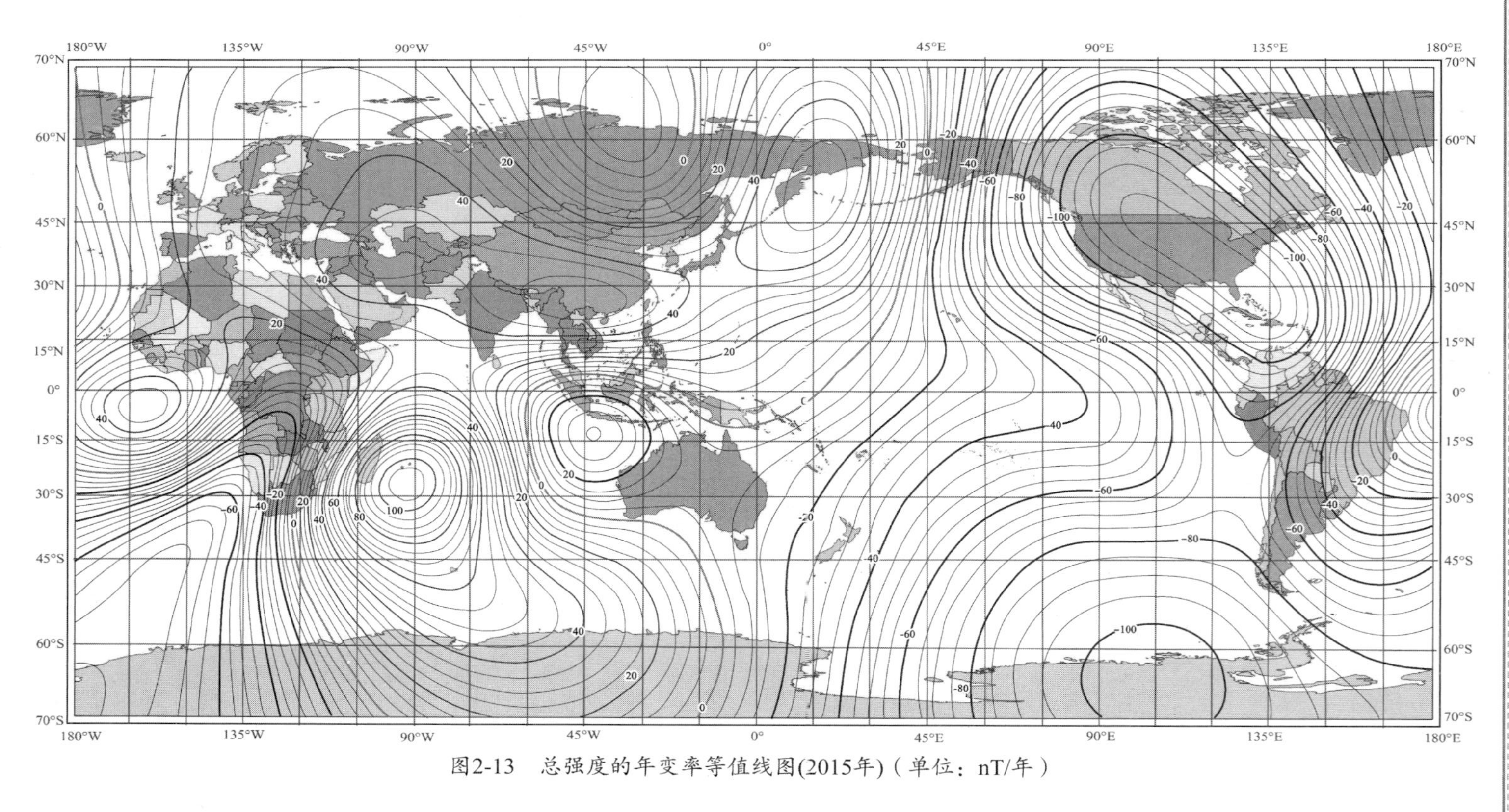

图2-13 总强度的年变率等值线图(2015年)(单位：nT/年)

2.4　变化磁场

2.4.1　变化磁场的分类

地球变化磁场是叠加在地球基本磁场之上的各种短期的地磁变化，它起源于地球外部的各种电流体系。

变化磁场的形态是复杂多样的，但按出现的规律不同可区分为两个基本类型：一类是连续出现，一直存在着的周期性变化，称为平静变化，起源于电离层中比较稳定的电流体系；另一类则是偶然发生的，持续一定时间后就消失的短暂变化，称为干扰变化，主要起源于太阳粒子流在磁层和电离层中形成的各种短暂的电流体系。因此，地球变化磁场 δB_T 可表示为 $\delta B_T = \delta B_q + \delta B_d$，其中 δB_q 和 δB_d 分别代表地磁场的平静变化与干扰变化。

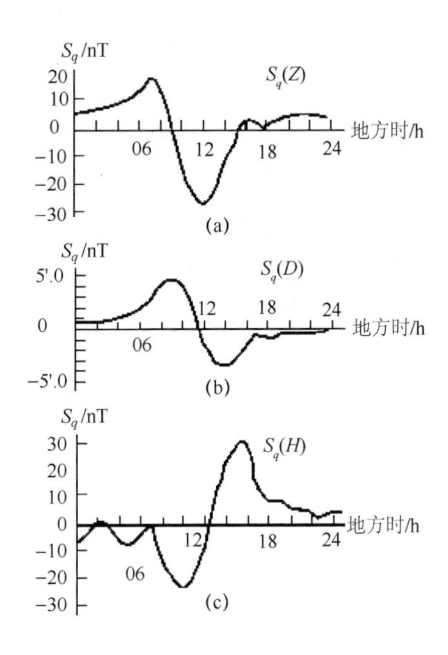

图 2-14　上海佘山地磁台 1958 年 10 月 12 日地磁日变化 S_q

2.4.1.1　平静变化

平静变化一般分为太阳静日变化 S_q 和太阴日变化 L。

太阳静日变化是依赖于地方太阳时并以一个太阳日为周期的变化，简称为静日变化。地方太阳时是以各个地球子午线正背着太阳的时刻为 0 时来计时的，常称为地方时。一个太阳日是地球相对于太阳自转一周所经历的时间，等于 24h。

从磁照图上可以看出，S_q 具有确定的周期性，周期为一个太阳日；同时，变化依赖于地方太阳时（地方时），白天变化强，夜间变化弱。图 2-14 是表示上海佘山地磁台 1958 年 10 月 12 日地磁日变化 S_q。从图中可见，$S_q(H)$ 和 $S_q(Z)$ 在中午附近出现极值，而 $S_q(D)$ 一般在早晨和午后各出现一个反号的极值。

S_q 还表现为以年为周期的季节性变化和约以 11 年为周期的太阳周变化，即太阳活动强、地磁日变化大，太阳活动弱、地磁日变化小。此外，S_q 还随磁纬度 φ 的不同而不同。

在夏至和冬至期间，S_q 随纬度的分布规律基本不变，只是变幅的分布南北半球不对称了。夏至期间，北半球的变幅大，南半球的变幅小，而冬至期间相反。这正是 S_q 季节性变化的表现。

太阴日变化 L 是依赖于地方太阴时并以半个太阴日为主要周期的变化。地方太阴时是以各个地理子午线正背着月球的时刻为零时计时的。太阴日即地球相对于月球自转一周所经历的时间，比太阳日稍长，约为 24h50min28s。太阴日变化 L 是很微弱的。磁偏角太阴日变化 $L(D)$ 的最大振幅只有 40s，水平强度太阴日变化 $L(H)$ 和垂直强度太阴日变化 $L(Z)$ 的最大振幅只有 $1-2^{nT}$。

静日变化起源于电离层中的涡旋电流体系。太阳的紫外线辐射对于高度在 60km 以上的地球大气具有强烈的电离作用，从而形成了电离层。在太阳直射的地方，电子和离子的浓度最大。因此，白天浓度大，夜晚浓度小。电离层和整个地球大气在太阳的热力作用下形成大气对流运动（大气环流），同时又在日、月（主要是月球）的引力作用下形成大气潮汐运动。这种运动是在地磁场中进行的。由于电离层是导体，在地磁场中运动必然产生感应电流，而形成电流体系。电流体系相对于太阳的位置是不变的，而地球却相对于电流体系旋转着。随着地球的自转，地面各点必然要从电流体系的各个部位下经过，即从 00h 到 24h 依次转过去。于是，地面各点的磁场就出现了一个以太阳日为周期的日变过程。

2.4.1.2　干扰变化

干扰变化常称为磁扰。磁扰的类型很多，包括：由粒子流扰动场 DCF 和环电流扰动场 DR 构成的磁暴时变化 D_{st}；由地磁亚暴 DPI 和磁扰日变化 SD 构成的极光区磁扰；极盖区磁扰 DPC；地磁脉动 P 和地磁钩扰 C_r。

（1）磁暴时变化 D_{st}。磁暴时变化 D_{st} 是全球同时发生的具有规则形态而没有周期性的地磁变化。它是磁暴的最基本的成分。它由粒子流扰动场 DCF 和环电流扰动场 DR 构成。粒子流扰动场是依赖于世界时的持续时间为 1 ~ 6h 的磁扰，扰动几乎是全球同时出现的，主要导致地磁场水平分量增强。环电流扰动场是依赖于世界时的持续时间为 1 ~ 3 天的磁扰，主要导致地磁场水平分量的减弱。

（2）极光区磁扰。极光区磁扰包括地磁亚暴 DPI 和磁扰日变化 SD 两种类型，主要是高纬度地区的地磁现象，在极光带附近最强烈。

地磁亚暴主要是依赖于地方磁时的持续时间为 1 ~ 3h 的海湾形磁扰，称为湾扰。使水平分量增大的称为正湾扰，反之称为负湾扰。一般 $\varphi=70°$ 附近湾扰的幅度最大，水平分量的平均幅度约为 500nT，垂直分量的平均幅度约为 300nT。在极光带附近，单个湾扰的幅度有时可达 1000nT 甚至 2000nT。图 2-15 是 1958 年 8 月 11 日至 12 日 5 个地磁台记下的负湾扰。

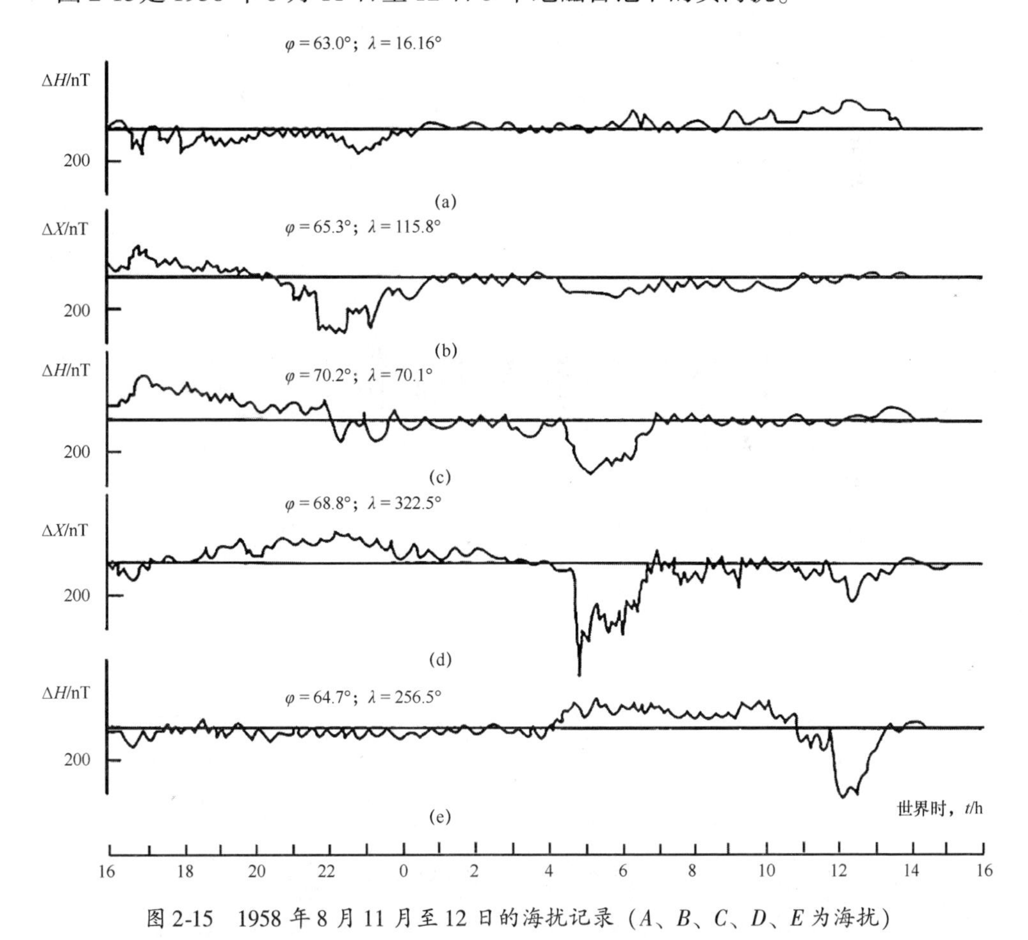

图 2-15 1958 年 8 月 11 月至 12 日的海扰记录（A、B、C、D、E 为海扰）

太阳扰日变化是依赖于地方磁时并以一个太阳日为周期的变化，常称为扰日变化。平时，变化幅度较小，在磁暴时，变化幅度将显著增大。变化的形态近似于正弦形，变化的幅度白天夜晚几乎相同。在磁纬 60°以上的高纬度区很强，变幅在 200nT 以上。

(3) 极盖区磁扰 DPC。极盖区磁扰是地磁纬度 $\varphi = \pm(70° \sim 90°)$ 的极盖区特有的磁扰。它的显著特点是每天连续扰动不止，它和全球地磁活动的强弱毫无关系。

(4) 地磁脉动 P。地磁脉动是短周期的地磁变化，具有各种形态、周期和振幅。周期一般为 0.2 ~ 1000s，最短周期可在 0.1s 以下，最长周期可达 1500s，振幅一般为 10^{-2} ~ 10nT，最小振幅不足 0.01nT，甚至为 0.001nT，最大振幅可达 100nT，甚至为 500nT 以上。

地磁脉动按照形态的不同分为两大类型：连续脉动 P_e 和不规则脉动 P_i。图 2-16 (a) 和 (b) 分别为 P_e 和 P_i 的典型例子。由图可见，P_e 近似于正弦振动，振幅比较稳定；P_i 近似于阻尼振动，振幅逐渐衰减。

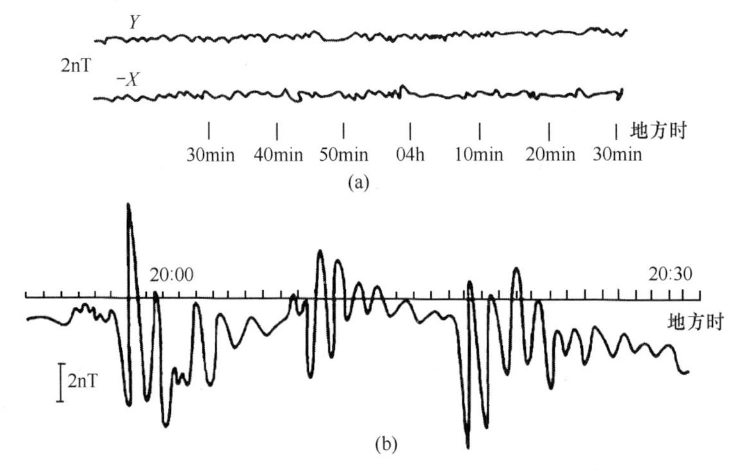

图 2-16　1961 年 3 月 29 日地磁脉动记录（包罗克台）

按照周期的长短，P_e 和 P_i 又可分别分为 6 类和 3 类，如表 2-2 所列。

表 2-2　地磁脉动的分类

P_e/s						P_i/s		
P_{e1}	P_{e2}	P_{e3}	P_{e4}	P_{e5}	P_{e6}	P_{i1}	P_{i2}	P_{i3}
0.2 ~ 5	5 ~ 10	10 ~ 45	45 ~ 150	150 ~ 600	>600	1 ~ 40	40 ~ 150	>150

统计结果表明，P_e 型地磁脉动的振幅和周期具有一定的关系。图 2-17 是各种周期 P_e 型脉动的平均振幅 A 和周期 T 的关系（双对数坐标）。显然，周期越长，一般振幅越大，不过，在一些周期上交替出现振幅的极大值和极小值。这些极小值对应的周期一般就是各类 P_e 的分界。

图 2-18 (a) 为 1974 年 9 月 27 日记录的 P_i 型地磁脉动所形成的地磁变化率曲线。图中 N-S、E-W、D-U 分别表示 dX/dt、dY/dt 和 dZ/dt 变量的指向。

它们的 dX/dt 最大值分别为 2.91nT/s（P_i1 型周期 26s）和 2.76nT/s（P_i1 型周期 27s）。图 2-11（b）为该两地磁台 1974 年 5 月 31 日记录的 P_e 型地磁脉动所形成的地磁变化率曲线，图中符号含义同图 2-18（a）。它们的 dX/dt 最大位分别为 1.43nT/s（P_e3 型周期 11s）和 0.73nT/s（P_e2 型周期 12s）。

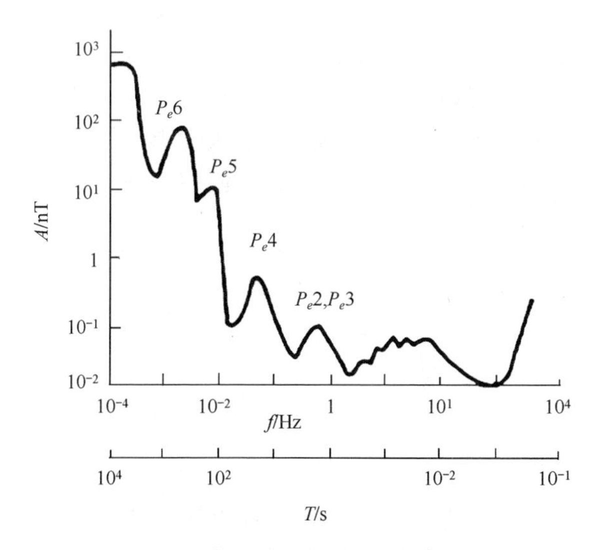

图 2-17　日本女满别地磁台和柿岗地磁台

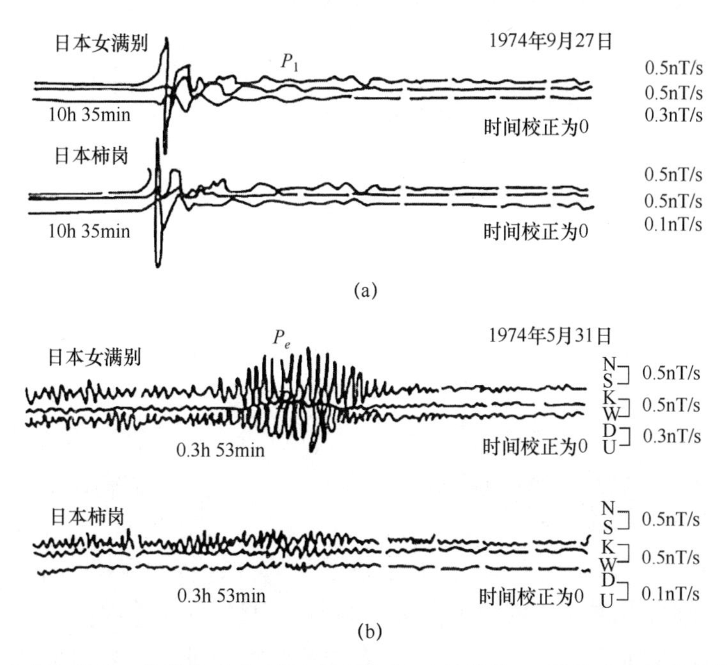

图 2-18　日本女满别、柿岗地磁台 1974 年 5 月 31 日记录的 P_e 型脉动（地磁变化率曲线）

地磁脉动所形成的磁场变化率一般均小于当代高灵敏度动磁引信的动作参数，因此不会引起动磁引信误动。但是，个别较强的脉动所形成的磁场变化率仍有可能接近或达到动磁引信的动作参数而使之误动，这一点需引起注意。

（5）地磁钩扰 C_r。地磁钩扰是一种只在白天发生且持续时间约为几十分钟的短促而光滑的磁扰，因形状像钩子，故称为钩扰，如图 2-19 所示。钩扰并不常见，只在磁静日或微扰日的白天出现，与太阳耀斑同时发生，起源于突然增强的大阳紫外线辐射钩扰以水平分量最显著，变化幅度从几到近百纳特斯拉，持续时间 10～90min。钩扰建立较快而恢复较慢，从始点 a 到极值点 c 为 1～18min，平均为 7min。钩扰总是偏向磁变曲线一侧，水平分量增加称为正钩扰，减小称为负钩扰。

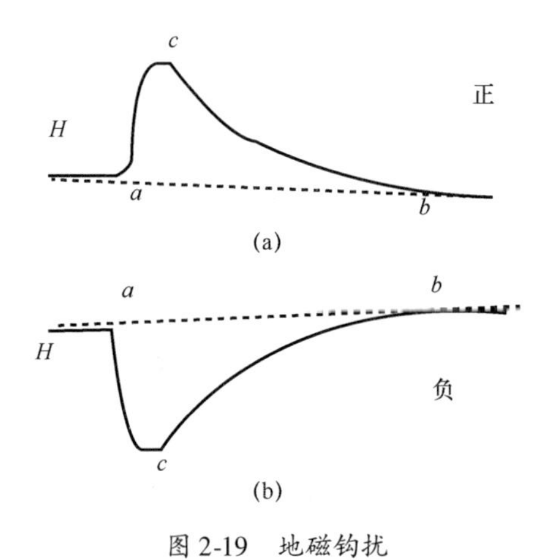

图 2-19　地磁钩扰

2.4.2　磁层

地磁场近似于一个地心偶极子的磁场，磁力线应按偶极子场的分布形成伸展到星际空间去。可是，在太阳风和地磁场的相互作用下，磁力线被太阳风压缩在一个有限的空间区域内，而太阳风却被地磁场阻挡在该区域之外。对于太阳风而言，这个区域成为一个空腔，地磁场则被局限在空腔之内。这个具有磁场的空腔称为磁层。地磁场的磁力线被太阳风吹向背日方向，延伸很远，形成了很长的磁尾。显然，磁场分布是极不对称的，只是在 $2R$～$7R$ 范围以内磁场才保持着偶极子磁场的性质。

磁层的边界称为磁层顶。在日地连线上，磁层顶至地心的距离从小于 $8R$ 到大于 $13R$，平均约为 $10R$，并随着太阳风的速度和质子浓度而变化。

磁尾近似于圆柱形，半径约为 $20R$ 磁尾延伸很远，至少超过 $100R$，甚至可能延伸至 $1500R$ 以外。在磁尾中，南北半球的磁力线方向彼此相反。因此，南北半球之间出现了一个磁场等于零的区域，称为中性片。中性片约从 15R 延伸至 100R 以外，厚度约为 1000km。中性片与黄道面平行，并且偏离黄道面约为 5R。

太阳风等离子体可从磁尾进入中性片，并在磁层中形成一个等离子层。约在 15R 处等离子层分为两支进入极光区。等离子层厚度约为 10R。卫星测量发现，在等离子层中能量约为几千电子伏的电子的通量很高，为$10^8 \sim 10^9$ 个/($cm^2 \cdot s$)。

地球附近是地磁场捕获带电粒子的捕获区和半捕获区。捕获区是射入的带电粒子不能再出去的区域。这就是辐射带或范阿伦（Van Allen）带。

太阳风以 300～600km/s 的速度吹向磁层，这就相当于磁层以超声速在太阳风中运动。物体以超声速在空气中运动时，其前面会产生冲击波。因此，太阳风与磁层相互作用也会在磁层顶端的前面产生类似的冲击波和波阵面。波阵面和磁层顶端之间的区域称为磁鞘、磁套或过渡区。在日地连线上，磁鞘的厚度约为 4R。在磁鞘内，等离子体处于湍流运动和加热状态中，磁场的变化很复杂。

2.4.3　地磁指数和国际地磁静扰日

2.4.3.1　磁情指数

地磁指数有两类：第一类是描述各段时间内整个地磁扰动强度的指数；第二类是专门描述某些磁扰强度的指数。本节只介绍第一类的磁情指数 K，其余如磁情记数 C、国际磁情记数 C_i、等效日幅度 A_k、等效行星性日幅度 A_p、全日行星性磁情记数 C_p 以及指数 u 等可参阅地磁学文献，此处从略。

磁情指数 K 又称为三小时指数，是各个台站用来描述每日各个 3h 时段内地磁扰动强度的指数。K 指数是 1939 年确定使用的。它从 0 到 9 共分 10 级，级别越高表示磁扰越强。每日按世界时等分为 8 个时段，0～3h 为第 1 时段，……，21～24h 为第 8 时段，每个时段确定一个 K 值。K 值大小由各个时段内纯干扰变化的幅度决定。纯干扰变化的幅度就是消除平静变化 S_q 和 L 以后纯属太阳粒子辐射引起的干扰变化的幅度（干扰 C_r 也要消除）。分级的方法是按照近似的对数关系给每一级 K 确定一个幅度下限 a_{min}，使 $K \leqslant 2$ 同无扰动和微弱扰动相对应，使 K 为 3 和 4 同弱扰动相对应，使 $K \geqslant 5$ 同强扰动或磁暴相对应。我国基本处于磁纬 40°以下的地区，所采用的指数 K 如表 2-3 所列。

表 2-3　目前中国采用的指数 K

K	0	1	2	3	4	5	6	7	8	9
a_{min}/nT	0	3	6	12	24	40	70	120	200	300

指数 K_p 是描述每日各个 3h 时段内全球地磁扰动强度的指数，称为行星性三小时指数或国际磁情指数，是 1951 年提出来的。

2.4.3.2 国际地磁静扰日

利用地磁指数可以区分磁静日和磁扰日以及每日的静扰程度。日期按世界时划分。磁静日是指地磁变化保持着正常日变形态而无显著磁扰的日子。磁扰日是指出现磁扰并导致地磁变化失去正常日变形态的日子。只出现钩扰和孤立湾扰的日子仍作为磁静日。

以 K 指数确定静扰日，可以首先按照每日的最大值 K_{max} 把日期分为三类，即 $K_{max} \leqslant 2$ 为静日，$K_{max} = 3$ 和 $K_{max} = 4$ 为弱扰日，$K_{max} \geqslant 5$ 为强扰日；然后再按照每日的 8 个 K 之和 ΣK 区分每类日期中各日的静扰程度。

全球采用的地磁静扰日应当统一。因此，国际磁情服务机构利用 K_p 指数每月选定 5 个磁静日和 5 个磁扰日，定期公布供全球统一采用，分别称为国际磁静日和国际磁扰日。此外，每月还另选 5 个参考磁静日。

2.4.4 磁暴

磁暴就是全球同时发生的、磁情指数 $K \geqslant 5$ 的强大磁扰。

2.4.4.1 磁暴的形态

磁暴的形态复杂多样，不仅不同的磁暴在形态上差别很大，而且在不同的纬度处记录的磁暴在形态上也不相同。在高纬度地区，磁暴含有许多扰动成分，扰动幅度较大，磁暴形态很不规则；在中低纬度地区，磁暴所含的扰动成分较少，扰动幅度较小，形态比较规则。各地磁要素的变化形态很不相同。除极区外，一般来说，水平分量变化最强烈，形态也最清楚，尤以中低纬地区为甚。因此，常以它来研究磁暴的形态特征。在磁暴开始后的最初几小时内，水平分量增加，这部分称为初相；接着，水平分量迅速减小，约经几个小时或十几个小时，减到最小值，这部分称为主相；然后，水平分量逐步回升，经过一天或几天才恢复到正常的日变形态，这部分称为恢复相。这就是磁暴时变化的典型过程。

在中低纬度地区，初相幅度一般为几纳特斯拉到几十纳特斯拉，主相幅度约为几十纳特斯拉到几百纳特斯拉，比初相幅度大几倍。可见，磁暴的主要效应是使水平分量减小。磁暴形态的差异性主要决定于初相起始的急缓和主相幅度的大小。

初相起始急促，称为急始，以 SC 表示；初相起始缓慢，称为缓始，以 GC 表示。急始又有正负之分，并以水平分量的增减来区分正负。此外，在正急始之前有时先出现一个负的小脉冲，或在负急始之前先出现一个正的小脉冲，这类急始以 SC* 表示。SC* 常出现在高纬度地区，在中低纬度区很少。

磁暴的发展过程不一定具有初相和主相这种完全形态，在这种情况下，急始的磁暴有时主相极不明显，甚至没有主相；缓始的磁暴往往没有主相，常由各种磁扰叠加构成零乱起伏的扰动，持续时间往往长达 3 ~ 5 天甚至半个月左右，这种非完全形态的磁暴一般是 $K=5$ 的小磁暴。

2.4.4.2　磁暴的空间分布

磁暴在地面上的分布和地磁纬度有密切关系。磁暴的形态和强度均随地磁纬度而有所改变。

根据一个地磁台的资料，把每个磁暴按照磁暴时顺序相加，便可消去依赖于地方时而变化的成分（S_q、SD 和 DPI）。磁暴时即以磁暴起始时刻为 0 时的时间坐标系，用 t_{st} 表示。图 2-20 为水平分量平均磁暴时变化 D_{st}（H）随地磁纬度的分布。此图表明，D_{st}（H）在南北半球具有相同的形态，主要表现为水平分量明显减小；在地磁赤道处变化幅度最大，纬度升高变幅渐减。垂直分量的磁暴时变化不太显著，在南北半球形态相反。北半球表现为垂直分量增大，而南半球为减小，在地磁赤道上变幅几乎为 0，纬度升高变幅渐增。磁偏角的变化极不规则，时起时伏，无确定状态。

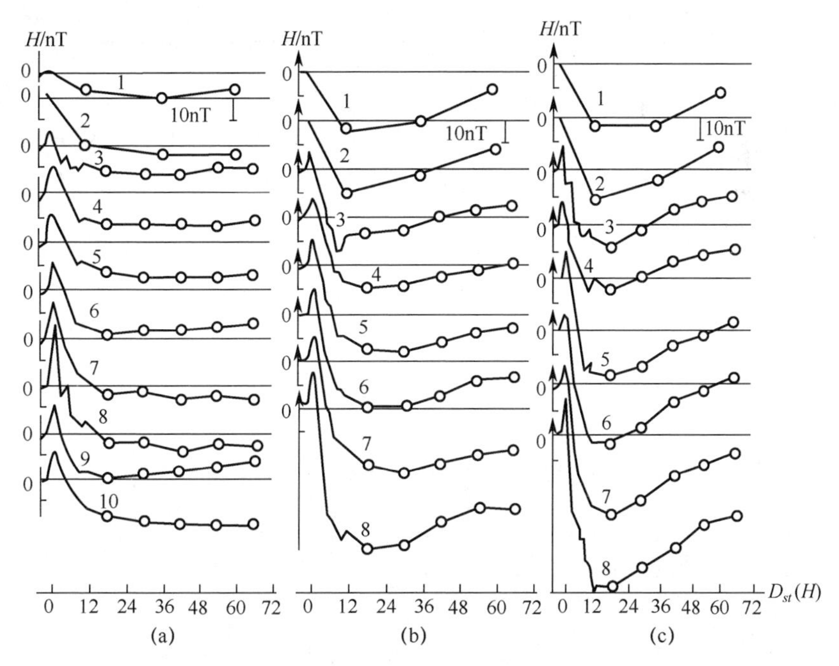

图 2-20　水平分量平均磁暴时变化 D_{st}（H）随地磁维度的分布

（a）小磁暴；（b）中等磁暴；（c）大磁暴。

2.4.4.3 磁暴的时间分布

（1）一部分磁暴具有相隔 27 天左右重复出现的性质，称为磁暴的重现性。表 2-4 是根据北京地磁台 1957 年至 1958 年的磁暴资料统计的结果。在全部 796 个磁暴中有 352 个重现磁暴，重现率 44.2%。急始磁暴 SC 重现率为 37%，缓始磁暴 GC 重现率为 50%，$K=5\sim7$ 的磁暴重现率较高。

表 2-4　磁暴的重现性同磁暴形态与强度的关系

磁情指数 K		5	6	7	8	9	合计
SC	磁暴数	117	140	65	13	10	345
	重现磁暴数	44	51	26	4	2	127
	重现率	37.6	36.4	40.0	30.8	20.0	36.8
GC	磁暴数	266	167	13	5	0	451
	重现磁暴数	129	87	7	2	0	225
	重现率	48.5	52.1	53.8	40.0	—	50.0
SC + GC	磁暴数	363	307	78	18	10	796
	重现磁暴数	173	138	33	6	2	352
	重现率	45.2	45.0	42.3	33.3	20.0	44.2

（2）每年发生的磁暴数目与太阳活动关系密切，具有 11 年为周期的太阳周变化。图 2-21 是 1878 年至 1950 年每年的磁暴数 N 和太阳黑子数 R 的逐年变化曲线。显然，两条曲线具有很好的一致性。太阳活动极大年有 20～40 个磁暴，极小年只有 5～20 个磁暴。

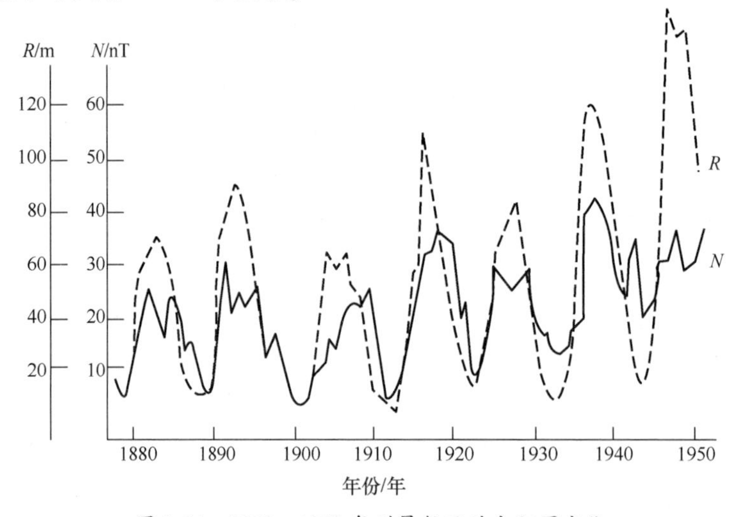

图 2-21　1878—1950 年磁暴数目的太阳周变化

（3）每个月发生的磁暴数目具有明显的季节性。一般来说，春秋两季磁暴多，冬夏两季磁暴少。

（4）各个小时发生的磁暴数目具有明显的日变化。一般来说，在世界磁时傍晚至半夜发生磁暴较多。

2.4.4.4　磁暴的分类

根据不同的目的，可取不同的分类方法。

（1）按强度分，$K=5$ 为弱磁暴或小磁暴，记为 m；$K=6$ 和 $K=7$ 为中等磁暴，记为 ms；$K=8$ 和 $K=9$ 为强磁暴或大磁暴，记为 s。由表 2-4 可知，小磁暴和 $K=6$ 的中等磁暴占大多数，约占统计总数的 87%，而大磁暴很少。

（2）按形态分，可分为急始磁暴 SC 和缓始磁暴 GC。由表 2-4 可知，GC 比 SC 多一些；SC 中 $K=5$ 和 $K=6$ 的磁暴约占 75%，而 GC 中则约占 96%。

（3）按重现性分，可分为重现磁暴 M 和非重现磁暴 T。由表 2-4 可知，在重现磁暴中 GC 与 SC 数目之比为 1.77，在作重现磁暴中，两者数目之比只为 1.04。此外，$K=5$ 和 $K=6$ 的磁暴均占大多数，分别占重现磁暴 M 和非重现磁暴 T 的百分比为 88% 和 85%。

按照磁暴的重现性分类是最基本的分类，它反映了太阳粒子流源的根本差别；重现磁暴的粒子流源是长寿命的稳定性源，同谱斑、冕洞等关系密切；非重现磁暴的粒子流源是短寿命的爆发性源，同耀斑关系密切。从地球上看，一个太阳自转周期平均为 27 天多一点，因此，每隔 27 天左右，稳定型粒子流就会扫过地球一次，从而就重复出现磁暴。

2.4.4.5　磁暴的成因

磁暴一般发生在太阳的大黑子过日面中心子午线以后，尤其在大耀斑出现后的 1～3 天之内，这表明太阳活动区喷射出来的粒子流是磁暴的起源。

在太阳粒子流射向地球的活动过程中，在地磁场的作用下，在磁层边界上粒子流表面将产生感应电流，形成磁暴的粒子流扰动场 DCF，使磁场强度增加，形成磁暴的初相。当粒子流到达地球附近以后，粒子流被地磁场阻止在几个地球半径的距离以外，并且笼罩着地球，不断地向磁层内输送粒子。这时，粒子流表面的带电粒子在地磁场作用下将产生一个从东向西流动的环形电流，它所产生的磁场将使地磁场水平分量 H 减小，这就是环电流扰动场 DR。在太阳粒子流不断地向磁层内输送粒子的过程中，环电流逐渐增强，地磁场水平分量 H 逐渐减少，这就是磁暴主相的形成过程。当太阳粒子流扫过地球以后，环电流失去了粒子源，这时，粒子的散失使环电流逐渐减弱，地磁场水平分量 H 也就逐渐恢复常态，这就是磁暴恢复相的形成过程。磁暴就是 DCF 场和 DR 场同时作用的结果。

2.5 地震引起的磁场

2.5.1 震磁现象

地震是地壳的一种运动形式，地壳的运动将使地球物理场发生变化，因此，地震前后地磁场会有一些变化。震磁现象就是指伴随地震的孕育和发生所产生的震前、震时和震后的地磁场变化。但是，地震究竟能引起多大的地磁变化，这是没有解决的问题。

在19世纪，国外曾发现地震的所谓地磁效应，即地震时地磁场有变化。实际上，这是一种假象，是当时使用的机械式磁力仪在地震波作用下使仪器读数发生变化，而不是真正的地磁场变化。地震磁效应随年代增加而减少，1960年后急剧减少，1965年后的震磁效应不足10nT。这不是地磁长期变化造成的，而是1960年后核子旋进磁力仪在地震预报中使用造成的。看来，与地震有关的磁效应的数量级是10nT。

地磁已广泛用作地震预报的一种手段，但公认的与地震有关的地磁异常是极少的，地磁成功地预报地震的例子更少。曾经有人对地震活动带与5个不同时期的地磁变化中心作过比较，发现长期变化中心大多数在这个带内及其附近。这表明，二者有相关性，但内在联系还不十分清楚。

2.5.2 震磁效应假说

关于地磁与地震活动性的关系，现在仍处在探索阶段。人们曾提出几种假说解释震磁现象，其中以压磁效应最为流行，其他有渗滤磁效应和热磁效应。这些假说能解释一定的现象，但都有不少问题。

2.5.2.1 压磁效应说

实验和理论研究表明，岩石磁性在应力作用下有所改变。在孕震过程中，存在应力场，它将使岩石磁性变化，从而引起地磁场的变化。

任何岩石都有一定的磁化率，实验表明，压应力与外磁场平行时，磁化率随压应力增大而减小；压应力与外磁场垂直时，磁化率随压应力增大而增大。初步估算，在地震应力作用下，可以产生10nT数量级的磁场变化。1971年11月6日，美国在阿留申群岛进行一次地下核爆炸，相当于500万t TNT或5.7级地震。曾在离爆点3km处测得磁感应强度增大9nT。

2.5.2.2 渗滤磁效应说

日本人曾观察到震中区的地磁变化与附近一个泉眼的涌水量相对应，因而认为在地震发生过程中，岩石中的水在压力作用下渗滤，从而产生了地磁场的变化。

电化学研究表明，在固相-液相界面上存在着偶电层。对岩石和水来说，大部分岩石表面吸附着负电，水中剩余着正电。水在压力作用下流动，水中正电层在水流方向形成渗滤电流，该电流将产生磁场。初步估算表明，渗滤区厚度达 160km 时，磁异常可达 10nT 左右。

2.5.2.3　热磁效应说

在一些火山爆发前，曾观测到地磁场的减少，这显然是岩浆上升、岩石温度超过居里点（600 ~ 700℃）失去磁性造成的。在德国境内，发现热流异常与地磁长期变化异常的分布对应很好，为这种假说提供了有力的证据。

如果地震与岩浆活动有关，当岩浆沿裂隙上升时，因岩石温度超过居里点而被退磁，将使地磁场减少。海城地震和唐山地震地磁场减少可能与热磁效应有关。

2.5.2.4　感应磁效应说

地震可以引起地下岩石电导率的变化。观测资料表明，在同样压力作用下，岩石电导率相对变化比岩石线应变大得多，相差最大可达近 300 倍。随着地下电导率的变化，感应磁场部分也会发生变化，从而改变了地面观测值，由此提出了感应磁效应假说。

2.6　海洋环境磁场

在地磁观测中发现，相隔很近的台站，地磁场短期变化在幅度和相位上有时有很大的差异。显然，外源磁场对邻近台站应该是一致的，差异是由地壳和上地幔的电导率不均匀造成的。这种现象称为电导率异常。

电导率异常按形态分为两类：一类称为短周期变化 ΔZ 消失型（简称 HC 型）；另一类称为方向变化型（简称 DV 型）。HC 型电导率异常是由于导体表面抬升到地表附近造成的。这时，外源磁场的垂直分量将几乎完全被内源的感应场所抵消。DV 型异常发生在边缘处，这里磁力线有平行于导体表面的趋势，而导体面倾斜，因而 Z 分量变大。

2.6.1　地球外部磁场变化在海水中感应的电磁场

各国地球物理学者曾对海洋的感应场进行过深入的研究和计算，他们把海水看作平面薄层、半球形薄层或球形薄层，对各种周期的外部磁场进行海水感应场的计算。结果表明，由于薄层导体（海水）的存在，减弱了感应场，电导率越大，场的周期越短，则减弱程度越强即屏蔽作用越强，而对长周期变化则不起屏蔽作用。例如，设整个地球为1000m深的海水所覆盖，海水的电导率约为4S/m，则对周期为1天、1h和1min的变化场，通过球层后其振幅将减小为0.790、0.053和0.000。由此可见，1min周期的变化场将完全被海水所屏蔽。

2.6.2 海水在地磁场中运动所感应的电磁场

2.6.2.1 风浪（涌浪）所引起的磁场

随着涌浪周期、幅度的增加，感应磁场也增大。当涌浪周期为16～17s时，波高仅1m，在水下100m处即可产生1nT的变化磁场。

高灵敏度的光泵磁强计和超导磁强计的出现，推动了海浪电磁场的研究。光泵磁强计的灵敏度可以做到0.1nT，超导磁强计的灵敏度利用约瑟夫逊效应可达到10^{-8}nT，频率响应从零到1000MHz。目前，已做出能测出表面速度为1cm/s左右的海水运动产生的磁场梯度的超导磁梯度计。

2.6.2.2 潮汐引起的磁场

在海面上观测到的地磁日变幅比陆地上同时观测到的日变幅要大20～30nT，而其峰值出现的时间正好与当地潮汐变化的时间相吻合。所以，认为此处日变幅的差异主要是由潮汐引起的。

2.6.2.3 海流引起的磁场

根据日本的资料，曾对海流磁场作过如下的计算：设海流的横断面为半椭圆截面，海流流速$V=1$kn，宽度$2a=60$km，厚度$b=300$m。地磁场垂直分量$Z=0.48\times10^{-4}$T。计算结果得出，在海流底部所产生的磁感应强度为-37nT，磁场方向是水平的，并与海流的流向相反。

2.6.3 海陆交界处的地磁异常

2.6.3.1 海岸效应

海洋中感应电流对大陆边缘的影响，在海岸的观测站上可以明显地看到。在美国加利福尼亚海岸和澳大利亚各地的地磁观测中，都发现越靠近海岸，Z分量越大。海水中感应电流在海岸附近产生较强磁场的这种现象称为海岸效应或边缘效应。

2.6.3.2 孤岛效应

在许多孤立的小岛上，观测到岛的两端地磁变化ΔZ的方向相反，在小岛中部，ΔZ很小，而ΔH、ΔD（分别代表南北向和东西向的水平分量）随地点变化不大。这种现象称为孤岛效应。孤岛效应的起因是变化磁场在海水中引起了绕孤岛而流的感应电流。因为陆地（岛）的电导率比海水的电导率小得多，由外部磁场在海水中感应的电流将避开岛而流过，因而感应磁场在岛的两端是反向的。

2.6.3.3　半岛效应

在半岛的尖端附近，ΔZ 变得特别大的现象称为半岛效应。其原因与孤岛效应相同，也是由于海水中感应的电流绕开半岛流过造成的。

2.6.3.4　海峡效应

海峡效应是指海水中感应的电流于海峡中集中流过而发生的地磁异常现象。在地中海的撒丁岛和科西嘉岛之间的博尼法乔海峡有过观测的例子。

2.7　海浪磁场噪声模型

航空磁异常检测的问题主要涉及3个方面：目标信号模型、背景噪声特性模型、检测算法设计。由于航空磁探仪被动工作，跟随机载平台运动，磁探仪接收的目标磁异常信号不仅与目标自身的磁特性有关，而且与探测平台以及目标的运动态势有关。航空磁探潜在海洋环境背景场中工作，航空磁探潜低空飞行探测过程中海浪磁噪声是重要的噪声源。现有文献关于飞机平台磁干扰以及其他背景场干扰的处理和补偿有很多系统的研究，而关于海浪磁噪声抑制尚无成熟的研究。现有磁异常检测方法或者针对机动平台探测静止目标的情况，或者针对静止磁力计对动目标的磁异常监视，并且大多没有考虑海浪磁噪声的影响。因此，并不适用于海浪磁噪声背景条件下航空磁探潜低空探测的情况。为此，本节研究海浪磁噪声数学模型和数值仿真模型，通过理论和仿真分析海浪磁噪声的特性。

由于海洋中溶解了大量盐类，这些盐类在海水中处于解离状态，从而使海水含有大量带电离子而成为导体。法拉第早在1832年就指出，在地磁场中流动的海水，就像在磁场中运动的金属导体一样，也会产生感应电动势。1851年，渥拉斯顿在横过英吉利海峡的海底电缆上，检测到和海水潮汐周期相同的电位变化，证实了法拉第的预言，由此开始了对海洋中电磁现象的研究。

2.7.1　单频重力波感应磁场模型

2.7.1.1　Weaver海浪磁场基本理论

根据Weaver海浪磁场理论，以速度 $\boldsymbol{V}$ 在地磁场 $\boldsymbol{H}_{\mathrm{E}}$ 中运动的海水会产生传导电流，其产生的感应电场矢量为 $\boldsymbol{E}$ 、磁感应强度矢量为 $\boldsymbol{B}$，并且满足麦克斯韦方程组，即

$$\nabla \times \boldsymbol{E} = -\partial \boldsymbol{B}/-\partial t \tag{2-8}$$

$$\nabla \times \boldsymbol{B} = -\mu \boldsymbol{J} + \mu\varepsilon(-\partial \boldsymbol{E}/-\partial t) \tag{2-9}$$

式中：μ 为海水磁导率，近似等于真空中的磁导率$\mu_0 = 4\pi \times 10^{-7}$H/m；$\sigma$ 为海水电导率；ε 为海水介电常数；海水电流传导密度为$\boldsymbol{J} = \sigma(\boldsymbol{E} + \boldsymbol{V} \times \boldsymbol{H}_E)$，$\boldsymbol{V}$ 为海洋重力波速度矢量。

通常认为海水传导电流密度远大于式（2-9）中等号右边第 2 项的位移电流，因此可以忽略位移电流。海浪感应磁场 $\boldsymbol{B}$ 可以表示为

$$\mu\sigma \frac{-\partial \boldsymbol{B}}{-\partial t} - \nabla^2 \boldsymbol{B} = \mu\sigma \nabla \times (\boldsymbol{V}, \boldsymbol{H}_E) \tag{2-10}$$

为了求解海浪感应磁场 $\boldsymbol{B}$，必须计算 $\boldsymbol{V}$。通常假定海水是不可压缩无旋流体，则

$$\nabla \times \boldsymbol{V} = 0 \tag{2-11}$$

海水运动过程中，由于受重力、大气压、风力、地形等因素的影响，形成一种速度势，不同位置的海水运动速度都不同，定义速度势为

$$\boldsymbol{V} = \nabla \phi \tag{2-12}$$

由式（2-11）、式（2-12）可得速度势 ϕ 满足拉普拉斯方程：

$$\nabla^2 \phi = 0 \tag{2-13}$$

Weaver 以海浪传播方向为 x 轴方向，垂直向下为 z 轴方向，建立坐标系，并根据 Longuest-Higgins 海浪模型速度势简谐函数的表示形式[53]，推导了单频重力波的海浪磁场数学模型。

2.7.1.2 航空磁探测海浪磁场数学模型

本节基于 Weaver 海浪磁场数学模型，建立地理坐标系下任意方向传播海浪磁场信号数学模型。如图 2-22 所示，建立地理北笛卡儿坐标系 $OXYZ$，OXY 位于平均海平面，OZ 轴垂直向上。OW 轴为海浪传播方向，OW 轴与 OX 轴的夹角为 θ，$Z > 0$ 为空气介质，$Z < 0$ 为海水介质。ON 轴为磁北方向，地磁场矢量 $\boldsymbol{H}_E$ 如图 2-23 所示，图中 I 表示磁倾角，γ 表示地磁北与 OX 轴的夹角。

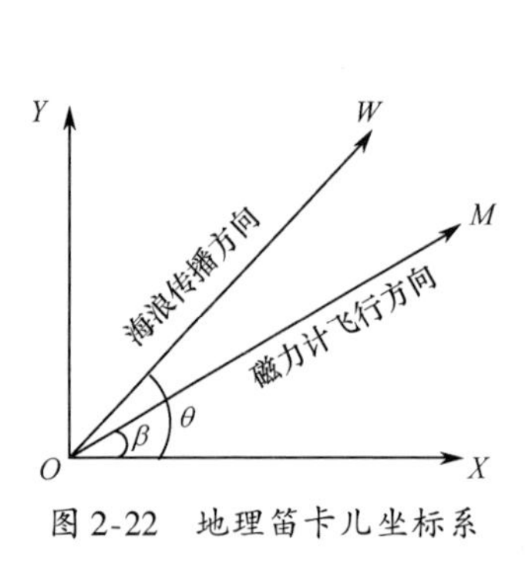

图 2-22　地理笛卡儿坐标系

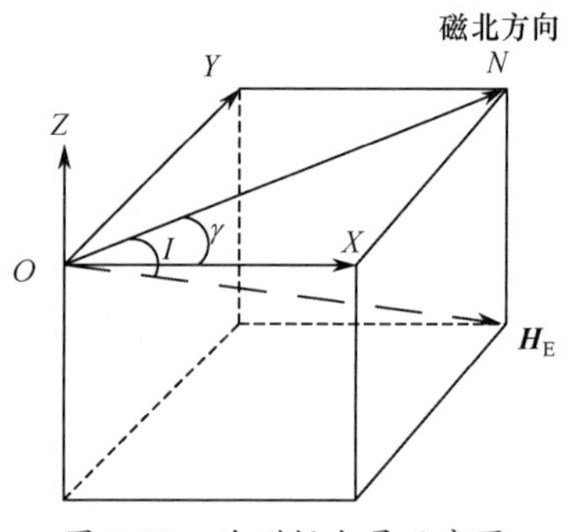

图 2-23　地磁场矢量示意图

根据文献［70］，有限深度为 d 的海域，波浪沿 θ 方向传播，以简谐运动描述单频重力波海浪流体运动，则流体扰动速度势可以表示为

$$\phi(x,y,z,t)=\frac{ag}{\omega}\frac{\cosh k(z+d)}{\cosh kd}\mathrm{e}^{\mathrm{i}(\omega t-k\Omega)} \tag{2-14}$$

其中

$$\Omega=x\cos\theta+y\sin\theta \tag{2-15}$$

并且 a、ω、k 分别表示单频波幅度、频率、波数，g 为重力加速度，k 和 ω 的散布关系可以表示为

$$\omega^2=gk\tanh kd \tag{2-16}$$

由式（2-14）、式（2-13）得到 $\boldsymbol{V}$ 的齐次谐波表示形式为

$$\boldsymbol{V}=a\omega(\mathrm{i}(\cos\theta\boldsymbol{i}+\sin\theta\boldsymbol{j})+\boldsymbol{k})\mathrm{e}^{\mathrm{i}(\omega t-k\Omega)-kz} \tag{2-17}$$

由于海浪运动产生的磁场矢量 $\boldsymbol{B}$ 和电场矢量 $\boldsymbol{E}$ 与 $\boldsymbol{V}$ 有相同的形式，则

$$\boldsymbol{B}=\boldsymbol{b}(z)\mathrm{e}^{\mathrm{i}(\omega t-k\Omega)-kz} \tag{2-18}$$

$$\boldsymbol{E}=\boldsymbol{e}(z)\mathrm{e}^{\mathrm{i}(\omega t-k\Omega)-kz} \tag{2-19}$$

由于磁场矢量在通过空海界面时是连续的，从而得到如下的边界条件，即

$$\boldsymbol{b}_z(z=0)\big|_{\text{air}}=\boldsymbol{b}_z(z=0)\big|_{\text{water}} \tag{2-20}$$

$$\frac{-\partial\boldsymbol{b}_z(z=0)\big|_{\text{air}}}{-\partial z}=\frac{-\partial\boldsymbol{b}_z(z=0)\big|_{\text{water}}}{-\partial z} \tag{2-21}$$

考虑理想自由海域的情况 $kd\to\infty$，则有 $\omega^2=gk$，由式（2-18）、式（2-19）~式（2-21）及式（2-10），有

$$\begin{cases}b_x(z)=-\dfrac{1}{4}\mathrm{i}AB\cos\theta\\ b_y(z)=-\dfrac{1}{4}\mathrm{i}AB\sin\theta\\ b_z(z)=\dfrac{1}{4}AB\end{cases} \tag{2-22}$$

式中：$A=akH_{\mathrm{E}}(\mathrm{i}\cos I\cos(\gamma-\theta)-\sin I)$；$B=\mu_0\sigma\omega/k^2$；i 表示虚数单位。

在地理北坐标系中地磁场 $\boldsymbol{H}_{\mathrm{E}}$ 表示为

$$\boldsymbol{H}_{\mathrm{E}}=H_{\mathrm{E}}(\cos I\cos\gamma\boldsymbol{i}+\cos I\sin\gamma\boldsymbol{j}-\sin I\boldsymbol{k}) \tag{2-23}$$

式中：$\boldsymbol{i}$、$\boldsymbol{j}$、$\boldsymbol{k}$ 分别表示 X 轴、Y 轴、Z 轴方向的单位矢量。

在地磁场 $H_{\mathrm{E}}\gg|\boldsymbol{B}|$ 的条件下，根据标量磁探仪探测信号表示方法，并结合式（2-22）、式（2-23），可以得到标量磁探仪探测信号幅度为

$$h_{\mathrm{B}}(z,\theta)=\frac{\mu_0 a\sigma H_{\mathrm{E}}g}{4\omega}(\cos^2 I\cos^2(\gamma-\theta)+\sin^2 I)\mathrm{e}^{-kz} \tag{2-24}$$

由式（2-24）、式（2-18），可得 t 时刻海平面上方坐标点 (x,y,z) 处标量磁探仪探测到单频重力波海浪磁场信号为

$$B(x,y,z,t) = h_{\mathrm{B}}(z,\theta)\mathrm{e}^{\mathrm{i}(\omega t - k\Omega)} \tag{2-25}$$

2.7.2 基于线性波浪理论的海浪磁场模型

2.7.2.1 静止磁探仪接收海浪磁场信号

基于 Weaver 单频重力波海浪磁场模型，推导了标量磁力计静止条件下检测任意传播方向单频重力波海浪磁场信号模型。由式（2-24）可知，海浪磁场与波浪频率、传播方向以及相应频率波高等因素有关。实际中的海浪具有三维不规则性，海浪不仅波高不同、频率不同，而且会从各个方向传到某一点。除沿主风向产生主浪以外，在主浪方向两侧 $\pm\pi/2$ 角度范围内都有谐波的扩散。实际工程应用和海浪观测资料中描述海浪三维不规则性特性常用的方法是海浪谱[62-65]。

Pierson 提出用不同频率、不同振幅和含有随机相位的简谐波叠加而成的随机过程表示固定点波面位移[127]，即

$$\eta(t) = \lim_{\substack{\omega_{2r}\to\infty \\ \omega_{2n+2}-\omega_{2n}\to 0}} \sum_{n=0}^{r} \cos[\omega_{2n+1}t - \tau(\omega_{2n+1})] \sqrt{[A(\omega_{2n+1})]^2(\omega_{2n+1} - \omega_{2n})} \tag{2-26}$$

式中：$\tau(\cdot)$ 为 $(0,2\pi)$ 上均匀分布的随机相位；$A(\cdot)$ 为简谐波的振幅。

固定点波面位移的协方差函数为

$$R(\lambda) = \lim_{\substack{\omega_{2r}\to\infty \\ \omega_{2n+2}-\omega_{2n}\to 0}} \frac{1}{2}\sum_{n=0}^{r} [A(\omega_{2n+1})]^2\cos(\omega_{2n+1}\tau)(\omega_{2n+1} - \omega_{2n}) \tag{2-27}$$

若式（2-26）、式（2-27）的极限存在，并用复数形式表示，则 $\eta(t)$ 和 $R(\lambda)$ 可分别表示为积分形式，即

$$\eta(t) = \int_{-\infty}^{\infty} \mathrm{e}^{\mathrm{i}[\omega t - \tau(\omega)]} \sqrt{A^2(\omega)\mathrm{d}\omega} \tag{2-28}$$

$$R(t,t+\lambda) = \int_{-\infty}^{\infty} A^2(\omega)\mathrm{e}^{-\mathrm{i}\omega\lambda}\mathrm{d}\omega \tag{2-29}$$

海浪谱即海浪能量谱，定义为单位频率间隔和单位方向间隔内的海浪平均能量密度，用来表示随机海浪的能量与各组成波的分布关系。某海域的实际海浪谱特征通常根据定点剖面观测得到。海浪谱分为一维谱和二维谱，一维谱只考虑能量相对于频率的分布特性，又称为海浪频谱。二维海浪谱同时考虑频率和方向的分布，又称为方向谱。

方向谱 $S(\omega,\theta)$ 由频率和角度相关的两个函数组成，可表示为

$$S(\omega,\theta) = S(\omega)G(\omega,\theta) \tag{2-30}$$

式中：$S(\omega)$ 为海浪频谱；$G(\omega,\theta)$ 为海浪方向分布函数。

根据式（2-29），随机海浪的能量可以表示为

$$\sigma = R(0) = \frac{1}{2}\int_{-\infty}^{\infty} A^2(\omega)\mathrm{d}\omega \tag{2-31}$$

根据一维海浪谱的定义，可知

$$\sigma = \int_{-\infty}^{\infty} S(\omega)\mathrm{d}\omega \tag{2-32}$$

故

$$S(\omega) = \frac{1}{2}A^2(\omega) \tag{2-33}$$

推广到实际二维海面条件下，任意时刻、任意一点的波面位移可以表示为

$$\eta(x,y,t) = \int_{-\infty}^{\infty}\int_{-\pi}^{\pi} \mathrm{e}^{\mathrm{i}[\omega t - k(x\cos\theta + y\sin\theta) - \tau(\omega,\theta)]}\sqrt{A^2(\omega,\theta)\mathrm{d}\omega\mathrm{d}\theta} \tag{2-34}$$

式中：ω、k 分别为海浪频率和波数；$\tau(\omega,\theta)$ 为初始时刻相位，在 $(0,2\pi)$ 之间均匀分布；θ 为海浪传播方向与 x 轴的夹角；$A(\omega,\theta)$ 为简谐波振幅。

同理，可以得到二维海面条件下谐波振幅与方向谱的关系，即

$$S(\omega,\theta) = \frac{1}{2}A^2(\omega,\theta) \tag{2-35}$$

因此，用 $S(\omega,\theta)$ 方向谱表示 $A^2(\omega,\theta)$，得到 t 时刻坐标点 (x,y) 处海浪的波面位移可以表示为

$$\eta(x,y,t) = \int_{-\infty}^{\infty}\int_{-\pi}^{\pi} \mathrm{e}^{\mathrm{i}[\omega t - k(x\cos\theta + y\sin\theta) - \tau(\omega,\theta)]}\sqrt{2S(\omega,\theta)\mathrm{d}\omega\mathrm{d}\theta} \tag{2-36}$$

式（2-24）给出了沿 θ 方向传播、振幅为 a 的单频重力波海浪磁场数学模型，联立式（2-24）与式（2-36），得到 t 时刻海平面上方 z_m 高度坐标点 (x,y,z_m) 处的磁力计静止条件下检测到的海浪磁场表示为

$$B(x,y,z_m,t) = \int_{-\infty}^{\infty}\int_{-\pi}^{\pi} h_{\mathrm{B}}(z_m,\theta)\mathrm{e}^{\mathrm{i}[\omega t - k(x\cos\theta + y\sin\theta) - \tau(\omega,\theta)]}\sqrt{2S(\omega,\theta)\mathrm{d}\omega\mathrm{d}\theta} \tag{2-37}$$

2.7.2.2　运动磁探仪接收海浪磁场信号

在航空磁探测过程中，磁探仪是随着飞机运动的，因此，其接收到的海浪磁噪声不仅随时间变化而且随观测位置变化。如图 2-22 所示，航空磁探仪在海平面上方高度 z_m 沿着 OM 轴直线飞行，飞行路径 OM 与 OX 轴的夹角为 β，飞机的飞行速度为 v。设 0 时刻反潜机的位置点为 (x,y,z_m)，t 时刻飞机的位置为

$$P(x',y',z_m) = (x + vt\cos\beta, y + vt\sin\beta, z_m) \tag{2-38}$$

将式（2-38）代入式（2-25），得到

$$
\begin{aligned}
B(x,y,z_m,t) &= h_B(z_m,\theta)\mathrm{e}^{\mathrm{i}[\omega t-k(x'\cos\theta+y'\sin\theta)]} \\
&= h_B(z_m,\theta)\mathrm{e}^{\mathrm{i}[\omega t-k((x+vt\cos\beta)\cos\theta+(y+vt\sin\beta)\sin\theta)]} \\
&= h_B(z_m,\theta)\mathrm{e}^{\mathrm{i}[(\omega-vk\cos(\beta-\theta))t-k(x\cos\theta+y\sin\theta)]}
\end{aligned} \tag{2-39}
$$

从式（2-39）可以看出，航空磁探仪探测到的海浪磁场信号存在多普勒频移，多普勒频率为f'，则

$$
f' = \frac{\omega'}{2\pi} = \frac{\omega - kv\cos(\beta-\theta)}{2\pi} \tag{2-40}
$$

又由$k = \omega^2/g$，有

$$
f' = \frac{\omega - v\cos(\beta-\theta)\dfrac{\omega^2}{g}}{2\pi} = f\left(1 - \frac{2\pi f v\cos(\beta-\theta)}{g}\right) \tag{2-41}
$$

t时刻航空磁探仪探测到的单频重力波海浪磁噪声信号可以表示为

$$
B(x,y,z_m,t,f') = h_B(z_m,\theta)\mathrm{e}^{\mathrm{i}(2\pi tf'-k\Omega)} \tag{2-42}
$$

以坐标点(x,y,z_m)为参考点，联立式（2-42）与式（2-36）得到t时刻海平面上方z_m高度的运动磁力计检测到的海浪磁场表达式为

$$
B(x,y,z_m,t) = \int_{-\infty}^{\infty}\int_{-\pi}^{\pi} h_B(z_m,\theta)\mathrm{e}^{\mathrm{i}(2\pi tf'-k\Omega)}\sqrt{2S(\omega,\theta)\mathrm{d}\omega\mathrm{d}\theta} \tag{2-43}
$$

2.7.3 海浪磁场数值仿真算法

2.7.3.1 海浪磁场数值仿真基本算法

式（2-37）、式（2-43）给出了磁力计静止和运动条件下检测到海浪磁场表达式，可以看作是连续单频波海浪磁场的积分和。在分析实际的海浪磁场时，需要利用数值计算进行模拟。由式（2-37）、式（2-43）可以看出，海浪磁场与波浪频率、波浪方向以及相应频率的波高有关。不同方向和不同频率的海浪波高集中体现为海浪方向谱。因此，可以采用将方向谱离散化对海浪磁场进行数值计算。根据 Longuet-Higgins 线性波浪理论[52]，假设t时刻位于坐标点(x,y)处由n个离散的单频重力波组成，式（2-36）中波面$\eta(x,y,t)$可以表示为

$$
\eta(x,y,t) = \mathrm{Re}\left[\sum_n a_n\mathrm{e}^{\mathrm{i}[\omega_n t-k_n(x\cos\theta_n+y\sin\theta_n)-\tau(\omega_n,\theta_n)]}\right] \tag{2-44}
$$

式中：$\tau(\omega_n,\theta_n)$为第n个波的初始相位，在$(0,2\pi)$之间均匀分布；a_n、ω_n、k_n、θ_n为第n个波的幅度、频率、波数、波浪传播方向。

以0时刻磁探仪位于坐标点(x,y,z_m)为参考，t时刻磁探仪静止和运动条件下检测到的海浪磁场，分别表示为

$$
B_s(x,y,z_m,t) = \mathrm{Re}\left[\sum_n h_B(z_m,\theta_n,a_n)\mathrm{e}^{\mathrm{i}[\omega_n t-k_n\Omega_n-\varepsilon(\omega_n,\theta_n)]}\right] \tag{2-45}
$$

$$B_f(x,y,z_m,t) = \mathrm{Re}\left[\sum_n h_B(z_m,\theta_n,a_n)\mathrm{e}^{\mathrm{i}[2\omega'_n t - k_n\Omega_n - \varepsilon(\omega_n,\theta_n)]}\right] \tag{2-46}$$

式中：$\Omega_n = x\cos\theta_n + y\sin\theta_n$；$\omega'_n = 2\pi f'$，$f'$ 由式（2-41）给出。

由式（2-45）、式（2-46）可知，要求解海浪磁场，必须先求解谐波波高。可以采用方向谱获得波高。由方向谱 $S(\omega,\theta)$ 定义可知，在 $\omega_i - \Delta\omega_i/2 \sim \omega_i + \Delta\omega_i/2$ 频率范围内和 $\theta_i + \Delta\theta_i/2 \sim \theta_i + \Delta\theta_i/2$ 角度范围内海浪波高可以表示为

$$a_{ij} = \sqrt{\int_{\omega_i-\Delta\omega_i/2}^{\omega_i+\Delta\omega_i/2}\int_{\theta_j-\Delta\theta_j/2}^{\theta_j+\Delta\theta_j/2} S(\omega,\theta)\,\mathrm{d}\omega\mathrm{d}\theta} \tag{2-47}$$

方向谱比较容易观测，国外根据大量海浪频谱观测资料，提出了许多的频谱模型[128]，如 Person-Moscowitz 谱模型简称 P-M 谱，能较好地描述风速为 0 ~ 20m/s 的海浪谱，P-M 谱的公式为

$$S(\omega) = \frac{\alpha g^2}{\omega^5}\mathrm{e}^{-\beta\left(\frac{g}{U\omega}\right)^4} \tag{2-48}$$

式中：$S(\omega)$ 为能量频谱；ω 为频率；$\alpha = 0.0081$；$\beta = 0.74$；g 为重力加速度；U 为海面上 19.5m 处风速，谱峰频率为 $\omega_n = 8.565/U$。

根据 ITTC 的观测资料可以将方向分布函数简化表示为[129-130]

$$G(\omega,\theta) = \frac{2}{\pi}\cos^2\theta,\ -\frac{\pi}{2} < \theta < \frac{\pi}{2} \tag{2-49}$$

根据海浪磁场数值计算模型，海浪磁场仿真算法具体步骤如下。

步骤 1：选择海浪频段。为了提高仿真速度和仿真时间，需要对海浪频段进行估计，设定风速，根据式（2-48）、式（2-49）对海浪谱的频段进行估计，选择有限的频段 $\omega_1 \sim \omega_n$ 进行数值计算。

步骤 2：根据海浪方向谱函数进行频段和方向的离散化。对海浪方向谱进行离散采样，对频谱和方向进行离散化，频率采样间隔为 $\Delta\omega$，方向采样间隔为 $\Delta\theta$。风速较小、低海情的情况下，海浪频谱能量分布较为分散，频率间隔可以取大一点；高海情的情况下能量较为集中，频率间隔应该取更小一些。

步骤 3：计算每个离散网格上海浪波高。由式（2-47）可以得到 ω_i 和 θ_j 对应网格下海浪的波高 a_{ij}。

步骤 4：产生随机相位 ε_n，利用随机数生成原理产生 $(0,2\pi)$ 之间均匀分布的随机数。

步骤 5：计算单频波磁场，设定参考位置点坐标 (x,y,z)，由式（2-24）计算 ω_i 和 θ_j 对应网格下的单频重力波产生的磁场信号模值。

步骤 6：合成海浪磁场信号。由式（2-45）、式（2-46）进行单频重力波海浪磁场信号的线性叠加，计算磁探仪静止或者运动条件下接收到的海浪磁噪声信号。

2.7.3.2 基于四叉树分解的仿真算法优化

一种简单的采样方法就是区间等分法：将海浪频率和海浪方向区间分别进行 M、N 等分，取固定大小的采样子区域 $\Delta\omega\times\Delta\theta$, $\Delta\omega=(\omega_{\max}-\omega_{\min})/M$, $\Delta\theta=(\theta_{\max}-\theta_{\min})/N$；将每个采样子区域中心对应的频率与方向角作为单元波的频率与方向，按照海浪磁场数值仿真基本算法步骤，将不同振幅和频率的单频重力波合成得到海浪磁场。区间等分算法简单、容易实现，但是为了尽可能精确，采样数相对要大，时空消耗大，不适合在线计算，如取 $M=30$、$N=30$，则需要有 900 个单元波叠加合成海浪。

四叉树分解和合成算法是一种节省存储空间、加快数据的运算速度的算法，广泛应用于地形学图形绘制和图像处理中[131-134]，适合于快速计算。相对于其他多叉树算法，四叉树具有结构简单、检索效率高的优点。因此，这里基于四叉树分解的思想，提出一种基于四叉树分解的海浪磁场自适应快速仿真算法。

四叉树分解的基本思想是将二维平面按 4 个象限进行递归分割，直到子象限的数值符合设定的条件，从而得到一棵四分叉的倒向树。四叉树分解的示意图如图 2-24 所示。在四叉树分解中，一个根节点有 4 个子节点，这 4 个子节点按顺序标为东北（NE）、西北（NW）、西南（SW）、东南（SE）4 个子区域，这 4 个子区域将原图形区域 4 等分。依此判断 4 个子区域是否满足进一步分解的条件，如果不满足分解条件则子图形成为叶子节点并存储该节点；如果满足分解条件则子图形成为根节点进一步分解为 4 个节点，依此递归循环直至分解结束。

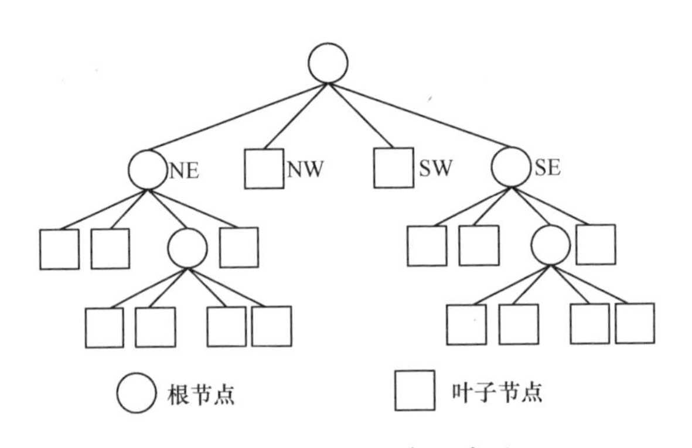

图 2-24 四叉树分解示意图

按照四叉树分解的思想，提出基于四叉树分解的海浪磁场快速优化仿真算法，在海浪磁场数值仿真基本算法步骤 2 中，采用等能量四叉树分解方法，其步骤 2 可以分解为以下步骤。

步骤 2. 1：设定每个网格最小采样能量与总能量的比例 P_E。

步骤 2. 2：根据步骤 1 中选择的频段和角度范围，将 $S(\omega,\theta)$ 进行四叉树递归分解。

步骤 2. 3：判断每个子节点是否满足该网格的能量小于或者等于设定比例，若不满足条件则继续分解该网格，若满足条件结束分解并记录叶子节点网格信息。

步骤 2. 4：将每个网格叶子节点按照树形链表结构记录，在后续的仿真过程中采用树形链表遍历的方法，快速遍历每个叶子节点，得到步骤 3 中所需的每个分解单元的信息。

2. 7. 4　数值仿真及分析

2. 7. 4. 1　基本仿真参数设定

基于海浪磁场快速仿真算法，对不同条件下海浪磁场进行数值仿真计算，并进行分析。基本的仿真条件为：地磁场 H_E = 50000nT，地磁倾角为 60°，地磁偏角为 10°，重力加速度为 9. 8m/s^2，海水的磁导率为 $4\pi\times10^{-7}$H/m，海水电导率为 5S/m，采样频率为 10Hz，不同海况条件下风速表如表 2-5 所列。

表 2-5　不同海况条件下典型参数

海况等级	名称	计算风速/kn①
1	微浪	8. 5
2	小浪	12
3	轻浪	16
4	中浪	19
5	大浪	24

① kn，节，1kn = 1n mile/h，即每小时 1 海里。

2. 7. 4. 2　仿真速度比较分析

设定海况等级为 3 级，对应的标准风速为 8. 23m/s，根据 P-M 谱和 ITTC 的方向分布函数，可以得到海浪方向谱密度如图 2-25 所示。

以 3 级海况海浪方向谱进行等能量四叉树分解，根据四叉树的优化分解方法，分别给出网格能量为总能量的 10%、5%、0. 5% 时，方向和频段的离散化结果如图 2-26 ~ 图 2-28 所示。

图 2-26 ~ 图 2-28 中，网格表示离散化之后的采样单元，星形（*）点表示离散化的采样中心频率点和角度点。通过图 2-26 ~ 图 2-28 与图 2-25 的对比可

以发现，基于四叉树的能量等分法可以根据能量的分布密度，对采样网格进行动态划分，对于能量分布密度高的地方采样密集，对于能量分布稀疏的地方采样点稀疏。按照该方法进行采样可以有效提高采样的效率，提高仿真计算的速度。

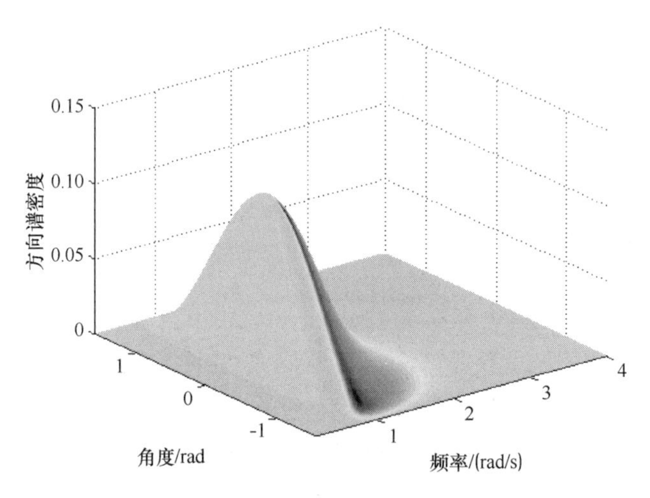

图 2-25　海况等级为 3 级海浪方向谱

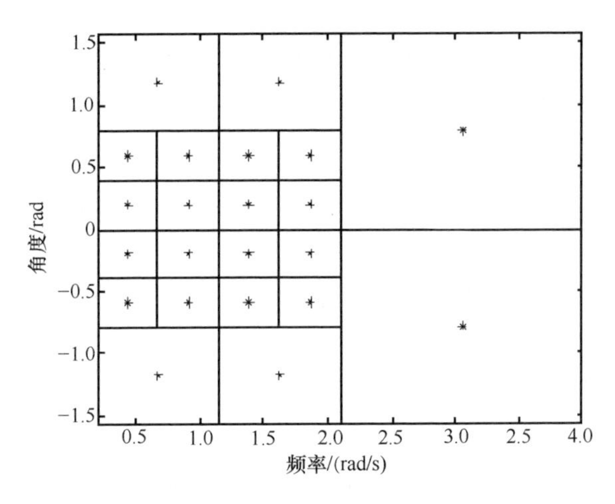

图 2-26　基于四叉树的等能量方向谱离散化（P_E =10%）

为了客观比较区间等分法和四叉树分解仿真速度，对不同的能量百分比条件下区间等分法和四叉树分解法的计算次数进行比较，结果如表 2-6 所列。从表 2-6 可以看出，与等间隔采样分解算法相比，能量等分的比例越小，四叉树分解算法与等间隔分解算法所需要的计算次数比例越小，四叉树分解算法的分解效率越高，计算速度越快。

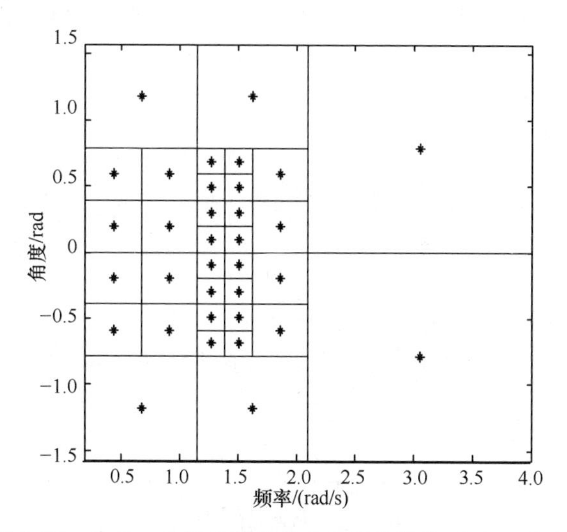

图 2-27　基于四叉树的等能量方向谱离散化（P_E =5%）

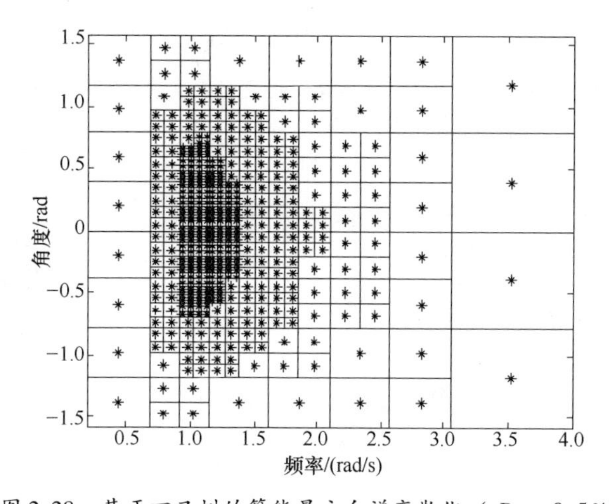

图 2-28　基于四叉树的等能量方向谱离散化（P_E =0. 5%）

表 2-6　仿真速度比较

能量百分比/%	四叉树分解	等间隔分解	比例
10	16	64	0. 25
5	52	256	0. 2031
0. 5	388	4096	0. 0947

2. 7. 4. 3　时间统计特性及频域特性分析

设波浪传播主方向为 45°，磁探仪探测海面上方高度 50m，基于四叉树分解的优化仿真算法仿真海况等级为3级、4级、5级，磁探仪静止时，采样磁异常信号时间历程如图2-29所示，利用Welch功率谱计算方法进行谱分析，得到功率谱如图2-30所示。

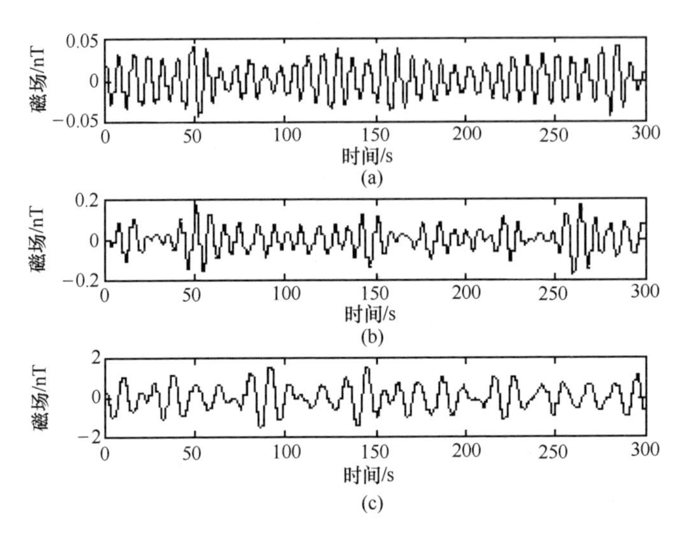

图2-29 不同海况下静止磁探仪采样海浪磁场信号仿真

(a) 3级海况；(b) 4级海况；(c) 5级海况。

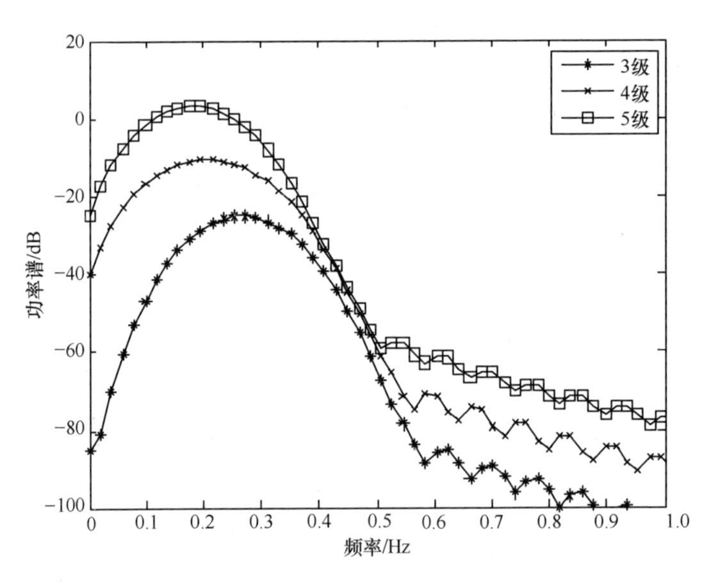

图2-30 不同海况等级磁探仪静止采样信号功率谱

由图2-30分析可知，海浪磁场能量随海况的增长而迅速增加；随着海况的增长，中心频率是逐渐向低频方向移动的，这与方向谱的分布特征是吻合的。由此可见，海浪磁场仿真结果与随机海浪的理论特征吻合。

设海况等级为 4 级条件，海浪传播主方向 60°，磁探仪飞行方向为 45°，磁探仪探测高度 50m，基于四叉树分解优化仿真算法仿真速度 50m/s、80m/s、100m/s 下航空磁探仪探测的海浪磁场信号时间历程如图 2-31 所示，利用 Welch 法得到功率谱如图 2-32 所示。

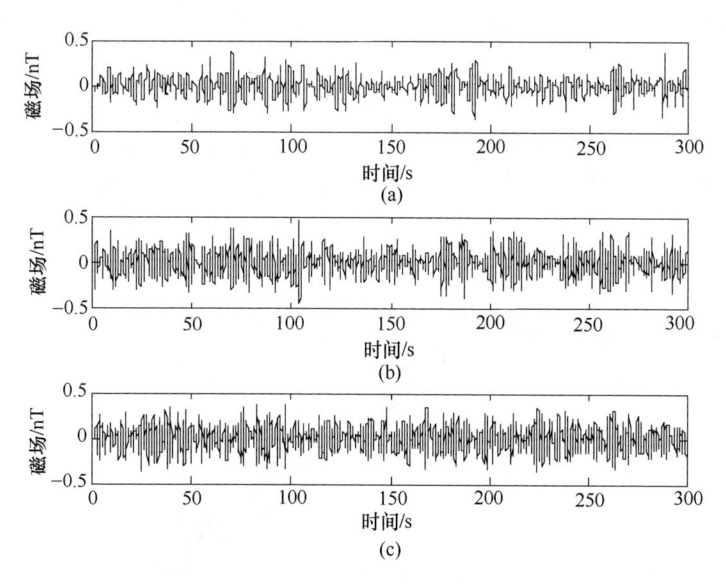

图 2-31　不同飞行速度下磁探仪运动采样海浪磁场信号仿真

（a）飞行速度 50m/s；（b）飞行速度 80m/s；（c）飞行速度 100m/s。

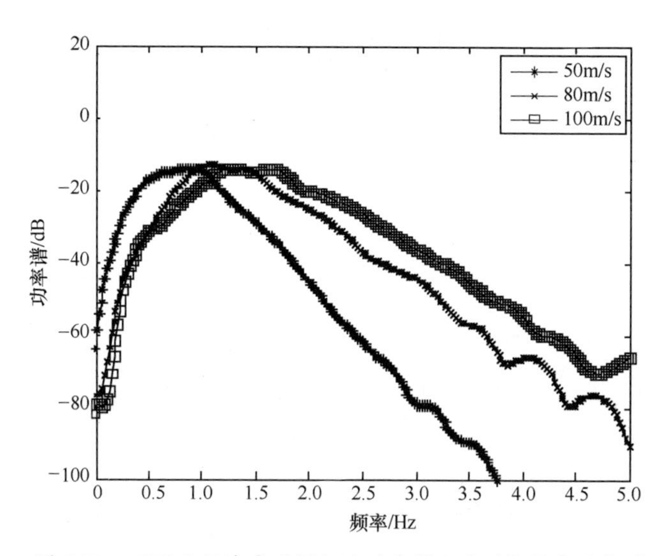

图 2-32　不同飞行速度磁探仪运动采样海浪磁场信号功率谱

根据图2-30、图2-32可以看出，随着飞行速度的增加，磁探仪接收到的海浪磁场信号存在明显的多普勒频率扩展效应。磁探仪静止状态时采样的信号能量主要集中在0.5Hz以下，而随着航空磁探仪运动速度的增加，采样信号存在明显的频带扩展和频率移动，这与文献［68］中实验分析的结果也是一致的。

设海况等级为4级，海浪传播主方向60°，航空磁探仪运动速度80m/s，基于四叉树分解优化仿真算法仿真磁探仪运动状态下，以不同运动角度采样信号的功率谱分析结果如图2-33所示。由图可知，当飞行方向与海浪传播方向接近时，低频段信号特征较弱；当飞行方向与海浪主传播方向夹角的增大，海浪磁场信号明显向低频方向扩展，低频段信号能量增强。

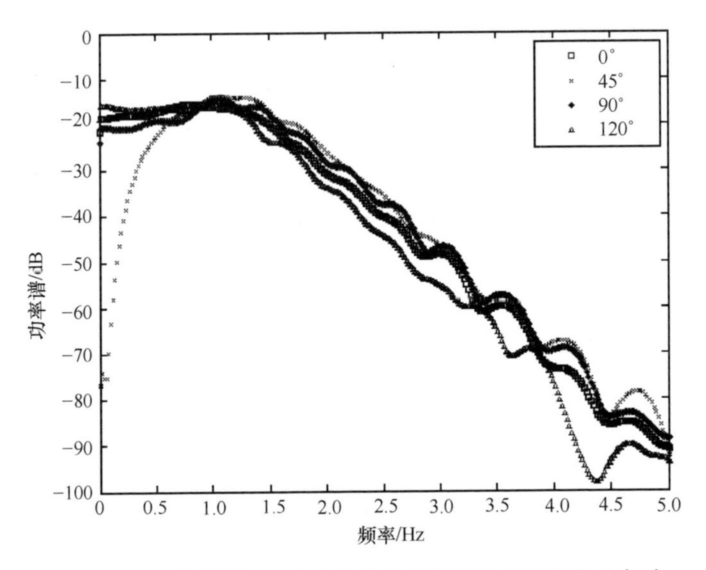

图2-33　运动磁探仪不同飞行角度采样海浪磁场信号功率谱

第 3 章　潜艇磁场

3.1　铁磁性物体的磁化

3.1.1　物质的磁化

物质的磁性来源于原子的磁性。原子由一定数量的电子和原子核组成。每个电子都绕原子核做轨道运动，同时做自旋运动，形成电子的轨道磁矩和自旋磁矩。原子核本身也有磁矩，称为核磁矩。由于原子核的质量远大于电子，故核磁矩可以忽略。原子的总磁矩是由电子的磁矩叠加而成的。

按照物质在外磁场中磁化的情况，磁化率 χ 的大小可分为五类。抗磁性物质的磁化率是负值，为 $10^{-6} \sim 10^{-5}$。这是物质中运动着的电子在外磁场作用下，受电磁感应而表现出的特性。顺磁性物质的磁化率大于 0，数值为 $10^{-4} \sim 10^{-3}$。这种物质原子磁矩不等于 0，但其方向紊乱，在任一小区域内还是不会具有磁矩（图 3-1（a））。

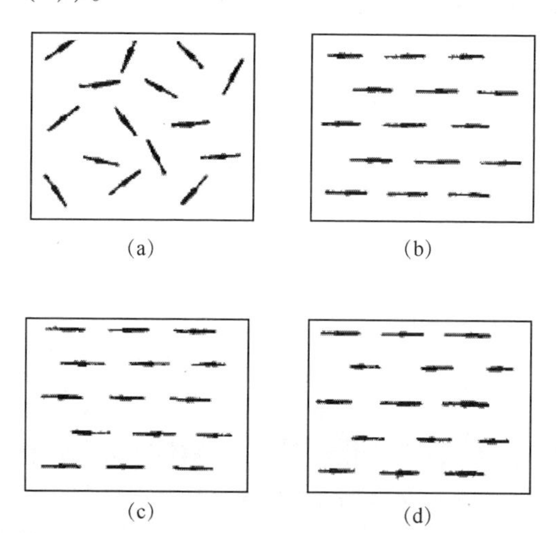

图 3-1　小区域内原子磁矩的自发排列形式

（a）顺磁性；（b）助铁磁性；（c）反铁磁性；（d）亚铁磁性。

铁磁性物质磁化率为 $10^{-1} \sim 10^{5}$ 数量级。这种物质的任意一个小区域内所有原子磁矩朝一个方向排列（图 3-1（b））。这种在物质任意一个小区域内原子磁矩按一定规则排列的现象，称为自发磁化，原因是相邻原子中电子间的交换作用，与电子自旋之间的相对取向有关。亚铁磁性物质的磁化率略低于铁磁性物质，它有自发磁化，但相邻的原子磁矩，反向排列，彼此数量不同，不能相互抵消，而显出某一个方向的原子磁矩（图 3-1（d））。反铁磁性物质的磁化率数值与铁磁性物质相仿已有自发磁化，相邻的原子磁矩数值相等，反向排列，相互抵消。

为了描述宏观物体的磁性，可用单位体积内的总磁矩表示。物体单位体积内磁矩的矢量和称为磁化强度 M，单位为 A/m。磁化强度 M 经常表示为磁场强度 H 的函数，在不太强的磁场中，各向同性物质的磁化强度 M 与外磁场 H 成正比，即

$$M = \chi H \tag{3-1}$$

式中：χ 为物质的磁化率。磁场强度 H 的单位为 A/m，它定义为一根无限长直导线中通以 1A 直流电流，在离导线 $1/2\pi M$ 处所产生的磁场强度。

当物质置于外磁场 H 中被磁化时，它的磁感应强度为

$$B = \mu_0(H + M) = \mu_0(1 + \chi)H \tag{3-2}$$

式中：B 的单位为 T 或 $\mathrm{Wb/m^2}$；$\mu_0 = 4\pi \times 10^{-7}\mathrm{H/m}$ 为真空磁导率。

在高斯单位制（CGS）中，它们之间的关系为

$$B = H + 4\pi M \tag{3-3}$$

式中：B 和 M 的单位为 Gs，H 的单位为 Oe，$1\mathrm{T} = 1\mathrm{Wb/m^2} = 10^4\mathrm{Gs}$，$1\mathrm{A/m} = 4\pi \times 10^{-3}\mathrm{Oe}$。

在国际单位制（SI）中，磁导率 μ 定义为

$$\mu = \frac{B}{\mu_0 H} \tag{3-4}$$

在高斯单位制（CGS）中，则

$$\mu = B/H \tag{3-5}$$

3.1.2 铁磁物质的磁化

1. 磁畴

铁磁性的基本特点是自发磁化和磁畴。铁磁物质都是晶体结构。每个晶体内含有许多很小的自发磁化区，称为磁畴。每个磁畴的形状与大小是不同的。由于各磁畴取向不同，整个铁磁体磁化强度为零，对外不显磁性。磁畴的宽度约为 10^{-3}cm，体积约为 $10^{-9}\mathrm{cm}^3$。磁畴与磁畴之间有一过渡层，称为畴壁。畴壁的厚度约为 10^{-5}cm。若一个原子的体积按 10^{-23}cm 计算，则一个磁畴含有

原子 10^{14} 个。在每个磁畴内，各原子磁矩都互相平行指向某一个方向，使每个磁畴都自发地磁化到饱和。各个磁畴的自发磁化强度以 M_t 表示。M_t 的大小随温度而定，在 0K 时，M_t 值最大，温度升高，热运动使 M_t 减小。当温度达到居里点时，磁畴瓦解，物质失去铁磁性而成为顺磁性物质。

2. 铁磁物质的磁化过程

铁磁物质在外磁场中磁化，称为技术磁化，以与自发磁化相区别。当物质从磁中性状态下开始磁化，磁场绝对值单调增加时，磁化强度 M（或磁感应强度 B）随磁场强度 H 变化的轨迹称为初（起）始磁化曲线。铁磁性物质典型初始磁化曲线如图 3-2（a）所示，曲线可分为以下 4 段。

（1）OA 段。当加入微弱的外磁场 H 时，铁磁物质即呈现宏观的磁性，在此段表现出磁化率 χ_i 和磁导率 μ_i 均不大。铁磁物质内起主要作用的是畴壁位移。即在外磁场作用下，磁化方向与 H 相同的磁畴逐渐扩大体积，磁化方向与 H 相反的磁畴缩小体积，即畴壁发生了位移。结果表明，物质的磁性增强了，可近似地认为物质的磁化强度或磁感应强度随 H 的增加作线性的增长，即

$$\begin{cases} M = \chi_i H \\ B = \mu_i \mu_0 H \end{cases} \tag{3-6}$$

式中：χ_i 和 μ_i 分别为初（起）始磁化率和初（起）始磁导率，有

$$\mu_i = \lim_{H \to 0} B / \mu_0 H \tag{3-7}$$

在这段，主要是畴壁的位移，当外磁场去掉后，畴壁将会返回原处。由此可知，B 随 H 增加而上升但较慢，在 H 减少时，又沿原曲线回 0，故称为磁化的可逆阶段。

（2）ABC 段。当 H 继续增强，进入到磁化曲线的 ABC 段。在这段，铁磁物质内部主要是不可逆的畴壁位移起作用。此时，发生畴壁的较大位移和磁畴间的吞并，这就是巴克豪森效应（BarkhauseEffect）。这段曲线上升很快，并且是阶梯式的，阶梯的每一级相当于一个或几个磁畴的吞并。当外磁场 H 再减弱时，畴壁不能全部复原，故不会沿原曲线下降，直到 $H = 0$ 时，物质仍保留宏观的磁性，称为剩磁。C 点称为膝点或拐点。物质的最大磁化率 χ_m 和最大磁导率 μ_m 均在此段出现。

（3）CD 段。物质磁化到这段时，因大部分磁畴已完成了一位移过程，磁化由 M_T 的转向起主要作用。由于铁磁物质中 M_T 转向不易，故 B 的上升减慢。

（4）DS 段。因能够位移的磁畴所剩无几，M_T 已转到几乎与 H 平行，这时，B 达到饱和。此后，H 虽继续增加而 B 增加不多，是可逆的。

从磁化曲线明显看出，μ 值不是常数，如图 3-2（b）所示。$H = 0$ 时，$\mu = \mu_f$ 即初始磁导率。

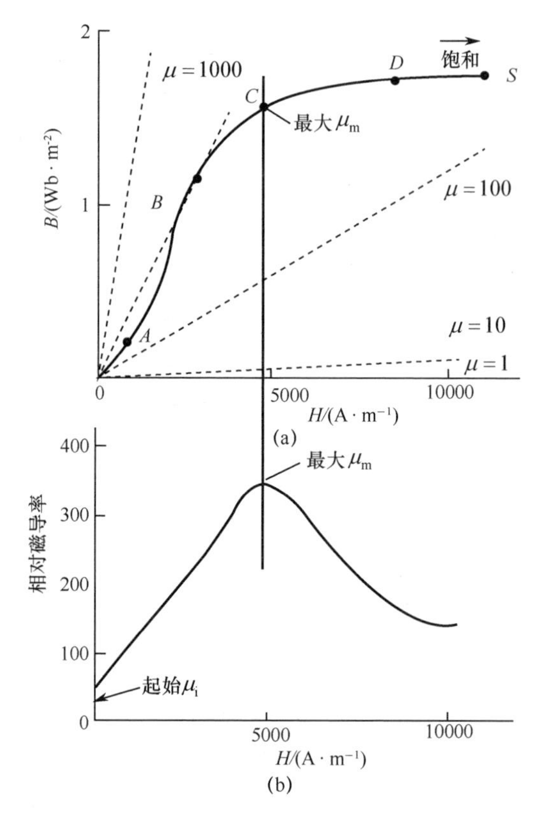

图 3-2　初（起）始磁化曲线和磁导率与 H 的关系曲线

（a）初（起）始磁化曲线；（b）磁导率与 H 的关系。

H 增加时，μ 随着增大，在 $H=H_M$ 时达到最大值，μ_m 称为最大磁导率。H_m 与磁化曲线的膝点 C 相对应，然后 μ 又逐渐减小。当 H 非常大时，$\mu\to1$，空气或真空的磁化曲线就是 $\mu=1$ 的那条虚线（几乎与 H 轴重合）。对应于同一个 H 值的铁磁性物质的磁化曲线上的纵坐标与 $\mu=1$ 线的纵坐标 B 的差值，就等于 μ_0 乘以铁磁性物质的磁化强度 M。

3. 磁滞回线和正常磁化曲线

当磁场循环变化时，B 或 M 的变化轨迹称为磁滞回线，在饱和磁场下的磁滞回线称为饱和磁滞回线。一个样品只有一条饱和磁滞回线。饱和磁滞回线 $B=0$ 时的磁场称为矫顽力 H_c，$H=0$ 时，磁感应强度称为剩余磁感应强度（剩磁）B_r。饱和磁场下相应的磁感应强度称为饱和磁感应强度，造成磁滞的主要原因是不可逆过程。当磁畴从外磁场而转向后，再去除外磁场，磁畴不可能全部恢复到原来位置，这就是磁滞。将不同磁场下得到的磁滞回线顶点连接起来就得到正常磁化曲线。

3.1.3　铁磁物体的磁化

具有一定形状的物体磁化时，其内部要产生一个去磁场 H_d，实际上使物体磁化的磁场强度 H，要比外磁场 H 弱，即

$$H_i = H_e - H_d \tag{3-8}$$

磁性体的磁化，从磁荷点看，就是把其中的磁偶极子沿外磁场方向排列，相邻的磁偶极子正负极互相抵消，只在两端面出现磁荷（图 3-3）磁荷产生的磁场是由 N 极到 S 极，其磁力线的分布如图 3-4 所示，所以物体内部磁荷产生的磁场总是与磁化强度的方向相反，即使磁化减弱，故名去磁场（或退磁场）。去磁场的大小与磁荷的数值、材料的形状和磁化强度有关，均匀磁化物体的 H_d、正比于磁化强度 M，即

$$H_d = NM \tag{3-9}$$

式中：N 为去磁系数（又称退磁因子），它与物体的形状、几何尺寸和相对于磁化场的方向有关，在 SI 制，其值为 0 ~ 1（在 CGS 中为 0 ~ 4π）。

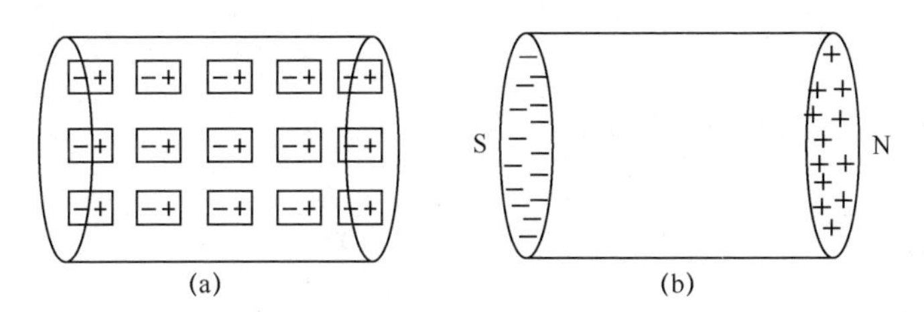

图 3-3　棒的磁化示意图

（a）磁偶极子的定向排列；（b）棒端面上的磁荷。

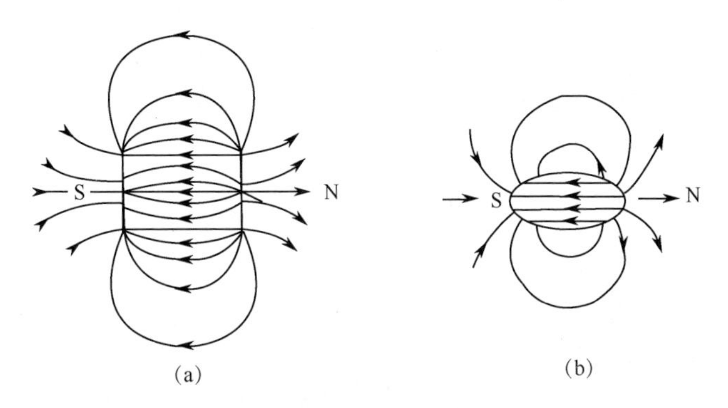

图 3-4　去磁场的磁力线

（a）圆棒；（b）椭球。

由式（3-8）可得

$$H_i = H_e - N\chi H_i \tag{3-10}$$

或

$$\frac{H_i}{H_e}=\frac{1}{1+N\chi} \tag{3-11}$$

又

$$\mu=1+\chi \tag{3-12}$$

故式（3-11）又可以写成

$$\frac{H_i}{H_e}=\frac{1}{1+N(\mu-1)} \tag{3-13}$$

从宏观上看，磁化某一个物体使其磁化强度为 M 的磁场 H_e，必须大于磁化同一物质得到同一磁化强度 M 所需的磁场 H_i，这可以看成物体的磁化率 χ_b 或磁导率 μ_b，小于物质的磁化率 χ 或磁导率 μ，即

$$M=\chi_b H_e=\chi H \tag{3-14}$$

$$B=\mu_0\mu_b H_e=\mu_0\mu H_i \tag{3-15}$$

由此可得

$$\chi_b=\chi H_i/H_e \tag{3-16}$$

$$\mu_b=\mu H_i/H_e \tag{3-17}$$

将式（3-14）、式（3-15）分别代入式（3-16）、式（3-17），可得

$$\chi_b=\frac{\chi}{1+N\chi}=\frac{1}{N+\frac{1}{\chi}} \tag{3-18}$$

$$\mu_b=\frac{\mu}{1+N(\mu-1)}=\frac{1}{N+(1-N)/\mu} \tag{3-19}$$

式（3-19）表明：

（1）物体的磁化率 χ_b 或磁导率 μ_b 均与去磁系数 N 成反比，N 越大，物体越难磁化；

（2）当 χ、μ 增大时，χ_b、μ_b 也增大。当 $\chi\to\infty$、$\mu\to\infty$ 时，χ_b、μ_b 达到极限值 K、m，即

$$K=\lim_{\chi\to\infty}\chi_b=\frac{1}{N} \tag{3-20}$$

$$m=\lim_{\mu\to\infty}\mu_b=\frac{1}{N}=K \tag{3-21}$$

式中：K、m 分别为物体的形状磁化率和形状磁导率，因它们仅决定于 N（物体的形状）。对于 CGS，$m=4\pi K$。

到目前为止，理论上仍无法计算任意形状的 N。下面给出均匀磁化物体去磁系数的计算公式。

（1）旋转椭球体设椭球的3个主轴长度分别为$2a$、$2b$、$2e$，相应地，去磁系数为N_a、N_b、N_c，则有

$$N_a + N_b + N_c = 1 \tag{3-22}$$

若椭球为长旋转椭球体如图3-5所示，即$a > b = c$。它的偏心率ε和形状系数λ分别为

$$\varepsilon = \frac{\sqrt{a^2 - b^2}}{a} = \frac{\sqrt{\lambda^2 - 1}}{\lambda} \tag{3-23}$$

$$\lambda = \frac{a}{b} = \frac{1}{\sqrt{1 - \varepsilon^2}} \tag{3-24}$$

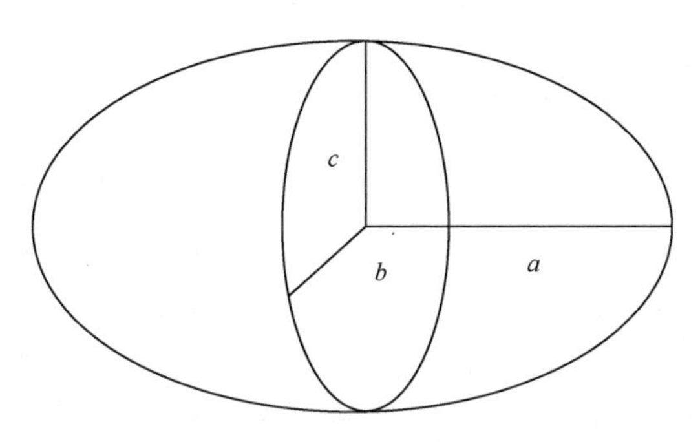

图3-5　旋转椭球体

则该椭球体沿长轴。方向磁化时的去磁系数为

$$N_a = \frac{1 - \varepsilon^2}{\varepsilon^2}\left(\frac{1}{2\varepsilon}\ln\frac{1 + \mathrm{e}}{1 - \mathrm{e}} - 1\right) = \frac{1}{\lambda^2 - 1}\left[\frac{\lambda}{\sqrt{\lambda^2} - 1}\ln(\lambda - \sqrt{\lambda^2 - 1} - 1)\right] \tag{3-25}$$

当$\lambda > 1$时，有

$$N_a = \frac{1}{\lambda^2}[\ln(2\lambda) - 1] \tag{3-26}$$

当$\lambda > 10$时，按此式计算出的值其误差不超过1%。

（2）球体，即$a = b = c$。那么，$N_a = N_b = N_c$，由式（3-26）可得

$$N_a = N_c = N_b = N = 1/3$$

（3）无限长细棒沿轴向磁化，可看成$a/b >> 1$，即由上式可得

$$N_a = 0,\ N_b = N_c = 1/2$$

（4）无限大薄片沿薄片垂直方向磁化，可认为$a = b = \infty$，因而，$N_a = N_b = 0$，由上式可得c轴的去磁系数$N_c = 1$。

（5）圆柱体的去磁系数只有经验公式，即

$$N_{b\infty} = \frac{1}{\lambda^2 - 1}\left[\frac{\lambda}{\sqrt{\lambda^2 - 1}}\ln(0.6(\lambda + \sqrt{\lambda^2 - 1})) - 1\right] \tag{3-27}$$

它与计算椭球体去磁系数的公式仅差一个因子0.6，当 $\lambda > 10$ 时，式（3-27）可写为

$$N_{b\infty} = \frac{1}{\lambda^2}[\ln(1.2\lambda) - 1] \tag{3-28}$$

式中，$\lambda = L/D$，L 为圆柱体长度，D 为圆柱体直径。

3.2 潜艇在地磁场中的磁化

3.2.1 潜艇的磁特性及产生机理

地球是一个巨大的磁场，大多数潜艇都是用钢材料制成的，潜艇上的大部分设备与材料都是良好的磁化材料，所以潜艇在磁场中极易被磁化并在周围空间中产生方向不同、强度各异的磁场。影响潜艇磁场的有关因素有地磁场的大小和方向、潜艇的形状、潜艇的材料、机械效应、潜艇设备的磁状态以及波浪等高速水击作用。潜艇磁化后的磁场可以分为永久磁场、感应磁场以及变化磁场3个部分。

1. 永久磁场

潜艇一般都是由高强度的合金钢制成，尽管这些材料都是特种材料，磁导率很低，但是仍然是铁磁性材料。艇上的设备、装备也大都是由铁磁性材料制成的。潜艇在建造时，艇体构建要经过电焊和铆接等工艺，会产生磁场。铁合金含有“磁畴”，每一个磁畴都是一个小的磁体，有自己的磁场，有南北极。当磁畴无规则排列的时候，会产生一个很小的磁力线圈图。把这种含有磁畴的合金放在稳定的磁场中，它的分子会被激励，在被锤击和受热后，磁畴自己趋于定向，形成南北极，使所有磁畴的磁场都得到加强，经过这样处理的铁合金就有了自己的磁场。地球的磁场虽然不是很强，但是潜艇是一个很大的钢结构体，不可避免地要在地磁场的作用下加工和建造，在这个过程中，材料内部应力的反复变化、温度的升降变迁以及局部磁场的影响，都会引起铁磁材料内无磁滞磁化的形成，在潜艇建成形成潜艇的永久磁场。由于潜艇的结构很复杂以及外形曲面的不规则性，现代消磁技术并不能完全消除掉潜艇的永久磁场，特别是潜艇的纵向永久磁场和垂直方向永久磁场还无法分离。潜艇的磁场有3个主要的分量：垂直分量、纵向分量、横向分量。这3个部分合起来构成了潜艇完整的永久磁场。

2. 感应磁场

潜艇服役后是在地磁场的作用下工作，潜艇各部分的铁磁材料内部会引起可逆的磁化过程，从而产生潜艇的感应磁特性。潜艇在下水下航行时，受波浪和爆炸的冲击，或者受高速水击作用等振动后，也会产生感应磁场。由于感应磁场的存在，潜艇在某一纬度海域长期活动，潜艇的固定磁场会慢慢接近某一固定值。但是，当潜艇转移到另一个磁纬度区航行一段时间后，潜艇的固定磁场就会再次变化，并逐渐的稳定到另一个相应的稳定值上。

感应磁场的大小主要与潜艇所在磁纬度的地磁场的大小、潜艇的航向、潜艇本身摇摆的变化、潜艇所用钢材的磁性能、潜艇的形状等因素有关。目前的常规潜艇受内部空间及耗能的限制，大多数未装消磁系统，因此感应磁性无法及时消除。潜艇的感应磁性与永久磁性共同作用，引起潜艇所在位置周围地磁场的异常。

3. 变化磁场

潜艇的感应磁场和固定磁场由于地磁场磁化而产生，称为磁化静磁场，潜艇的涡流磁场、杂散磁场、低频磁场是电流引起的磁场，称为变化磁场。

（1）涡流磁场。潜艇的摇摆运动和机件的旋转会切割地磁场，在艇体的金属材料内部形成涡流电流，产生的涡流电流就会产生相应的涡流磁场，一般而言，涡流磁场比艇体产生的铁磁性磁场小很多。

（2）杂散磁场。杂散磁场一般是发电机组、电力设备和直流回路等产生的漏磁场与电流磁场。一般钢壳的舰船不考虑杂散磁场。

（3）低频电磁场。艇体钢材与海水间存在电位差，将产生腐蚀电流。腐蚀电流会在空间中产生磁场和电场。腐蚀电流经螺旋桨和主轴回到船体时，回路电阻会发生周期性的变化，对腐蚀电流地磁场产生调制作用，形成低频变化的电磁场。

总之，潜艇磁场就是铁磁性潜艇受地磁场磁化而产生的附加磁场。它将引起周围空间磁场分布的改变。

3.2.2 潜艇在地磁场中的磁化

首先分析一组船模磁场的测量数据。该数据是在不同的地磁场作用下（改变地磁场垂直量 Z）测量船模下方某一点的磁场 Z_z 得到的。如图 3-6 所示，单位为 μT。

（1）在地磁场为 0 的地区，也有一定的剩磁（本例约为 2μT）。

（2）潜艇磁场随地磁场的变化而变化。

（3）有磁滞现象，但不显著。

（4）在地磁场范围内（Z 为 0～±60μT，B 为 0～40μT，潜艇磁场与磁的关系近似为线性关系，可用一根不经过原点的直线描述。

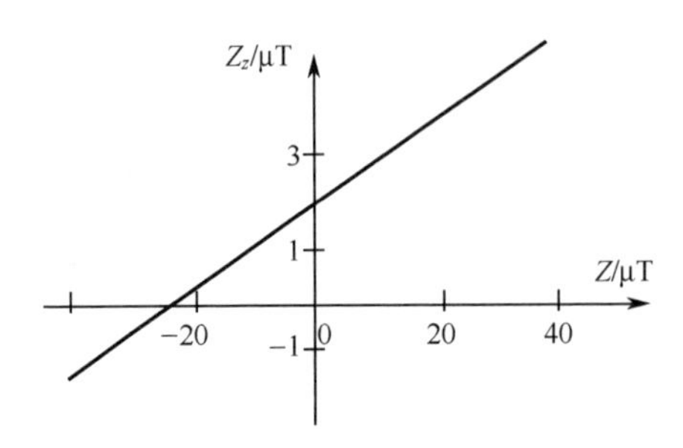

图 3-6　船模磁场曲线

为什么这里看不出明显的磁滞和饱和现象呢？首先，地球是弱磁场，潜艇在这个弱场中磁化，正处于起始磁化的可逆过程；其次，潜艇是具有一定形状的铁磁物，去磁系数的影响，降低了物体的磁化率和磁导率。

为了便于研究潜艇磁场，通常将受地磁场磁化形成的潜艇总磁性 T_z 唯一解为固磁性 T_p 和感应磁性 T_i（图 3-7）。

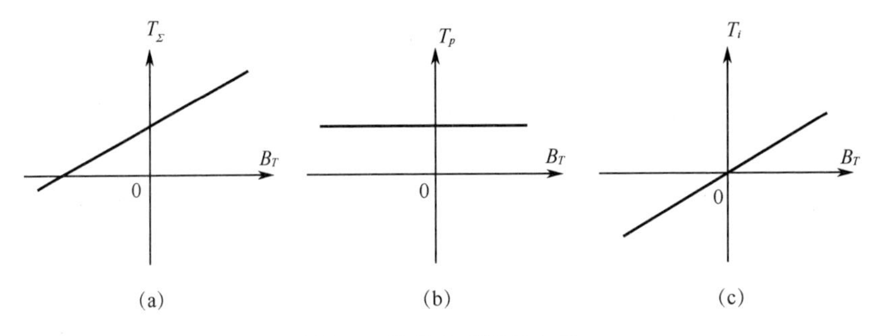

图 3-7　潜艇总磁性的分解

在一定时间内，固定磁性可认为固定不变，感应磁性则随地磁场 B_T 的变化而变化（图 3-7（c））。

潜艇的固定磁性是在建造时期形成的，是潜艇的剩磁。即使地磁场变为0，这部分磁性仍存在，在一定时期内可视作固定不变。影响它的因素有以下几方面。

（1）造船所用材料的磁特性。

（2）潜艇的形状、尺寸和部件的分布情况。

（3）造船地区地磁场分量的大小。

（4）在船台上和建造期间潜艇的方向。

（5）造船的工艺情况（如铆、焊等）。

由于各潜艇，即或是同一类型的潜艇在建造期间上述诸因素也不尽相同。因此，各潜艇的固定磁性是不同的。在正常航行条件下，在一定的时间内，固定磁性可视为不变。但是，当船体受到强烈震动（如近距离水中爆炸等）、大风浪袭击及大规模修理后，或者长期更换至地磁场与原来有显著差异的地区时，固定磁性将发生显著变化。

潜艇在航行过程中，由于受地磁场感应磁化而形成的磁场称为感应磁性，其大小和方向随当地地磁场的数值而成比例变化，并与下述因素有关。

（1）潜艇航行地区的地磁场分量值。

（2）潜艇的航向。

（3）造船所用钢材的磁特性。

（4）潜艇形状、尺寸及铁质部件在船上的分布情况。

同一类型的潜艇，其感应磁性的规律大致相同。

3.2.3　潜艇的磁矩

大多数潜艇由钢铁制成，具有较大的磁性，其磁性可用总磁矩 $\boldsymbol{M}$（矢量）表达。潜艇越大，磁矩越大，越容易探测。海水对磁场没有屏蔽作用，在潜艇的周围的空间，会产生由潜艇磁性引起的局部磁场，叠加在地磁场上。由于舰艇形状均为长条形，南北方向航行时感应磁场较大，东西向航行时感应磁场较小。通过磁探仪的高精度光泵探头磁传感器，记录飞机飞行路线上的地磁场变化，就能够对铁磁性目标进行搜索和定位，如图 3-8 所示。

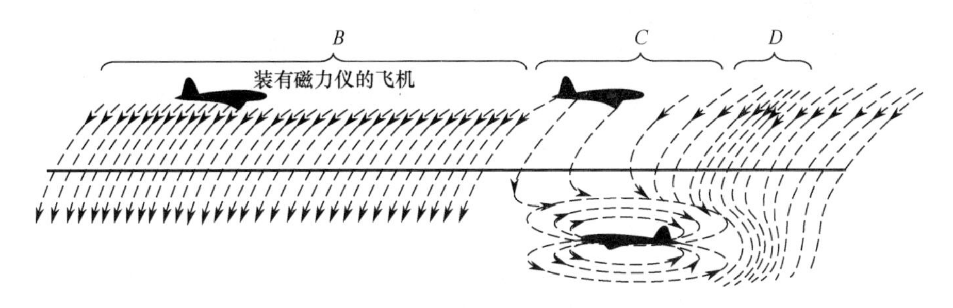

图 3-8　水下潜艇周围磁异常示意图

地磁场平均为 50000nT 左右，一条常规潜艇引起的磁异常不到地磁场的 1/100000。并随着距离的 3 次方衰减。为了有效探测微弱的目标磁异常信号，要求磁探仪具有较高的磁场分辨率，以及对载机环境的磁背景噪声进行有效的补偿。由典型目标磁异常随距离衰减理论计算结果可知，同等情况下，磁探仪的自噪声越低，探测距离越远。

第4章　潜艇磁场建模方法

4.1　引言

铁磁性目标产生的磁场与其周围的地磁场叠加产生磁异常[135]，航空磁探仪通过探测磁异常信号发现目标。潜艇大多数由钢铁合金建造而成，在地磁场的磁化下，巨大的铁磁性艇体本身具有量级十分可观的磁感应强度[136]。因此，潜艇磁场是磁性武器和磁性探测器工作的信息源。由于磁场受海水、空气、泥沙等介质的影响小，使得基于磁异常信号的航空磁探测具有可靠性强、隐蔽性好、定位精度高、搜索连续、反应迅速快等特点，成为水下磁性目标探测的重要手段。为了提高航空磁探仪的检测能力，进一步对潜艇目标进行定位和识别，需要建立铁磁性潜艇目标磁场预测模型生成目标的高空磁场分布，为航空磁探仪提供目标信号参考。对潜艇磁场强度及其分布规律的研究不仅可以应用于航空反潜，也可用于磁性定位、磁性导航、对抗磁性武器以及舰艇消磁等领域。

建立潜艇高空磁场预测模型的基本思路是构建潜艇磁场的延拓数学模型，然后根据部分测量数据作为延拓数学模型的输入对其他空间的磁场进行换算。目前，建立水下铁磁性目标磁场预测模型的方法主要有边界元法、积分方程法、有限元法和磁体模拟法[137]。边界积分法和曲面积分法对铁磁性目标磁场建模的原理与边界元法相同。磁体模拟法又称为等效源法，用已知磁场分布的磁性物体等效实际潜艇，模拟潜艇磁场[138]。常用的磁性目标磁场建模磁体模拟模型包括磁偶极子阵列模型、旋转椭球体模型、旋转椭球体与磁偶极子阵列混合模型。有限元法通过计算有限区域内的标量磁位求解空间场点的总磁场。在近场范围内，有限元需要剖分的场域小，能够进行精细剖分，计算精确。当计算场域较大时，有限元法需要进行大量的剖分，实时性和计算精度下降。

4.2　边界元法

边界元法在半空间区域基于格林函数，通过标量磁位或矢量磁位分布求拉普拉斯的边值问题[137]。根据电磁场的基本原理，将计算潜艇高空磁场分布的问题转化为求解空间磁位分布的问题。通过计算标量磁位的负梯度或是计算矢量磁位的旋度[139]，可以得到潜艇目标磁源在空间中的磁场分布情况。该方法通过理论推导，过程严密，因此能够具有极高的精度。

为了研究航空磁异常探测中潜艇高空磁场分布，根据边界元法的基本原理，建立潜艇磁场预测模型，并对模型进行理论和实验验证，分析使用边界元法的潜艇磁场预测模型精度。

4.2.1　边界元法的基本原理

潜艇磁场是造成潜艇暴露并破坏其隐身性能的重要物理特征，按其成因分类，主要可以分成固定磁场、感应磁场、起源于电化学的潜艇磁场以及起源于电磁辐射与泄露的潜艇磁场[140]。在航空磁异常探测中，潜艇磁场属于准静态磁场，根据静态磁场的麦克斯韦方程组[141]：

$$\nabla \times \boldsymbol{H} = \boldsymbol{J} \tag{4-1}$$

$$\boldsymbol{B} = \mu_0 \boldsymbol{H} \tag{4-2}$$

$$\nabla \cdot \boldsymbol{B} = 0 \tag{4-3}$$

式中：$\boldsymbol{H}$ 为潜艇目标的空间磁场强度；$\boldsymbol{J}$ 为潜艇磁源所在空间中的电流密度矢量；$\boldsymbol{B}$ 为潜艇磁场的磁感应强度；$\mu_0 = 4\pi \times 10^{-7}$ H/m 为真空磁导率。

图4-1所示为使用边界元法的潜艇空间磁场场域模型的示意图。场源处于中心点 O 处，在这里代表铁磁性潜艇目标，V 是包围潜艇场源的空间的体积，并且空间 V 中只包含场源不包含预测点区域，S 为包围潜艇磁源的包络观测面，用于测量潜艇磁场作为空间磁场预测模型的输入数据，$Q(x_0, y_0, z_0)$ 为包络观测面上的测量点，以潜艇目标作为笛卡尔坐标系的中心，潜艇艇首为 X 轴正向，Z 轴正向垂直向下，采用右手坐标系，测量得到（x_0，y_0，z_0）处潜艇磁场的三分量数据 B_x、B_y、B_z，Ω 是空间 V 外包含预测点的无源封闭区域全

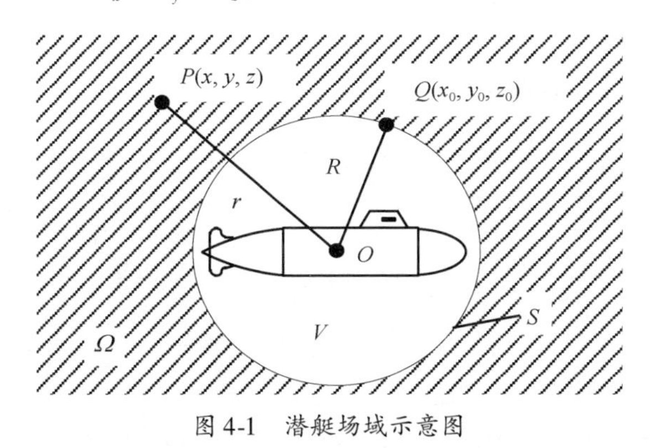

图4-1　潜艇场域示意图

空间，$P(x, y, z)$ 为空间预测点。

因为矢量 $\boldsymbol{A}$ 满足条件，有

$$\nabla \cdot (\nabla \times \boldsymbol{A}) = 0 \tag{4-4}$$

由式（4-3）和式（4-4），可以得到

$$\nabla \times \boldsymbol{A} = \boldsymbol{B} \tag{4-5}$$

式中：矢量 $\boldsymbol{A}$ 记为矢量磁位，矢量磁位 $\boldsymbol{A}$ 的散度为

$$\nabla \cdot \boldsymbol{A} = 0 \tag{4-6}$$

对等式（4-5）的左右同时进行旋度计算，根据式（4-3）、式（4-6）和矢量恒等式$\nabla \times \boldsymbol{A} = \nabla(\nabla \cdot \boldsymbol{A}) - \nabla^2 \boldsymbol{A}$，可以得到泊松方程：

$$\nabla \times \boldsymbol{B} = \nabla \times \nabla \times \boldsymbol{A} = \nabla(\nabla \cdot \boldsymbol{A}) - \nabla^2 \boldsymbol{A} = -\mu_0 \boldsymbol{J} \tag{4-7}$$

潜艇目标空间预测区域内在一定情况下没有电流 $\boldsymbol{J}$ 和铁磁性物质[142]，故令 $\boldsymbol{J}=0$，则由式（4-7）可以得到矢量磁位 $\boldsymbol{A}$ 的拉普拉斯方程为

$$\nabla^2 \boldsymbol{A} = 0 \tag{4-8}$$

令空间预测点 $P(x, y, z)$ 处的拉普拉斯方程的格林函数为

$$\boldsymbol{G}_P = \nabla\left(\frac{1}{r}\right) \times \boldsymbol{a} \tag{4-9}$$

式中：$r = \sqrt{x^2 + y^2 + z^2}$ 为预测点到场源中心点之间的距离；$\boldsymbol{a}$ 为任意的单位矢量。

根据矢量格林定理，可以得到

$$\boldsymbol{A}(P) = \int_S [\boldsymbol{A}(Q) \cdot (\boldsymbol{n} \times \nabla \times \boldsymbol{G}_P) - \boldsymbol{G}_P \cdot (\boldsymbol{n} \times \nabla \times \boldsymbol{A}(Q))] \mathrm{d}S \tag{4-10}$$

根据式（4-5）和式（4-10）可以得到 P 点处潜艇的磁感应强度为

$$B_P = -\frac{1}{4\pi}\int_S (\boldsymbol{n} \times \boldsymbol{B}_Q) \times \nabla\left(\frac{1}{r}\right)\mathrm{d}S - \frac{1}{4\pi}\int_S \boldsymbol{B}_Q \cdot \boldsymbol{n} \nabla\left(\frac{1}{r}\right)\mathrm{d}S \tag{4-11}$$

式中：$\boldsymbol{n}$ 为包络观测面 S 上的单位外法矢量；$\boldsymbol{B}_Q$为包络 S 上 $Q(x_0, y_0, z_0)$ 处的磁感应强度。

4.2.2 潜艇磁场预测模型

为了得到实际条件下适用的潜艇磁场预测模型，对式（4-11）进行离散化，则

$$\boldsymbol{B}_P(x,y,z) = -\frac{1}{4\pi}\sum_{i=1}^{6}\sum_{j=1}^{M_i}\left[(\boldsymbol{n}_{ij} \times \boldsymbol{B}_{Qij}) \times \nabla\left(\frac{1}{r}\right) + \boldsymbol{B}_{Qij} \cdot \boldsymbol{n}_{ij} \nabla\left(\frac{1}{r}\right)\right] S_{ij} \tag{4-12}$$

式中：M_i为第 i 个平面剖分的边界单元数（$i=1, 2, \cdots, 6$）；n_{ij}为第 ij 个平面的单位法矢量；$\boldsymbol{B}_{Qij}$为单元 ij 的测量磁感应强度数据（$j=1, 2, \cdots, M_i$）；

S_{ij}为测量单元 ij 的面积。

建立如图 4-2 所示的坐标系。其中 X 轴平行于水平面，以指向地磁北向为正，称为纵轴；Y 轴平行于水平面，以指向地磁东向为正，称为横轴；Z 轴垂直于水平面，以向下为正，称为垂轴。B_x、B_y、B_z分别是潜艇空间磁场 B_P在 X 轴、Y 轴、Z 轴的投影，分别称为纵向分量、横向分量、垂向分量，即潜艇磁场的三分量。

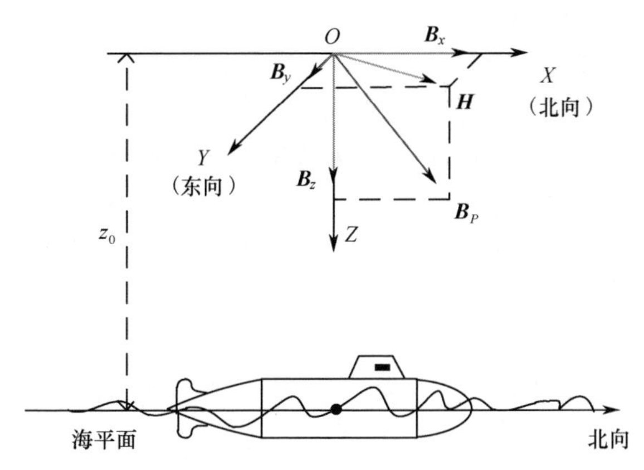

图 4-2　潜艇空间磁场坐标系

潜艇磁场预测模型的包络观测面示意图如图 4-3 所示。假设采用长方体包络面包围潜艇磁源进行三分量磁场测量，长方体区域的边界面为长 7. 50m、宽与高均为 1. 50m 的长方体表面。可以将上下两表面和左右两侧面各分成 25 ×5 个长方形面积元，将前后两侧面各分成 5 ×5 个长方形面积元，则整个边界面共分成 550 个长方形面积元。边界面的划分及测量点的布放规划如图 4-3 所示。测量得到面积单元 ij 的磁感应强度数据 $\boldsymbol{B}_{Qij}$，并记录各观测点的坐标信息以及该面积元的单位法向矢量，根据式（4-12）可以进行潜艇空间磁场预测。

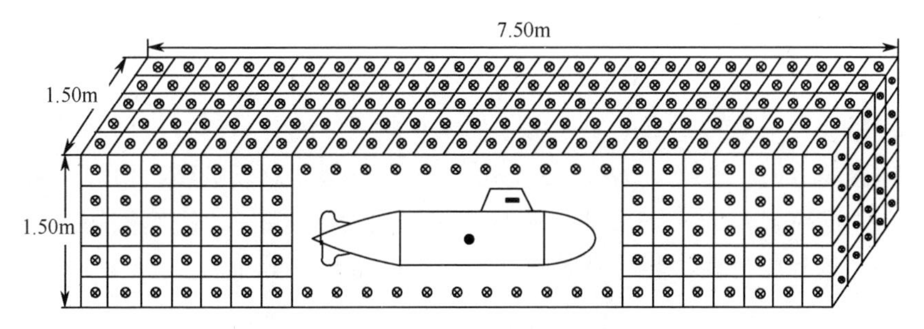

图 4-3　预测模型的观测面

4.2.3 理论验证模型精度

为验证该潜艇磁场预测模型精度，采用文献［143］中的磁偶极子磁矩数据对模型进行理论仿真验证。将磁偶极子目标布放在长方体包络面区域的中心位置，模拟铁磁体目标，在各长方形面积单元的中心上仿真生成测量数据，将该数据认为是整个面积单元上的目标的磁感应强度的平均值。由于实际测量过程中，潜艇艇艏正前的测量面以及潜艇艇艉正后的测量面测量难度大，故实际测量中仅使用 4 个测量面数据。为了验证该方法的可行性和有效性，使用磁偶极子产生仿真数据时仍只使用 4 个测量面数据，即忽略正前和正后两个测量面。根据磁偶极子模型获得 4 个边界面单元的观测数据，通过式（4－12）的实际预测公式，推算潜艇空间磁场。当 $x \in [-400, 400]$ m，$y = 0$m，$z = -200$m时，通过磁偶极子模型和式（4-12）的潜艇磁场预测模型分别获得潜艇空间磁场磁感应强度三分量的真实值和预测值，如图 4-4 所示。

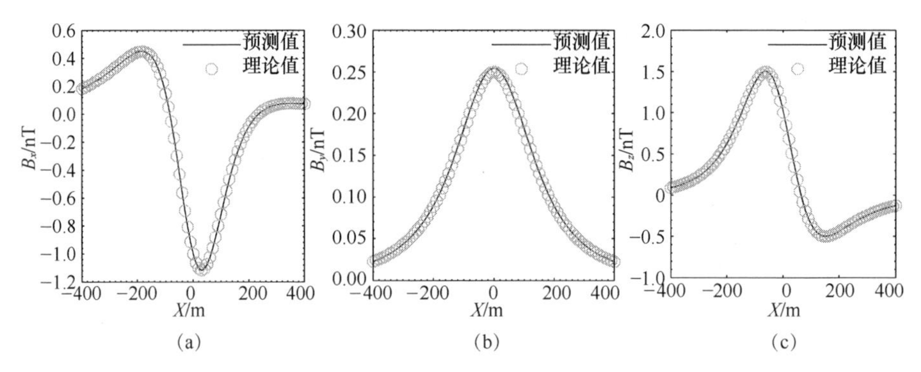

图 4-4 潜艇磁场预测模型理论验证

(a) B_x 分量；(b) B_y 分量；(c) B_z 分量。

定义平均绝对误差 AT 和平均相对误差 AR 分别为

$$\begin{cases} \mathrm{AT} = \dfrac{1}{n}\sum_{i=1}^{n} |\mathrm{BP}(i) - \mathrm{BM}(i)| \\ \mathrm{AR} = (\mathrm{AT}/\mathrm{BM}_{\max}) \times 100\% \end{cases} \tag{4-13}$$

将磁偶极子模拟仿真的潜艇磁场的磁感应强度三分量的理论值和预测值换算到地磁场方向，转换成为投影总场值，计算可得，总场的理论值和预测值之间的平均绝对误差为 0.0352nT，平均相对误差为 2.368%。潜艇磁场预测模型在理论上具有可行性，能够有效预测目标的高空磁场分布。

4.2.4 实验验证

通过实验分析潜艇磁场预测模型的精度，验证预测模型的有效性。在实验中，选取铁磁性旋转椭球体加长方体代替潜艇，实际三维尺寸如图 4-5 所示。实际测量过程中，使用长为 211.5cm、宽为 190.0cm 的矩形测量框架，每条边上布放 3 个三轴数字式磁通门传感器，共计 12 个。包络面磁场测量传感器采用 16 路三分量磁场自动测试系统（其中 4 路用于测量目标远、近场空间磁场的三分量以验证模型），其分辨率可达 0.5nT，测量范围为 0 ~ ±100000nT（含地磁场）。测量时，移动矩形测量框架沿 X 轴（艇首方向）或 $-X$ 轴方向进行测量，记录测量点位置和测量数据。

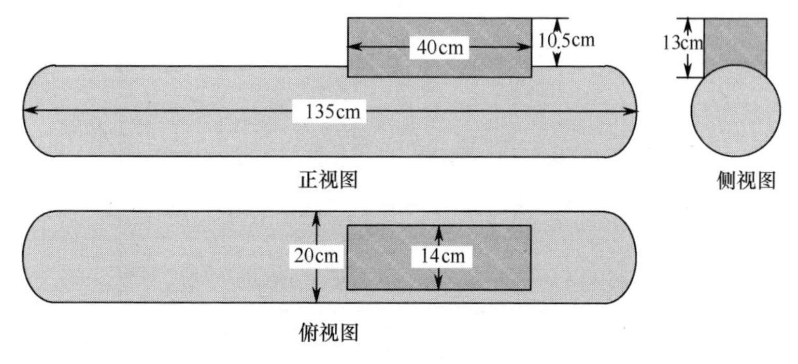

图 4-5　潜艇模型的三视图

在实验中，在铁磁性旋转椭球体加长方体潜艇模型中心上方 10m 的高度面上沿 X 轴方向每 0.5m 取 1 个考核点，共计 101 个考核点。使用光泵磁力仪进行测量，其分辨率可达 0.01nT。铁磁性旋转椭球体加长方体潜艇模型布置在无磁小车上，推动小车在无磁轨道上到指定的测量点，采集该点处的磁场数据。横向测量范围为 50m，铁磁性旋转椭球体加长方体潜艇模型的长度为 1.35m，测量范围超过 30 倍艇长。测量高度为 10m，是艇长的 7 倍。在一定程度上，该处的磁场值能够作为潜艇模型的高空磁场值。根据潜艇模型边界面上的实际测量磁场数据，由式（4-12）可以计算得到考核点上的磁场三分量预测值。将三分量预测值投影到地磁场方向，得到磁感应强度预测值的总场，将预测值与实际测量值进行比较，如图 4-6 所示。

为了研究航空磁异常探测中潜艇磁场的高空分布，在近场磁场的基础上使用边界元法建立潜艇磁场预测模型换算得到高空磁场。通过理论和实验验证，对比铁磁性旋转椭球体加长方体潜艇模型高空磁场磁感应强度的实际测量值和预测值，根据误差公式（4-13），计算得到使用边界元法的潜艇磁场预测模型的平均绝对误差为 0.0384nT、平均相对误差为 4.18%。测量值与预测值之间存在误差，其原因主要有以下几种：一是测量实验中产生的误差，包括由磁探头产生的固有误差和人工测量距离时产生的测量误差，以及由磁环境引起的误差；二是测磁系统的误差，由于三分量测量系统是对瞬时采集的若干磁场数据进行平均处理，所以会产生一定的测量误差；三是模型基于边界元法将边界面离散处理剖分成单元，造成近似值与理论值的误差，并且未使用潜艇艇首正前测量面以及潜艇艇尾正后测量面两个端面的测量数据。

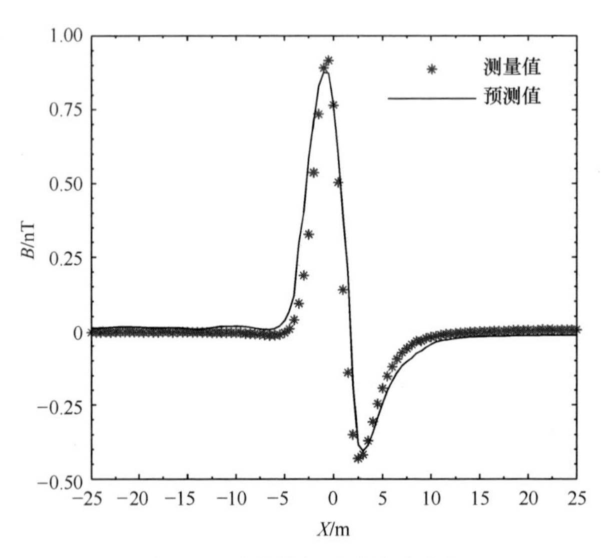

图 4-6　测量值与预测值的对比

4.3　积分方程法

积分方程法对求解区域进行剖分，进而直接采用数值计算的方法求解空间各点磁场，将铁磁目标源区进行离散化，分解为一个个铁磁性目标源，将空间场点处的磁场值认为是源区所有目标源的叠加。三维积分方程法考虑目标源的三维特性，减少假设条件，使得计算精度较传统的二维积分方程法更高。

4.3.1　三维积分方程法的基本原理

如图 4-7 所示，空间磁场预测点 P $(x,\ y,\ z)$ 处的磁场可以认为是源区的铁磁体以及空间自由电流的矢量叠加[144]，则点 P 处的磁场为

$$\boldsymbol{H}(P) = \boldsymbol{H}_J(P) + \boldsymbol{H}_M(P) \tag{4-14}$$

式中：$\boldsymbol{H}_J(P)$ 为源区中空间电流在点 P 处产生的磁场；$\boldsymbol{H}_M(P)$ 为源区中铁磁性物体产生的磁场。

通过求解空间中的标量磁位分布，可以得到

$$\boldsymbol{H}_M(P) = -\nabla\varphi(P) \tag{4-15}$$

$$\boldsymbol{B}_M(P) = \mu_0\boldsymbol{H}_M(P) \tag{4-16}$$

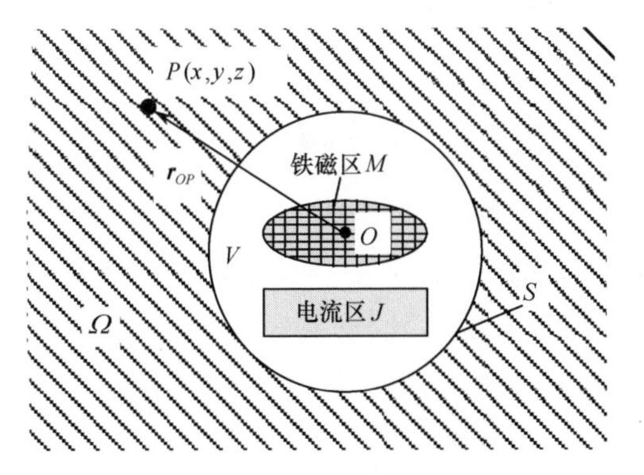

图 4-7　空间磁场示意图

建立如图 4-8 所示的柱坐标，由矢量格林公式可以得到，空间场点 P 处的标量磁位为

$$\varphi(P)=-\frac{1}{4\pi}\left(\int_{V_m}\frac{\nabla\cdot \boldsymbol{M}(N)}{|\boldsymbol{r}_{NP}|}\mathrm{d}V_m-\int_{S_m}\frac{\boldsymbol{n}\cdot \boldsymbol{M}(N)}{|\boldsymbol{r}_{NP}|}\mathrm{d}S_m\right) \tag{4-17}$$

式中：$\boldsymbol{M}$（N）为潜艇磁源目标场点 N 处的磁化强度；$\boldsymbol{r}_{NP}$为空间磁场预测点 P 到潜艇磁源目标点 N 的矢径；V_m为场点 N 处磁源的体积；$\boldsymbol{n}$ 为边界 S_m 的外法向矢量。

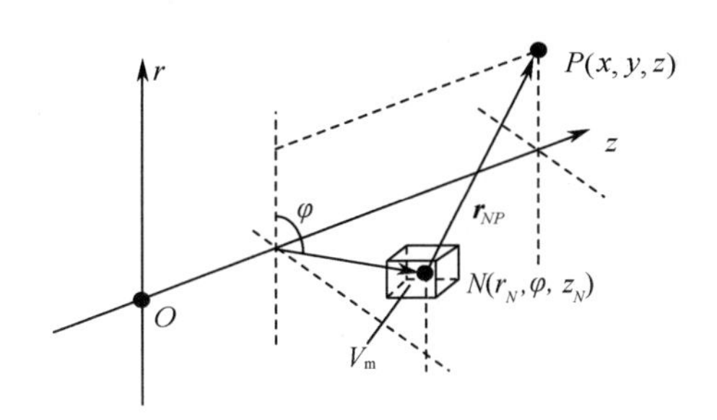

图 4-8　柱坐标系

在柱坐标系中，可以得到[145]

$$\nabla\cdot \boldsymbol{M}=\frac{M_r}{r}+\frac{\partial M_r}{\partial r}+\frac{\partial M_z}{\partial z} \tag{4-18}$$

当 M_r和 M_z为常数时，可以得到

$$\nabla\cdot \boldsymbol{M}=\frac{M_r}{r}\neq 0 \tag{4-19}$$

$$\nabla\times \boldsymbol{M}=\frac{\partial M_r}{\partial z}\frac{\partial M_z}{\partial r}=0 \tag{4-20}$$

在航空磁异常探测中，铁磁性目标的高空磁场无法直接使用式（4-17）和

式（4-18）得到，一般认为源区的空间自由电流 $\boldsymbol{J}=0$[64]，则可以得到点 P 处的磁感应强度为

$$\boldsymbol{H}(P)=-\frac{1}{4\pi}\nabla\left(\int_{V_m}\boldsymbol{M}(N)\nabla\left(\frac{1}{|\boldsymbol{r}_{NP}|}\right)\mathrm{d}V_m\right) \tag{4-21}$$

在柱坐标系中，磁场强度可分解为 H_r 和 H_z 两个分量。航空磁探中铁磁性目标的磁体材料一般可以认为是均匀[147]，将磁源剖分成 N_1 个单元，并假设第 n 个单元处磁化强度满足

$$M_{rn}=\text{常数},\ M_{zn}=\text{常数} \tag{4-22}$$

式中：$n=1,2,\cdots,N_1$ 为剖分单元的编号，则可以得到

$$H_r(P)=\frac{M_r(P)}{\chi(|\boldsymbol{H}|)}=\sum_{n=1}^{N_1}[M_{zn}R_{1H}^n+M_{rn}R_{2H}^n] \tag{4-23}$$

$$H_z(P)=\frac{M_z(P)}{\chi(|\boldsymbol{H}|)}=\sum_{n=1}^{N_1}[M_{zn}Z_{1H}^n+M_{rn}Z_{2H}^n] \tag{4-24}$$

式中：$|\boldsymbol{H}|$ 为磁场强度的绝对值；$\chi(|\boldsymbol{H}|)$ 为材料的磁化率；R_{1H}^n、R_{2H}^n、Z_{1H}^n、Z_{2H}^n 为由第 n 个磁源位置以及空间观测点 P 决定的几何系数，其物理含义是第 n 个磁源的单位磁化强度在空间观测点 P 处产生的磁场强度，可分别表示如下：

$$R_{1H}^n=\frac{3}{2\pi}\int_0^{\pi}\int_{r_{N1}}^{r_{N2}}\int_{z_{N1}}^{z_{N2}}\frac{r_N(r_P-r_N\cos\varphi)(z_P-z_N)}{r_{NP}^5}\mathrm{d}\varphi\mathrm{d}r_N\mathrm{d}z_N \tag{4-25}$$

$$R_{2H}^n=\frac{1}{2\pi}\int_0^{\pi}\int_{r_{N1}}^{r_{N2}}\int_{z_{N1}}^{z_{N2}}r_N\left(\frac{3(r_P\cos\varphi-r_N)(r_P-r_N\cos\varphi)}{r_{NP}^5}-\frac{\cos\varphi}{r_{NP}^3}\right)\mathrm{d}\varphi\mathrm{d}r_N\mathrm{d}z_N \tag{4-26}$$

$$Z_{1H}^n=\frac{1}{2\pi}\int_0^{\pi}\int_{r_{N1}}^{r_{N2}}\int_{z_{N1}}^{z_{N2}}r_N\left(\frac{3(z_P-z_N)^2}{r_{NP}^5}-\frac{1}{r_{NP}^3}\right)\mathrm{d}\varphi\mathrm{d}r_N\mathrm{d}z_N \tag{4-27}$$

$$Z_{2H}^n=\frac{3}{2\pi}\int_0^{\pi}\int_{r_{N1}}^{r_{N2}}\int_{z_{N1}}^{z_{N2}}\left(\frac{r_N(r_P\cos\varphi-r_N)(z_P-z_N)}{r_{NP}^5}\right)\mathrm{d}\varphi\mathrm{d}r_N\mathrm{d}z_N \tag{4-28}$$

$$r_{NP}=\sqrt{r_N^2-2r_Pr_N\cos\varphi+r_P^2+(z_P-z_N)^2} \tag{4-29}$$

式中：r_{N1}、r_{N2}、z_{N1}、z_{N2} 为柱坐标系中第 n 个单元的边界，$r_{N1}<r_{N2}$、$z_{N1}<z_{N2}$。

4.3.2 水下潜艇目标磁场预测模型

根据三维积分方程法的基本原理，求解 N_1 个离散单元内部的磁感应强度，有

$$\boldsymbol{B}_m(\boldsymbol{r}_P)=\frac{1}{4\pi}\sum_{i=1}^{N_1}\frac{\mu_{ri}-1}{\mu_{ri}}\int_{v_i}\left(\frac{3\boldsymbol{r}_{PQ_i}[\boldsymbol{B}(\boldsymbol{r}_{Q_i})\cdot\boldsymbol{r}_{PQ_i}]}{|\boldsymbol{r}_{PQ_i}|^5}-\frac{\boldsymbol{B}(\boldsymbol{r}_{Q_i})}{|\boldsymbol{r}_{PQ_i}|^3}\right)\mathrm{d}v_Q \tag{4-30}$$

式中：Q_i为第 i 个单元的中心，由式（4-30）即可实现潜艇目标在空间任意场点 P 处磁场的预测。

直接计算式（4-30）中耦合系数体积分形式是相当困难的，不妨先将其转化为等价面积分形式[148]。对于线性均匀磁介质或均匀磁化单元，假设源区内的自由电流为 0，可以得到空间任意场点 P 处的标量磁位为

$$\varphi_m(\boldsymbol{r}_P) = \frac{1}{4\pi}\sum_{i=1}^{N}\oint_{s_i}\frac{\boldsymbol{M}(\boldsymbol{r}_{Q_i}) \cdot \boldsymbol{n}_i}{|\boldsymbol{r}_{PQ_i}|}\mathrm{d}s_Q \tag{4-31}$$

式中：s_i为第 i 个单元的表面积；$\boldsymbol{n}_i$为第 i 个单元的外法线方向单位矢量。

对式（4-31）负梯度运算，可得

$$\boldsymbol{H}_m(\boldsymbol{r}_P) = \frac{1}{4\pi}\sum_{i=1}^{N}\oint_{s_i}(\boldsymbol{M}(\boldsymbol{r}_{Q_i}) \cdot \boldsymbol{n}_i)\frac{\boldsymbol{r}_{PQ_i}}{|\boldsymbol{r}_{PQ_i}|^3}\mathrm{d}s_Q \tag{4-32}$$

则

$$\boldsymbol{B}_m(\boldsymbol{r}_P) = \frac{1}{4\pi}\sum_{i=1}^{N}\frac{\mu_{ri}-1}{\mu_{ri}}\oint_{s_i}(\boldsymbol{B}(\boldsymbol{r}_{Q_i}) \cdot \boldsymbol{n}_i)\frac{\boldsymbol{r}_{PQ_i}}{|\boldsymbol{r}_{PQ_i}|^3}\mathrm{d}s_Q \tag{4-33}$$

将面积分中矢量展开成分量形式，可得式（4-33）的矩阵形式：

$$\boldsymbol{B}_m(\boldsymbol{r}_P) = \frac{1}{4\pi}\sum_{i=1}^{N}\frac{\mu_{ri}-1}{\mu_{ri}}\boldsymbol{S}_{P_jQ_i}\boldsymbol{B}(\boldsymbol{r}_{Q_i}) \tag{4-34}$$

其中

$$\boldsymbol{S}_{P_jQ_i} = \begin{bmatrix} s_{P_{jx}Q_{ix}} & s_{P_{jx}Q_{iy}} & s_{P_{jx}Q_{iz}} \\ s_{P_{jy}Q_{ix}} & s_{P_{jy}Q_{iy}} & s_{P_{jy}Q_{iz}} \\ s_{P_{jz}Q_{ix}} & s_{P_{jz}Q_{iy}} & s_{P_{jz}Q_{iz}} \end{bmatrix}$$

由式（4-34）可以看出，该单元耦合系数各元素为面积分形式，较体积分形式方便求解。由于计算场点取在单元中心，而面积分在单元表面进行，即使当 $i=j$ 时，面积分耦合系数的计算也不存在积分奇异性问题，耦合系数具体求解过程可以参见文献［149］。

4.3.3　实验验证

实验使用如图 4-5 所示的铁磁性旋转椭球体加长方体代替潜艇作为水下目标，以椭球体的中心作为坐标原点。根据磁场预测模型，计算空间场点的磁场三分量预测值，将三分量预测值换算为总场值与光泵测量值进行比较，结果如图 4-9 所示。基于积分方程法的潜艇高空磁场预测模型的磁感应强度预测值 B_P 和实际测量值 B_M 的平均绝对误差 AT 与平均相对误差 AR 可得：AT = 0.0857nT，AR = 9.36%。

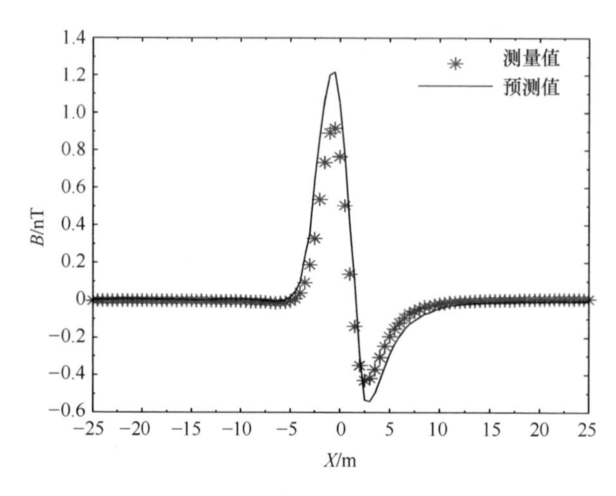

图 4-9　测量值与预测值对比

本节使用三维积分方程法对水下目标的空间磁场进行建模，首先使用铯光泵磁力仪测量铁磁性长旋转椭球体的高空磁场；然后用本节的预测模型推算铁磁性长旋转椭球体的磁场，根据实际测量的磁场数据和预测值进行比较。结果表明，模型的平均绝对误差为0.0857nT，平均相对误差为9.36%。基于积分方程法的潜艇磁场预测模型的主要误差来源为：一是单元表面积分的三维静磁场模型中将铁磁物体离散化带来的误差，铁磁性物体经离散化后求得的解为数值解，与实际的理论解析解存在一定的误差。理论上只有当剖分单元足够小，单元数量足够多时，剖分单元才能够视为是均匀的磁化体。二是磁场测量仪器带来的误差，测量中由磁场传感器产生固有误差、人工测量距离时产生的测量误差，以及环境引起的误差。三是由铁磁性材料的非均匀磁化率造成的。

4.4　磁体模拟法

磁体模拟法又称为等效源法，用已知磁场分布的磁性物体等效实际潜艇磁源，模拟潜艇空间磁场。常用的磁性目标磁场建模磁体模拟模型包括单磁偶极子模型、磁偶极子阵列模型、旋转椭球体模型以及旋转椭球体与磁偶极子阵列混合模型[150]。

4.4.1　单磁偶极子模型

航空磁探测中，航空磁探仪和目标的距离一般都在数百米之遥甚至更远，根据文献［151］的研究结论，在这种情况下，目标磁场可以等效为偶极子磁场。

航空磁异常探测中，铁磁潜艇目标的磁场强度为

$$\boldsymbol{H}=\frac{1}{4\pi}\left[\frac{3(\boldsymbol{M}\cdot\boldsymbol{r}_0)\boldsymbol{r}_0-\boldsymbol{M}}{r^3}+o\left(\frac{1}{r^5}\right)\right] \tag{4-35}$$

式中：$\boldsymbol{M}$ 为单个磁偶极子目标的磁矩矢量，在笛卡儿坐标系中可以表示为三分量形式 M_x、M_y、M_z；$\boldsymbol{r}_0$ 为磁偶极子目标的中心指向场域中的 $P_i(x_i, y_i, z_i)$ 点的单位方向矢量；r 为磁偶极子目标的中心点到场域中的预测点 $P_i(x_i, y_i, z_i)$ 的距离；$o(1/r^5)$ 为高阶次磁极子。

由于高阶次磁极子的强度按距离的 5 次方衰减，当 r 较大时，$o(1/r^5)$ 可以忽略，铁磁性物体的磁场信号模型可以用磁偶极子模型表示为

$$\boldsymbol{H}=\frac{1}{4\pi r^3}[3(\boldsymbol{M}\cdot\boldsymbol{r}_0)\boldsymbol{r}_0-\boldsymbol{M}] \tag{4-36}$$

则

$$\boldsymbol{H}=\begin{bmatrix}H_x\\H_y\\H_z\end{bmatrix}=\frac{1}{4\pi r^5}\begin{bmatrix}3x^2-r^2 & 3xy & 3xz\\3xy & 3y^2-r^2 & 3yz\\3xz & 3yz & 3z^2-r^2\end{bmatrix}\begin{bmatrix}M_x\\M_y\\M_z\end{bmatrix} \tag{4-37}$$

式中：H_x、H_y、H_z 为目标的三分量磁场强度；$\boldsymbol{H}=\boldsymbol{i}_x\boldsymbol{H}_x+\boldsymbol{i}_y\boldsymbol{H}_y+\boldsymbol{i}_z\boldsymbol{H}_z$，$\boldsymbol{i}_x$、$\boldsymbol{i}_y$、$\boldsymbol{i}_z$ 为笛卡儿坐标系中的单位矢量；$r=\sqrt{x^2+y^2+z^2}$ 为目标的中心点到场域中的预测点 $P_i(x_i, y_i, z_i)$ 的距离。

由 $\boldsymbol{B}=\boldsymbol{i}_xB_x+\boldsymbol{i}_yB_y+\boldsymbol{i}_zB_z=\mu_0\boldsymbol{H}$ 可得，铁磁性潜艇目标在空间中产生的磁感应强度分布的三分量 B_x、B_y、B_z 为

$$\boldsymbol{B}=\begin{bmatrix}B_x\\B_y\\B_z\end{bmatrix}=\frac{100}{r^5}\begin{bmatrix}3x^2-r^2 & 3xy & 3xz\\3xy & 3y^2-r^2 & 3yz\\3xz & 3yz & 3z^2-r^2\end{bmatrix}\begin{bmatrix}M_x\\M_y\\M_z\end{bmatrix} \tag{4-38}$$

从式（4-38）得到的潜艇磁感应强度以纳特（$1\mathrm{nT}=10^{-9}\mathrm{T}$）为单位，而地磁场的磁感应强度一般为 49000nT 左右，并与其所处地区位置相关。

4.4.2　磁偶极子阵列模型

磁偶极子阵列模型使用 n 个磁偶极子，按照一定的排布规则放置于各位置点上，每个磁偶极子的磁矩、位置可通过空间磁场测量数据经优化计算确定，如图 4-10 所示。

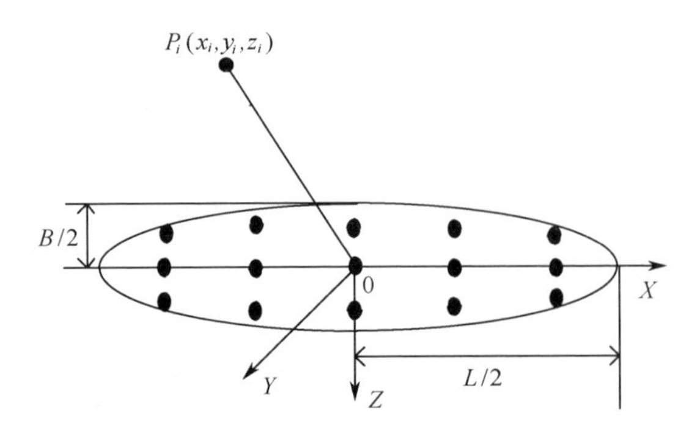

图 4-10　磁偶极子阵列模型

潜艇目标在空间点 P_i（x_i，y_i，z_i）处的磁场强度为

$$\begin{cases} H_{x_i} = \sum_{j=1}^{n}(a_{x_{ij}}M_{u_j} + a_{y_{ij}}M_{v_j} + a_{z_{ij}}M_{w_j}) \\ H_{y_i} = \sum_{j=1}^{n}(b_{x_{ij}}M_{u_j} + b_{y_{ij}}M_{v_j} + b_{z_{ij}}M_{w_j}) \\ H_{z_i} = \sum_{j=1}^{n}(c_{x_{ij}}M_{u_j} + c_{y_{ij}}M_{v_j} + c_{z_{ij}}M_{w_j}) \end{cases} \tag{4-39}$$

式中：M_{uj}、M_{vj}和 M_{wj}为第 j 个磁偶极子在笛卡儿坐标系三个坐标分量方向的三分量磁矩、M_{uj}、M_{vj}和 M_{wj}对应 X 轴、Y 轴和 Z 轴方向的磁矩，其中 $a_{x_{ij}}$、$b_{y_{ij}}$和 $b_{x_{ij}}$可表示为

$$\begin{cases} a_{x_{ij}} = \frac{1}{4\pi}\left(\frac{3(x_i - u_j)^2}{r_{ij}^5} - \frac{1}{r_{ij}^3}\right), a_{y_{ij}} = \frac{3}{4\pi}\left(\frac{(x_i - u_j)(y_i - v_j)}{r_{ij}^5}\right), a_{z_{ij}} = \frac{3}{4\pi}\left(\frac{(x_i - u_j)(z_i - w_j)}{r_{ij}^5}\right) \\ b_{y_{ij}} = \frac{1}{4\pi}\left(\frac{3(y_i - v_j)^2}{r_{ij}^5} - \frac{1}{r_{ij}^3}\right), b_{z_{ij}} = \frac{3}{4\pi}\left(\frac{(y_i - v_j)(z_i - w_j)}{r_{ij}^5}\right), c_{z_{ij}} = \frac{1}{4\pi}\left(\frac{3(z_i - w_j)^2}{r_{ij}^5} - \frac{1}{r_{ij}^3}\right) \\ b_{x_{ij}} = a_{y_{ij}}, c_{x_{ij}} = a_{z_{ij}}, c_{y_{ij}} = b_{z_{ij}}, r_{ij} = \sqrt{(x_i - u_j)^2 + (y_i - v_j)^2 + (z_i - w_j)^2} \end{cases} \tag{4-40}$$

式中：（u_j，v_j，w_j）为第 j 个磁偶极子在笛卡儿坐标系中的位置。

根据空间磁场的测量数据，即空间测量点 P_i（x_i，y_i，z_i）处的磁场强度值 H_{xi}、H_{yi}和 H_{zi}代入式（4-39）和式（4-40），使用优化算法进行磁偶极子位置和磁矩解算，可以确定 n 个磁偶极子的参数信息，从而建立磁偶极子阵列模型。

4.4.3　旋转椭球体模型

装载航空磁性探潜设备的巡逻机位于潜艇的远场空间，潜艇在空间中的磁场分布可使用如图 4-11 所示的旋转椭球体模型近似等效。其中 $a = L/2$ 是椭球体长轴半径，L 为潜艇的几何尺寸长度，$b = B/2$ 为短轴半径，B 为潜艇宽度，半焦距 $K = \sqrt{a^2 - b^2}$。旋转椭球体模型能够反映潜艇目标的几何尺度信息，对于均匀的潜艇来说，使用旋转椭球体模型近似潜艇可以得到较高精度的潜艇高空磁场分布。旋转椭球体模型的空间磁场公式经过严密理论推导，常用于舰船磁场消磁、高空磁场预测等领域。

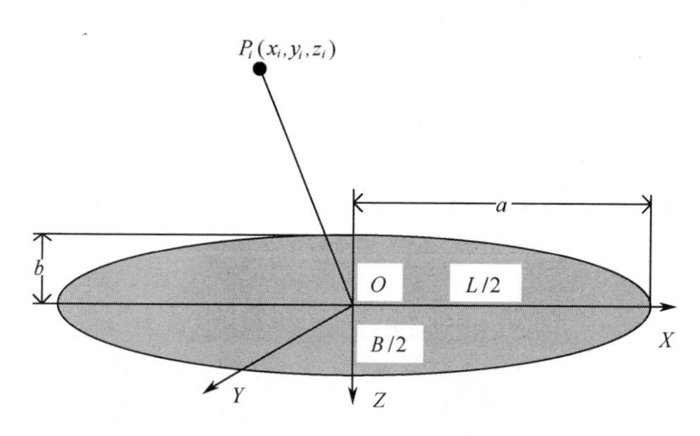

图 4-11　旋转椭球模型

潜艇在空间点 $P_i(x_i, y_i, z_i)$ 处的磁场大小为

$$\begin{cases} H_{x_i} = a_{x_i}M_u + a_{y_i}M_v + a_{z_i}M_w \\ H_{y_i} = b_{x_i}M_u + b_{y_i}M_v + b_{z_i}M_w \\ H_{z_i} = c_{x_i}M_u + c_{y_i}M_v + c_{z_i}M_w \end{cases} \tag{4-41}$$

式中：M_u、M_v 和 M_w 为单个旋转椭球体模型在笛卡儿坐标系 3 个坐标分量方向的三分量磁矩，M_u、M_v 和 M_w 对应 X、Y 和 Z 轴磁矩，其中

$$\begin{cases} a_{x_i} = -\dfrac{3}{4\pi}\left(\dfrac{1}{2K^3}\ln\dfrac{a_n + K}{a_n - K} - \dfrac{a_n}{K^2 t_i}\right), a_{y_i} = \dfrac{3}{4\pi}\dfrac{x_i y_i}{a_n b_n^2 t_i} \\ a_{z_i} = \dfrac{3}{4\pi}\dfrac{x_i z_i}{a_n b_n^2 t_i}, b_{y_i} = -\dfrac{3}{8\pi}\left(\dfrac{a_n}{b_n^2 K^2} - \dfrac{1}{2K^3}\ln\dfrac{a_n + K}{a_n - K} - \dfrac{2a_n y_i^2}{b_n^4 t_i}\right) \\ b_{z_i} = \dfrac{3}{4\pi}\dfrac{a_n y_i z_i}{b_n^4 t_i}, c_{z_i} = -\dfrac{3}{8\pi}\left(\dfrac{a_n}{b_n^2 K^2} - \dfrac{1}{2K^3}\ln\dfrac{a_n + K}{a_n - K} - \dfrac{2a_n z_i^2}{b_n^4 t_i}\right) \\ b_{x_i} = a_{y_i}, c_{x_i} = a_{z_i}, c_{y_i} = b_{z_i}, t_i = \sqrt{(x_i^2 + y_i^2 + z_i^2 + K^2)^2 + 4K^2 x_i^2} \\ a_n = \sqrt{\dfrac{1}{2}(x_i^2 + y_i^2 + z_i^2 + K^2 + t_i)^2}, b_n = \sqrt{\dfrac{1}{2}(x_i^2 + y_i^2 + z_i^2 - K^2 + t_i)^2} \end{cases} \tag{4-42}$$

在计算过程中，使用国际单位制，磁矩的单位为 $A\cdot m^2$，为得到潜艇磁场在空间中的磁感应强度分布，可以对磁场强度进行换算。

铁磁性潜艇在空间中的磁感应强度为

$$\boldsymbol{B}=\mu_0\boldsymbol{H} \tag{4-43}$$

式中 $\mu_0=4\pi\times10^{-7}$ H/m 为真空磁导率。

4.4.4 旋转椭球体与磁偶极子阵列混合模型

由于单个磁偶极子模型对潜艇目标高空磁场的有限拟合程度导致了缺乏更加精确的目标特征，并且不能够充分反映目标磁异常信号的全部信息。针对航空磁探潜需求，为提高潜艇高空磁场拟合精度和求解速度，常使用图 4-12 所示的旋转椭球体与磁偶极子阵列混合模型对潜艇磁场进行建模[150]。

图 4-12 旋转椭球体与磁偶极子阵列混合模型

潜艇在空间场点 $P_i(x_i,y_i,z_i)$ 处的磁场分量为 H_{xi}、H_{yi} 和 H_{zi}，可以得到

$$\begin{cases} H_{x_i}=\sum\limits_{j=0}^{n}(a_{x_{ij}}M_{x_j}+a_{y_{ij}}M_{y_j}+a_{z_{ij}}M_{z_j}) \\ H_{y_i}=\sum\limits_{j=0}^{n}(b_{x_{ij}}M_{x_j}+b_{y_{ij}}M_{y_j}+b_{z_{ij}}M_{z_j}) \\ H_{z_i}=\sum\limits_{j=0}^{n}(c_{x_{ij}}M_{x_j}+c_{y_{ij}}M_{y_j}+c_{z_{ij}}M_{z_j}) \end{cases} \tag{4-44}$$

当 $j=0$ 时，参数 a_{xi0}、a_{yi0}、a_{zi0}、b_{xi0}、b_{yi0}、b_{zi0}、c_{xi0}、c_{yi0} 和 c_{zi0}，由式（4-42）确定，此时，M_{x0}、M_{y0} 和 M_{z0} 表示椭球体的三分量磁矩；当 $j=1,2,\cdots,n$ 时，a_{xij}、a_{yij}、a_{zij}、b_{xij}、b_{yij}、b_{zij}、c_{xij}、c_{yij} 和 c_{zij}，由式（4-40）确定，此时，M_{xj}、M_{yj} 和 M_{zj} 表示第 j 个磁偶极子的三分量磁矩。式（4-44）的通用矩阵表示式为

$$\boldsymbol{H}=\boldsymbol{FM} \tag{4-45}$$

其中

$$
\boldsymbol{F} = \begin{bmatrix}
a_{x_{01}} & a_{y_{01}} & a_{z_{01}} & a_{x_{11}} & a_{y_{11}} & a_{z_{11}} & \cdots & a_{x_{n1}} & a_{y_{n1}} & a_{z_{n1}} \\
b_{x_{01}} & b_{y_{01}} & b_{z_{01}} & b_{x_{11}} & b_{y_{11}} & b_{z_{11}} & \cdots & b_{x_{n1}} & b_{y_{n1}} & b_{z_{n1}} \\
c_{x_{01}} & c_{y_{01}} & c_{z_{01}} & c_{x_{11}} & c_{y_{11}} & c_{z_{11}} & \cdots & c_{x_{n1}} & c_{y_{n1}} & c_{z_{n1}} \\
a_{x_{02}} & a_{y_{02}} & a_{z_{02}} & a_{x_{12}} & a_{y_{12}} & a_{z_{12}} & \cdots & a_{x_{n2}} & a_{y_{n2}} & a_{z_{n2}} \\
b_{x_{02}} & b_{y_{02}} & b_{z_{02}} & b_{x_{12}} & b_{y_{12}} & b_{z_{12}} & \cdots & b_{x_{n2}} & b_{y_{n2}} & b_{z_{n2}} \\
c_{x_{02}} & c_{y_{02}} & c_{z_{02}} & c_{x_{12}} & c_{y_{12}} & c_{z_{12}} & \cdots & c_{x_{n2}} & c_{y_{n2}} & c_{z_{n2}} \\
\vdots & \vdots & \vdots & \vdots & \vdots & \vdots & & \vdots & \vdots & \vdots \\
a_{x_{0m}} & a_{y_{0m}} & a_{z_{0m}} & a_{x_{1m}} & a_{y_{1m}} & a_{z_{1m}} & \cdots & a_{x_{nm}} & a_{y_{nm}} & a_{z_{nm}} \\
b_{x_{0m}} & b_{y_{0m}} & b_{z_{0m}} & b_{x_{1m}} & b_{y_{1m}} & b_{z_{1m}} & \cdots & b_{x_{nm}} & b_{y_{nm}} & b_{z_{nm}} \\
c_{x_{0m}} & c_{y_{0m}} & c_{z_{0m}} & c_{x_{1m}} & c_{y_{1m}} & c_{z_{1m}} & \cdots & c_{x_{nm}} & c_{y_{nm}} & c_{z_{nm}}
\end{bmatrix}
$$

$$
\boldsymbol{M} = [M_{x_0} \quad M_{y_0} \quad M_{z_0} \quad M_{x_1} \quad M_{y_1} \quad M_{z_1} \quad \cdots \quad M_{z_n} \quad M_{z_n} \quad M_{z_n}]^{\mathrm{T}}
$$

$$
\boldsymbol{H} = [H_{x_1} \quad H_{y_1} \quad H_{z_1} \quad H_{x_2} \quad \cdots \quad H_{x_m} \quad H_{y_m} \quad H_{z_m}]^{\mathrm{T}}
$$

在实际计算过程中，通常代入观测平面的实际测量磁场强度值数据 H_{xi}、H_{yi}和 H_{zi}与坐标信息 $P_i(x_i, y_i, z_i)$等。基于磁体模拟思想的磁场建模方法能够在高空远场中拟合潜艇磁场，通过逐步回归法[152]、遗传算法[153]、微粒群（PSO）算法[154]等方法对式（4-45）进行优化求解，得到潜艇磁源参数，再通过正演延拓便可得到高空磁场分布。

4.4.5　基于遗传算法求解磁源参数

基于单个旋转椭球体模型近似的潜艇磁场空间分布拟合精度不高，通过旋转椭球体与磁偶极子阵列混合模型拟合潜艇磁场，既能表达潜艇目标的几何尺度信息，又能通过多个磁偶极子补充潜艇不均匀形体处的磁场强度，得到高精度的潜艇磁场预测模型。通过一定数量的磁偶极子形成的矢量场叠加，拟合高空磁场分布，当磁偶极子个数足够多时，预测磁场值将趋近于真实值。

确定了以旋转椭球体与磁偶极子阵列混合模型作为潜艇目标高空磁场预测模型之后，下面的关键问题就是通过适当的算法求解出目标的磁源参数，即磁偶极子的位置以及磁矩分量大小等。这些算法按照某种搜索策略在初始解的某个邻域内进行最优搜索，除非能够保证代价函数在搜索域内为凸函数。否则，往往只能得到代价函数的局部最优解，这些局部最优解往往会导致定位的不准确，甚至与最优解或真实解相距甚远。

潜艇目标高空磁场预测模型的磁源参数为

$$X = \begin{bmatrix} X_0 \\ X_1 \\ \vdots \\ X_j \\ \vdots \\ X_n \end{bmatrix} = \begin{bmatrix} M_{x_0} & M_{y_0} & M_{z_0} & u_0 & v_0 & w_0 \\ M_{x_1} & M_{y_1} & M_{z_1} & u_1 & v_1 & w_1 \\ \vdots & \vdots & \vdots & \vdots & \vdots & \vdots \\ M_{x_j} & M_{y_j} & M_{z_j} & u_j & v_j & w_j \\ \vdots & \vdots & \vdots & \vdots & \vdots & \vdots \\ M_{x_n} & M_{y_n} & M_{z_n} & u_n & v_n & w_n \end{bmatrix} \tag{4-46}$$

式中：(u_0, v_0, w_0)为旋转椭球体的坐标位置。通常，以旋转椭球体的空间几何中心作为预测坐标系的空间坐标原点，即$(u_0, v_0, w_0) = (0,0,0)$。

需要确定的磁源参数有旋转椭球体的磁矩、磁偶极子分布参数，即个数、位置以及磁偶极子磁矩。凭借人为经验设定磁偶极子分布参数的做法影响了磁偶极子模型的通用性以及稳定性。遗传算法提供了一个有效的方式去解决类似最短路径最优化问题。在本节工作中我们使用遗传算法作为一个搜索方法找到磁源参数以满足目标函数达到全局最优，同样地，目标函数也称为适应度函数。遗传算法模仿生物进化原则使用 3 个主要的操作：选择，交叉和变异。实现演化准则包含一个染色体集合，这个集合称为种群。第一步建立一个含 $n+1$ 条染色体的种群，这个染色体群体具有期望解的遗传性，在基于旋转椭球体与磁偶极子阵列混合模型的潜艇磁场预测模型磁源参数的染色体具有式（4-46）的形式。首先，种群的每个染色体设置一个随机值，通过将染色体提交给适应度函数计算每个染色体的适应度值，染色体可以按最适合的染色体到最不适合的染色体进行排列；然后，应用选择操作，只从染色体列表中选择一定适应度的染色体，有多种方法完成选择，在这里不进行描述。完成选择之后，利用交叉操作完成物种进化。只有一定适应度的染色体允许使用下面的数学操作进行进化，即

$$X_{j\text{new}} = \lambda X_{jp} + (\lambda - 1) X_{jq} \tag{4-47}$$

式中：染色体 X_{jp} 和 X_{jq} 是从特定适应度染色体中随机选择的；λ 是交叉参数（通常选择为 0.5）；$X_{j\text{new}}$是新产生的种群中的第 j 条染色体。这个过程重复不断直到一个新生染色体种群完成。

适应度函数在磁源参数搜索的过程中起着至关重要的作用，一般情况下，以磁场测量信号值和模型推算信号值的相对误差作为 GA 适应度函数，定义为

$$\text{ModelErro} = \frac{\sum_{i=1}^{m}\left((H_{mx_i} - H_{px_i})^2 + (H_{my_i} - H_{py_i})^2 + (H_{mz_i} - H_{pz_i})^2\right)}{\sum_{i=1}^{m}(H_{mx_i}^2 + H_{my_i}^2 + H_{mz_i}^2)} \tag{4-48}$$

式中：H_{mxi}、H_{myi}和 H_{mzi}为观测平面上的潜艇磁场测量值；H_{pxi}、H_{pyi}和 H_{pzi}为潜艇目标高空磁场预测模型根据磁源参数 $\boldsymbol{X}$ 产生的预测值。该适应度函数的含义是：通过遗传算法不断搜索全局最优磁源参数，使得潜艇高空磁场测量值与预测值之间的误差平方和达到最小，即趋近于 0。

4.4.6　实验验证

在实验中，使用如图 4-5 所示的铁磁性旋转椭球体加长方体代替潜艇作为水下目标验证基于磁体模拟法的潜艇磁场预测模型精度。磁偶极子的个数 n 取为 30，遗传算法中的种群数取为 10，遗传代数的最大限制为 2000，交叉参数为 0.5。测量实验中，在铁磁性旋转椭球体加长方体潜艇模型中心上方 10m 的高度面上沿 X 轴方向每 0.5m 取 1 个考核点，共计 101 个考核点，则 $x_i \in [-25, 25]$m，$y_i=0$，$z_i=-10$m（$i=1, 2, \cdots, 101$）在考核点处使用光泵磁力仪进行测量。根据基于遗传算法的最优化方法解算得到磁源参数，建立基于磁体模拟法的潜艇高空磁场预测模型（MSM），计算空间场点的磁场三分量预测值，将三分量预测值投影到地磁场方向，换算为总场值与光泵测量值进行比较。为了与基于边界元法的潜艇高空磁场预测模型（BIM）和基于积分方程法的潜艇高空磁场预测模型（IEM）进行精度比较，将测量值和 3 种预测模型产生的预测值共同绘于图中，如图 4-13 所示。

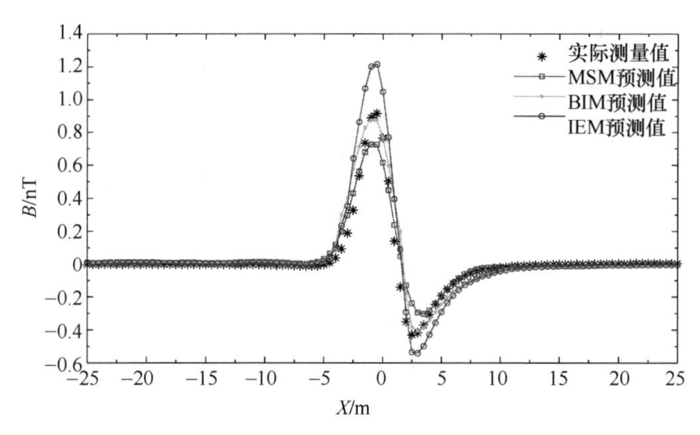

图 4-13　测量值与预测值的对比

由图 4-13 可以看出，基于边界元法的潜艇高空磁场预测模型对目标磁场的预测更为精确。根据误差公式（4-13），得到如表 4-1 所列的误差对比数据。

综合对比 3 种建模方法可以发现，在同样的条件下，基于边界元法的高空磁场预测模型误差最小。特别地，边界元法的预测值在信号波峰和波谷处的拟合优于积分方程法和磁体模拟法。边界元和积分方程法建立的模型两次实验中其误差波动范围较小，稳定性较磁体模拟法强。由于磁体模拟法采用遗传算法进行磁源参数解算，每次解算得到的磁源参数有差异，导致其稳定性下降。在后续的潜艇高空磁异常特征分析中，将采用边界元法对潜艇高空磁场进行建模，得到潜艇高空磁场分布，从而对高空磁异常在时域、频域、小波域等进行信号特征分析。

表 4-1　模型误差对比

误差	边界元法	积分方程法	磁体模拟法
平均绝对误差 AT/nT	0.0384	0.0857	0.0618
平均相对误差 AR/%	4.18	9.36	6.73

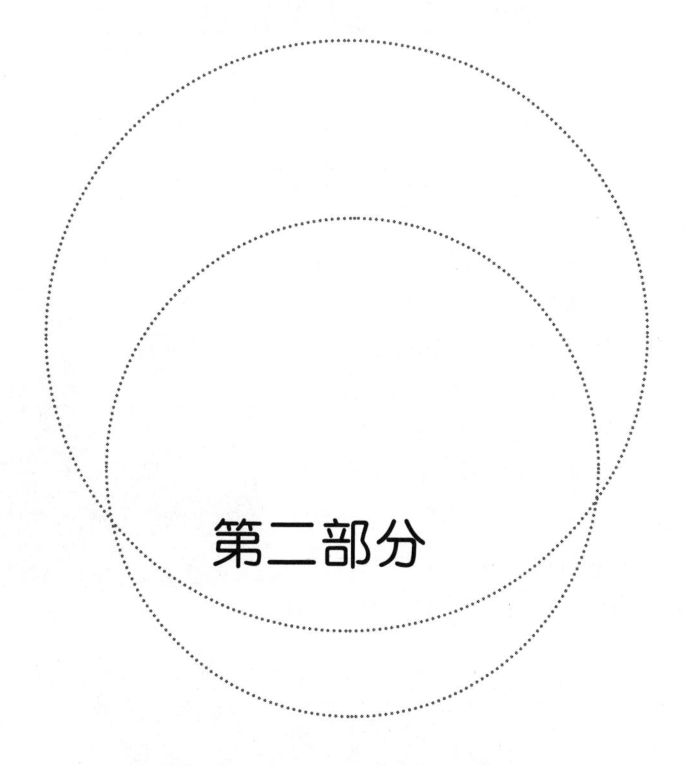

第二部分

航空磁探仪作战应用

第5章　航空磁探仪作战应用

5.1　概述

航空磁探仪按其探头的安装位置分为两种：一种是安装于固定翼反潜机尾部的固定式磁探仪，其探头安装于无磁性探杆内；另一种是安装于反潜直升机上的吊放式磁探仪（图5-1）。吊放式磁探仪的优点是不需要对本机的磁干扰进行补偿，但使用不方便。

直升机通过使用拖缆在空中拖着磁探仪飞行搜潜，如图5-2所示。

图5-1　反潜巡逻机上的固定式磁探仪

图5-2　直升机航空磁探示意图

具体过程是：机载磁探仪利用检测地磁的变化发现搜索海域中的磁体，即先由MAD获得地磁信息，检测器在自动校正因机体运动产生的误差后，与原先掌握的潜艇的磁变数据对照，通过操作员操作磁补偿器对局部地区环境变化进行磁补偿，得到正确的磁变数据，实现对指定海域磁信息的快速搜索。以

P-3C反潜巡逻机机载磁探仪为例，当P-3C飞抵搜索海域后，通过下降飞行高度、降低飞行速度等措施，使磁探仪工作于最佳探测状态。在100m高空飞行时，其机载磁探测仪的有效探测宽度为800~900m；在飞行过程中，P-3C利用其机载磁探仪实时对飞行路径下的海洋地磁场进行探测和处理，获得该海域的磁场变化信息，将此信息与已知该海域的磁场分布信息（美军已对主要海域的地磁变化特征、参数进行过测量，并制成了相应的数据库）进行比较。如果发现某海域局部范围地磁场发生变化，则表示该区域存在潜艇的可能性较大，需对其进行进一步探测；如果无明显的变化，则认为该海域存在潜艇的可能性较小。机载磁探仪系统还能自动校正由于飞机运动而引起的测量误差，并对测量数据进行实时处理、分析，将结果送计算机系统进行判断、决策，并根据测量结果对飞机的航线做出预测，辅助机组人员做出决策。

5.2　航空探潜中磁异常探测原理

磁异常探测器是航空探潜设备中最为有效和成熟的一种非声探测设备。由于潜艇是一巨大的铁磁物质，它的存在将局部改变地球正常磁场的分布，称磁异常。使用高精度的磁探仪，连续自动测量地球磁场及其微小变化，当装有磁探仪的飞行器经过潜艇附近时，由潜艇引起局部地磁场变化（磁异常）将被检测，从而达到对潜艇的探测与定位的目的，如图5-3和图5-4所示。

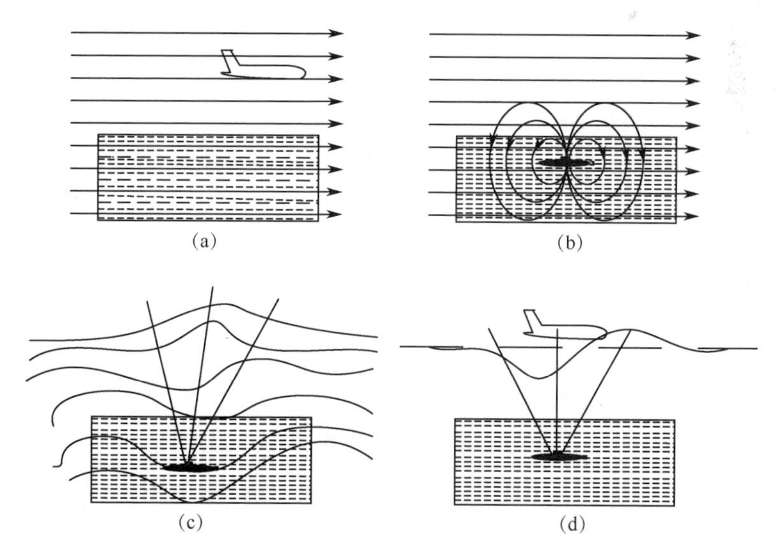

图5-3　磁力仪检测磁异常示意图

（a）均匀地磁场；（b）目标磁场；（c）地磁场扰动；（d）磁探仪接收信号。

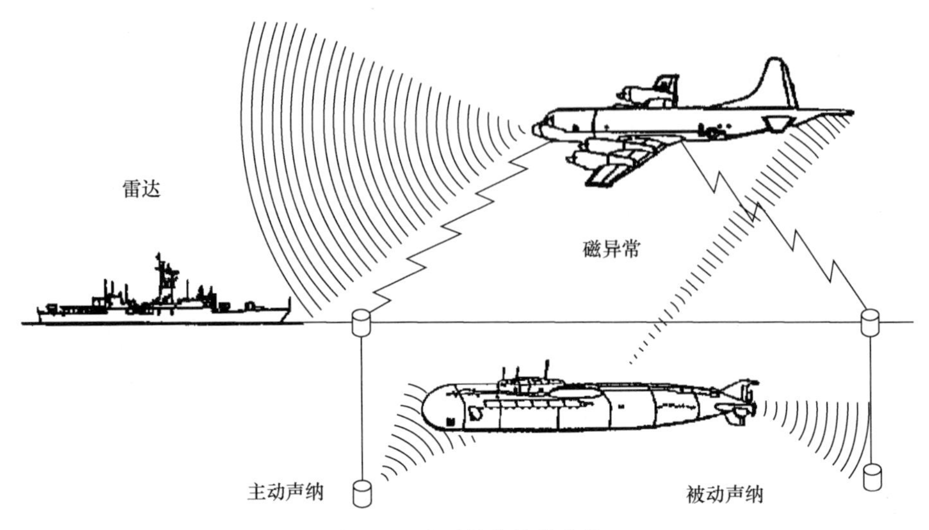

图 5-4　典型航空搜潜手段

磁探仪探潜的独特之处是不受空气、海水、泥沙等介质影响。因浅海背景噪声越来越大，而潜艇噪声越来越低，水声探潜设备面临巨大挑战，从而使航空磁探仪探潜受到各国的日益重视。

由物理场特性决定，磁探仪作用距离有限，西方海军一般只使用磁探仪作为鉴别器材，在其他探潜系统发现潜艇并测得潜艇概略位置后（一般均方误差不超过 1km），使用磁探仪进一步探测潜艇，从而准确地测得潜艇位置和运动要素。

5.2.1　磁探仪系统基本组成及工作原理

磁探仪系统的组成如图 5-5 所示。

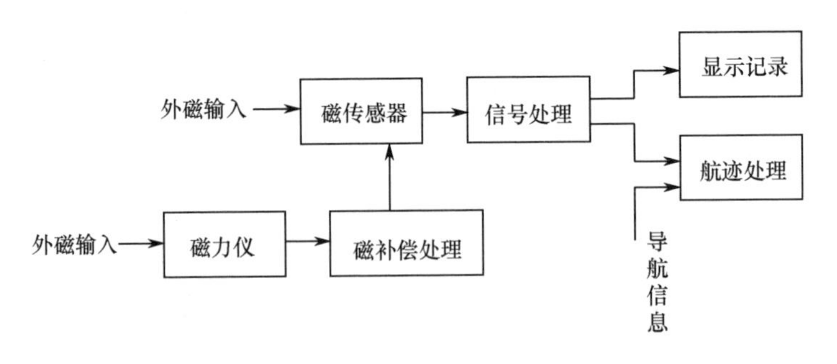

图 5-5　磁探仪系统组成

（1）磁传感器。感知外磁场强度的组件，一般与磁补偿实现环节共同构成“探头”。

（2）磁补偿处理。计算飞机磁干扰，输出补偿信号。

（3）信号处理。噪声抑制、目标判别、误差信号处理等。

（4）显示记录。显示、记录磁场信号。

（5）航迹处理。与导航信号共同确定目标位置、航向、航速等目标要素。

去掉磁补偿处理、航迹处理，甚至信号处理环节，就是普通的“磁力计”。

先进的磁异常探测器根据不同运载体，安装方式不同。对于固定翼飞机通常采用固定式安装，在飞机尾部加装无磁性探杆，用于安装磁探头。对于旋翼飞机，通常采用拖曳式，这时需增加绞车及拖体（用于安装磁探头）。

5.2.2　航空磁探仪探潜原理模型

当反潜飞机在预定海域低空搜索飞行时，磁探仪的探头则在地磁场中运动，当遇到水下的潜艇时可由磁探仪测出由此产生的地磁场变化，并将信号传送到记录显示装置，飞行人员根据噪声的曲线或者显示信号的变化得知有无潜艇。

在研究潜艇磁场过程中，当测量点距目标距离与目标尺寸之比大于一定值时，地磁场对潜艇引起的磁场可等效为磁偶极子磁场。如图 5-6 所示，图中位于 S 点的磁矩为 $\boldsymbol{M}$ 的磁偶极子会在矢量 $\boldsymbol{r}$ 处的 P 点产生磁场 $\boldsymbol{H}_s$。

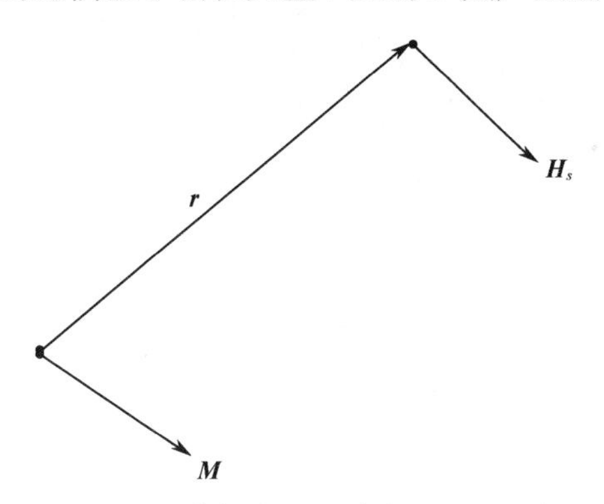

图 5-6　潜艇磁矩 $\boldsymbol{M}$ 产生的磁场 $\boldsymbol{H}_r$

由电磁学原理可知，这个磁场可表示为

$$\boldsymbol{H}_s = -\frac{1}{4\pi r^3}\left[\boldsymbol{M} - \frac{3(\boldsymbol{M}\cdot\boldsymbol{r})\boldsymbol{r}}{r^2}\right] \tag{5-1}$$

式中：$\boldsymbol{M}$ 为潜艇磁矩，单位为 $A \cdot m^2$；$\boldsymbol{r}$ 为测量点至潜艇的距离矢量，单位为 m；$\boldsymbol{H}_s$ 为潜艇在测量点产生的磁场强度，单位为 A/m。

用光泵式或核磁旋进式磁强计测到的是总磁场，它包括没有目标时的地磁场和目标产生的偶极场之和。总磁场可表示为

$$\boldsymbol{H}_t = \boldsymbol{H}_e + \boldsymbol{H}_s \tag{5-2}$$

式中：$\boldsymbol{H}_t$ 为所测到的总磁场，$\boldsymbol{H}_e$ 为测量点的地磁场，如图 5-7 所示。

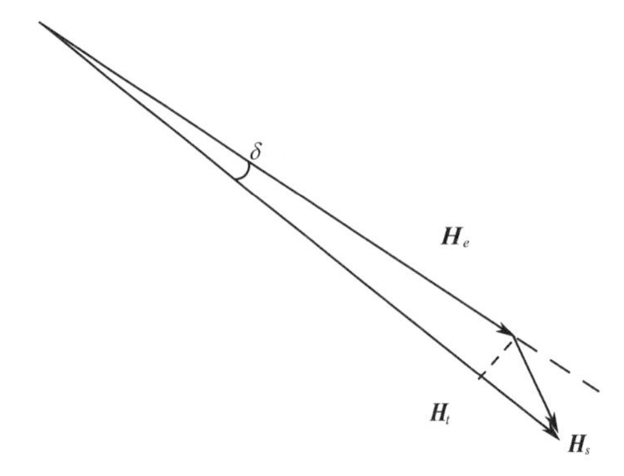

图 5-7　$\boldsymbol{H}_t$ 与 $\boldsymbol{H}_e$ 及 $\boldsymbol{H}_s$ 的关系

由已有的实验测试可知，潜艇产生于飞机磁探仪处的磁场 $\boldsymbol{H}_s$ 为 1 ~ 2nT，地球磁场 $\boldsymbol{H}_e$ 则达 40 ~50μT。由于潜艇的偶极场很小，所以总场方向很接近地磁场，即 δ 角很小，而磁探仪测量的是总磁场 $\boldsymbol{H}_t$ 并经滤波除去其中的恒定分量 $\boldsymbol{H}_e$，所以磁探仪测得的磁异常信号实际上是潜艇磁场在地磁场方向上的投影值，即

$$H = \boldsymbol{H}_s \cdot \boldsymbol{i}_e \tag{5-3}$$

式中：$\boldsymbol{i}_e$ 为地磁场方向的单位矢量。

由式（5-3）可见，磁探仪测得的磁异常信号实际上是潜艇磁场在地磁场方向上的投影值。将式（5-1）代入式（5-3）可得

$$H = \boldsymbol{H}_s \cdot \boldsymbol{i}_e = -\frac{1}{4\pi r^3}\left[\boldsymbol{M} - \frac{3(\boldsymbol{M} \cdot \boldsymbol{r})\boldsymbol{r}}{r^2}\right] \cdot \boldsymbol{i}_e \tag{5-4}$$

由于磁探仪测量的物理量是磁感应强度 B_a，由磁场强度和磁感应强度的关系可知，磁探仪探测到的潜艇产生的磁异常信号为

$$B_a = \mu_0 H = -\frac{\mu_0}{4\pi r^3}\left[\boldsymbol{M} - \frac{3(\boldsymbol{M} \cdot \boldsymbol{r})\boldsymbol{r}}{r^2}\right] \cdot \boldsymbol{i}_e \tag{5-5}$$

式中：$\mu_0 = 4\pi \times 10^{-7}$H/m；磁感应强度 B_a 的单位为 T。

也可以通过下面的方法直接求出潜艇磁异常值 $\boldsymbol{B}_a$。

反潜机在执行磁异探潜的过程中，通过使用拖缆在空中拖着磁探仪飞行实施，为避免因磁探仪转动等造成所测得磁场的变化，通常使用测磁场标量的方法解决。

磁探仪在空中所测得的磁场既包括潜艇磁场又包括地磁场，是二者叠加的合成磁场。潜艇磁场 $\boldsymbol{B}_s$、地磁场 $\boldsymbol{B}_e$ 和合成磁场 $\boldsymbol{B}_t$ 的关系如图 5-8 所示，其中 θ 为地磁场与潜艇磁场的夹角。

根据余弦公式可得合成磁场 $\boldsymbol{B}_t$ 的标量值为

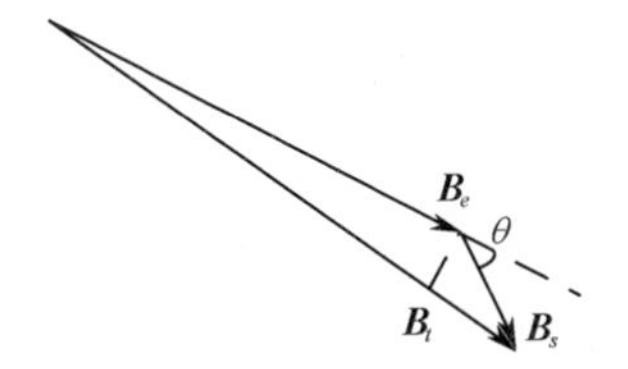

图 5-8　潜艇磁场、地磁场和合成磁场的关系

$$B_t = [B_e^2 + B_s^2 - 2B_eB_s\cos(\pi - \theta)]1/2 = B_e\left[1 + \frac{2B_s\cos\theta}{B_e} + \left(\frac{B_s}{B_e}\right)^2\right]1/2 \tag{5-6}$$

由于潜艇在航空磁探仪的高度所产生磁感应强度的标量值 B_s 往往只有几纳特（nT），而地磁场所产生磁感应强度的标量值 B_e 正常情况下达到数万纳特，$B_s \ll B_e$，因此 $\left(\frac{B_s}{B_e}\right)^2$ 在式（5-6）中为高阶小量，那么，可以使用 $\left(\frac{B_s\cos\theta}{B_e}\right)^2$ 近似代替 $\left(\frac{B_s}{B_e}\right)^2$，则

$$B_t \approx B_e + B_s\cos\theta \tag{5-7}$$

于是，航空磁探仪所测得的磁异常值 B_a 为

$$B_a = B_t - B_e = B_s\cos\theta \tag{5-8}$$

或表示为

$$\boldsymbol{B}_a = B_s \cdot \boldsymbol{i}_e \tag{5-9}$$

式中：$\boldsymbol{i}_e$ 为地磁场方向的单位矢量。

假设磁倾角为 γ，按照磁倾角的定义和所建立起来的潜艇磁场坐标系，地磁场的单位矢量为

$$\boldsymbol{i}_e = \boldsymbol{i}_x\cos\gamma - \boldsymbol{i}_z\sin\gamma \tag{5-10}$$

将式（5-5）和式（5-10）代入式（5-9）可以得到潜艇磁异常值为

$$B_a = B_x\cos\gamma - B_z\sin\gamma \tag{5-11}$$

5.2.3　飞机背景磁补偿

航空磁探仪在使用中的主要噪声来源是飞机背景磁干扰。

磁探仪的载机平台的发动机、结构件、机载电子设备等本身存在一定的磁。飞机飞行过程中，随着飞机的抖动，飞机的金属材料切割地磁场运动也会产生感生电流和磁场，都会被磁探仪的磁传感器记录到。为了探测微弱的目标磁异常，需要对飞机平台抖动的磁背景信号进行补偿，以提高磁探仪的探测信噪比，增大作用距离。磁补偿能力是磁探仪的一项重要指标。

飞机的背景磁场包括剩磁、感应磁场和涡流磁场 3 个部分，如图 5-9 所示。飞机剩磁是飞机在地磁场中长期剩余磁化而累积形成的，短时间内不随时间变化变化，与飞机的航向、航行地点无关，可以看成是固定的干扰。飞机感应磁场是由飞机结构材料、飞机内部的电子控制装置、发动机以及吊挂鱼雷装备在地磁场中运动，受到地球磁场的磁化而产生的。涡流磁场是飞机的金属材料在地磁场中运动，切割磁力线产生电流的感生磁场。磁探仪通过安装在机上的三轴磁通门探头，实时采集飞机与地磁场的三分量角度，计算后可对总磁场中的飞机背景磁场部分进行补偿，提高被测目标磁异常的信噪比。

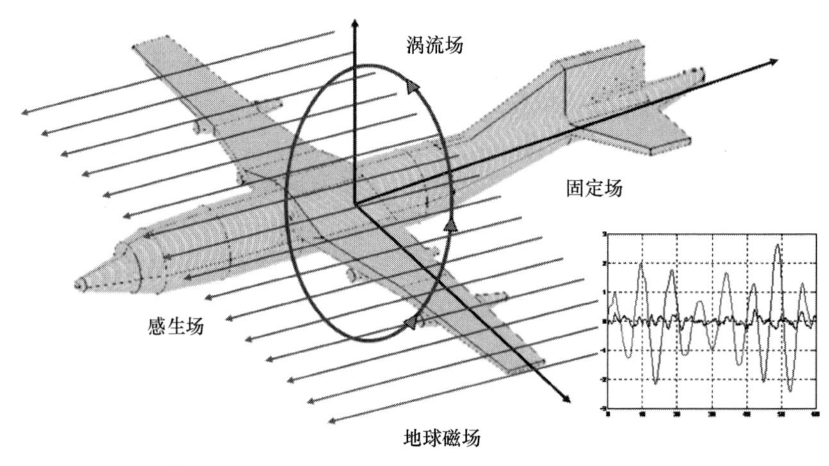

图 5-9　飞机的背景磁场

5.2.4　潜艇对抗航空磁探仪要素分析

1. 潜艇对抗深度

航空反潜时，航空磁探仪和潜艇的距离一般都在数百米之遥甚至更远，根据相关文献的研究结论，在这种情况下，潜艇磁场是可以等效为偶极子磁场。

深度要素 H 是潜艇对抗磁性武器仿真评估的重要参数之一，这里的深度是指磁探仪和潜艇之间的最近距离（CPA），即潜艇航行时下潜深度与飞机搜潜时磁探仪距海平面的高度之和。

根据磁偶极子模型，磁异常信号与磁探仪和潜艇之间的距离 r 的 3 次方成反比。因此，随着 H 的增大，磁探仪接收到磁异常信号在减小，磁探仪探测宽度也在下降。

2. 磁探仪检测阈值

磁探仪的检测阈是磁探仪最重要的技术指标，它是根据战术指标中给定的置信级，结合磁探仪采用具体的信号处理方法得出的对磁探仪输入信噪比的要求。检测阈越低，在同样的噪声背景下对信号强度的要求也就越低，也就是说，在这种情况下，探测目标的距离越远，相应的磁探仪搜索海域的宽度也就越大，因此，它对磁探仪搜索海域的宽度产生了直接影响。

检测阈定义为对于给定的置信级下，磁探仪系统完成目标的检测工作在磁探仪的输入端所要求的接收带宽内信号功率与噪声功率之比。

由于噪声总是存在的，客观上要判断在磁探仪的输出端有无目标信号，就要进行适当的判断，判断的可信程度称为置信级。置信级的定量表示是虚警概率 PFA 和检测概率 PD，如果一个系统的检测概率和虚警概率满足给定的要求，则认为判断可信。

检测指数 d 定义为在一定的置信级下，要求系统输出端的最小信噪比。不同的磁探仪，可能其输出端的信噪比是相同的，但由于所采用的信号处理方法不同，所对应的输入端的信噪比却可能大不相同。为了比较磁异探测系统的性能，需要一个能反映磁探仪检测、判决信号性能的指标，这个指标就是检测阈 DT。

检测阈对应磁探仪输入端的最小信噪比。如果给定的置信级相同，因而，需要的输出端信噪比相同时，若采用的信号处理方法不同，那么，磁探仪能够进行正常检测时所要求的检测阈也是不同的。检测阈 DT 值越低，则说明设备的处理能力越强。

因此，检测阈既与系统的处理增益有关，又与置信级直接相关。

3. 潜艇对抗航向

在良好消磁的情况下，潜艇磁场被感应磁场所主导，当潜艇处于磁南和磁北航向时，磁探仪所测得磁异常信号的强度都要远大于潜艇处于磁西和磁东航向。当潜艇处于其他航向时，磁探仪所测磁异信号的强度处于二者之间。同样反潜巡逻机或反潜直升机航向的改变对磁探仪所测磁异信号的强度有一定影响，而对某一指标下探测宽度的影响并不特别显著。

4. 潜艇对抗速度

航空反潜相对于其他反潜搜索来说，最大的优势在于搜索速度快，一旦跟踪上潜艇，潜艇很难逃脱。因此，潜艇对抗反潜机搜索，应尽可能在反潜机进行战术搜索时，脱离潜艇被发现的初始位置点。潜艇的速度对抗速度是应对反潜机搜索的一个重要参数。

5.3　航空磁探仪搜潜数学模型

为了分析影响航空磁探仪搜潜概率的因素，首先要了解磁探仪搜潜的数学模型。直接建立航空磁探潜的数学模型比较困难，可以首先建立以潜艇为坐标原点的（x，y，z）坐标系。

1.（x，y，z）坐标系下磁场表达式

如图 5-10 所示。其中 xoy 平面是水平面，$\boldsymbol{i}_E$ 为实际地磁场方向的单位矢量，它的特点是指向水平面下，其在水平面上的投影（称为磁北）与地球北极存在一定角度的偏差，这个角度称为磁偏角。$\boldsymbol{i}_E$ 与它在水平面上的投影之间的角度 θ 称为磁倾角。为了分析方便，我们以磁北为 x 轴的正方向，与水平面垂直的方向为 z 轴，向上为正，以与 xoz 平面垂直的方向为 y 轴，以右手螺旋法则指向的方向为正。潜艇的航向（艇首与磁北的夹角）为 ϕ，以逆时针方向为正（从飞机上向下看），潜艇的纵轴方向的磁矩为 M_l，指向艇首为正，潜艇横轴方向的磁矩为 M_t，指向艇右为正，潜艇竖直方向的磁矩为 M_v，向上为正。

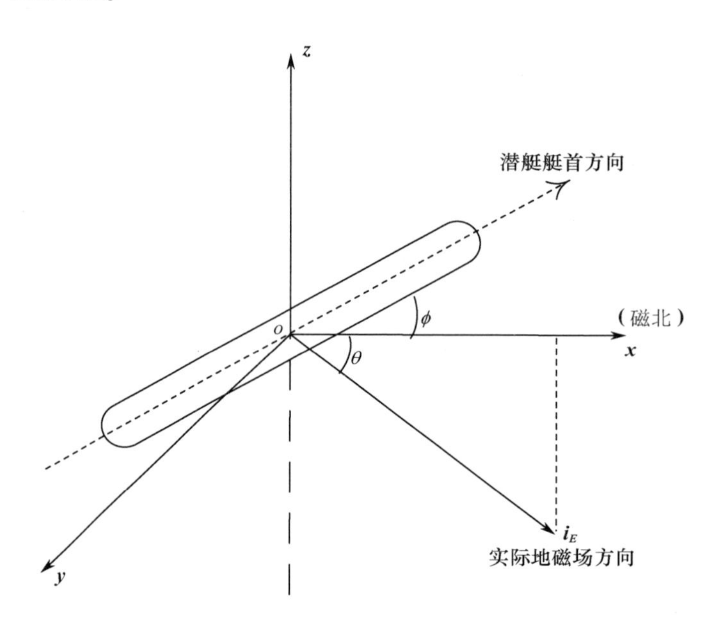

图 5-10 （x、y、z）坐标系

由图 5-10 所示坐标系可建立如下方程，即

$$\begin{cases}\boldsymbol{i}_E = \cos\theta \cdot \boldsymbol{i}_x - \sin\theta \cdot \boldsymbol{i}_z \\ \boldsymbol{r} = x \cdot \boldsymbol{i}_x + y\boldsymbol{i}_y + z\boldsymbol{i}_z \\ \boldsymbol{M} = M_x\boldsymbol{i}_x + M_y\boldsymbol{i}_y + M_z\boldsymbol{i}_z\end{cases} \tag{5-12}$$

其中

$$\begin{cases} M_x = M_l\cos\phi + M_t\sin\phi \\ M_y = -M_l\sin\phi + M_t\cos\phi \\ M_z = M_v \end{cases} \tag{5-13}$$

$\boldsymbol{r}$ 为测量点（x，y，z）到潜艇的距离矢量，即

$$\boldsymbol{r}^2 = x^2 + y^2 + z^2 \tag{5-14}$$

将式（5-12）、式（5-13）及式（5-14）代入式（5-11），可得

$$B = -\frac{\mu_0}{4\pi r^5}(A_1M_l + A_2M_t + A_3M_v) \tag{5-15}$$

其中

$$\begin{cases} A_1 = (r^2 - 3x^2)\cos\phi\cos\theta + 3xz\cos\phi\sin\theta \\ \qquad + 3xy\sin\phi\cos\theta - 3yz\sin\phi\sin\theta \\ A_2 = (r^2 - 3x^2)\sin\phi\cos\theta + 3xz\sin\phi\sin\theta \\ \qquad - 3xy\cos\phi\cos\theta + 3yz\cos\phi\sin\theta \\ A_3 = (3z^2 - r^2)\sin\theta - 3xz\cos\theta \end{cases} \tag{5-16}$$

式（5-15）和式（5-16）就是（x，y，z）坐标下的潜艇磁场表达式。

2.（$\boldsymbol{E}$，$\boldsymbol{D}$，$\boldsymbol{\beta}$）坐标系下的磁场表达式

图5-11表示探潜飞机正沿着直线 AF 飞行执行搜索任务，垂直于 AF 线，并通过潜艇所在点 S 的平面，称为垂直目标平面（Vertical Target Plane）。B 点是 AF 线与该平面的交点，该点是该段航线上飞机最接近潜艇之处，由 BS 决

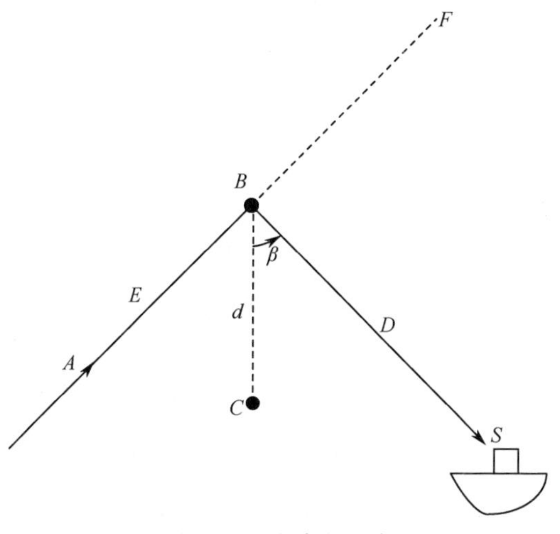

图5-11　搜潜坐标系

定的 D 可称为斜距，D 的值恒为正。由距离 AB 决定的 E 表示飞机至垂直目标平面的距离，E 的正方向为飞机飞行方向。由 B 点作垂直于潜艇所在水平面的直线 BC，由该直线转到 BS 线的角度 β 称为航偏角，以顺时针方向为正（从飞机上看时），C 点为 B 点在潜艇所在水平面的投影点，BC 之间的距离即磁探仪所在水平面与潜艇所在水平面的距离为 d。由 D 和 β 的值决定了 CS 的距离。$(E,\ D,\ \beta)$ 坐标系就是探潜坐标系。

若假设 α 为 AB 在 xoy 平面上的投影与 x 轴的夹角，由飞机的航向决定，以顺时针为正，则可得探潜坐标系 $(E,\ D,\ \beta)$ 与 $(x,\ y,\ z)$ 坐标系的转换关系为

$$\begin{cases} x = D\sin\beta\sin\alpha + E\cos\alpha \\ y = E\sin\alpha - D\sin\beta\cos\alpha \\ z = D\cos\beta \end{cases} \tag{5-17}$$

则

$$r^2 = x^2 + y^2 + z^2 = D^2 + E^2 \tag{5-18}$$

将式（5-17）和式（5-18）代入式（5-16）可得到 $(E,\ D,\ \beta)$ 坐标系下 A_1、A_2、A_3 的表达式，和（5-15）式一起构成了 $(E,\ D,\ \beta)$ 坐标系下的磁场表达式。

如果不考虑磁噪声的影响，通过这个数学模型可以得出在某种情况下航空磁探仪探测到的信号形式如图 5-12 所示。

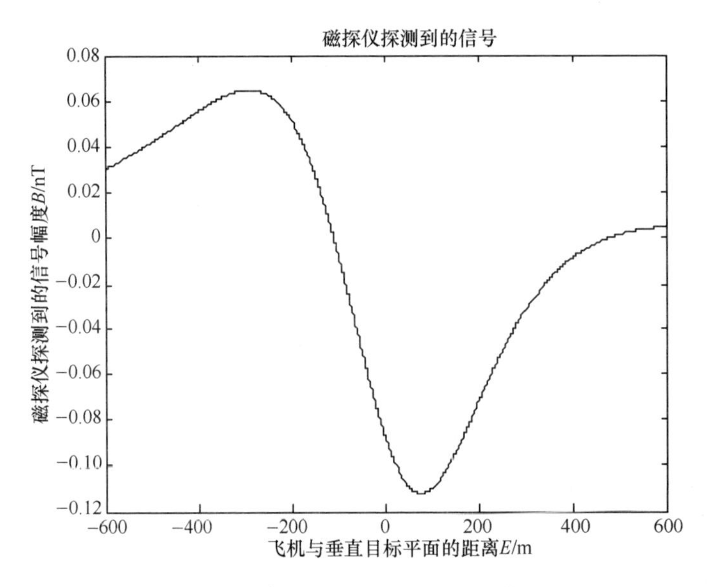

图 5-12　某种情况下航空磁探仪探测到的信号

5.4　磁探仪使用时机

机载磁探仪是通过感受潜艇扰动海区地磁的磁异常变化而发现潜艇的一种被动性探测设备，隐蔽性好，敌方潜艇很难发现空中反潜机；不受海洋噪声干扰，可靠性比较好，定位精度高，已成为各国海军重要的探潜设备。但是，由于目前反潜机上（无论是反潜巡逻机，还是反潜直升机）的磁探仪探测作用距离有限，有效搜索宽度相对较小，使用这种探潜设备探测潜艇时受到诸多因素的影响和条件的制约。因此，磁探仪使用时机主要根据反潜任务性质、敌潜艇威胁、海区自然地理及其水文气象条件等确定，通常在以下情况使用。

（1）当海区水文气象条件不允许使用声纳浮标等搜潜器材时使用，如海浪太大、海面浮冰太多等情况。

（2）对敌潜艇机动受限的有限海区实施搜索时使用，如敌潜艇必经的海峡、狭窄水道等。

（3）为基地、港口、舰船等驻泊地域实施基地反潜担负反潜警戒，在敌潜艇来向的垂直方向上建立警戒线或巡逻线实施搜索时使用。

（4）为航空母舰编队、驱护舰编队、护航运输队、登陆编队等海上重要目标实施护航反潜担负早期反潜预警，在编队护航反潜兵力外侧、敌潜艇威胁方向（或扇面）建立警戒线或拦截线实施搜索时使用。

（5）当雷达、红外/电视搜索仪、光学设备以及目视发现可疑目标后，需要迅速查明水下目标情况时使用。

（6）当水声设备发现目标信号后，需要进一步验证查明以及确认潜艇时使用。

（7）当敌潜艇采取水声对抗措施，我水声器材难以跟踪时使用。

5.5　磁异常探潜战术应用

不论是反潜巡逻飞机还是反潜直升机（统称反潜机），在使用磁探仪时，大都采用低空和超低空飞行探测，一般用于当其他探潜器材测得潜艇概略位置后，再用磁探仪验证和精确定位。当然，也可以使用磁探仪封锁海峡水道。例如，在第二次世界大战中，英、美反潜飞机曾使用磁探仪成功地封锁了直布罗陀海峡，并使德潜艇遭受严重损失。

反潜机使用磁探仪探测潜艇时，受水文气象的影响较大，在有雾、雨、雪、低云和海浪超过 5 级时，探测概率急剧下降。

5.5.1 磁探仪搜潜方法

航空反潜战斗的样式有不同的分类方法。根据敌潜艇行动的性质、海区条件和我反潜兵力行动的方式不同，一般分为应召反潜、检查反潜和巡逻反潜等，与航空反潜样式相对应的航空搜潜样式称为应召搜索、检查搜索和巡逻搜索。

不同的反潜任务有不同的战术特点，在战场上能最短时间发现潜艇，对整个海上作战有着极其重要的意义。在不同的反潜任务中，使用与任务特点相适应的反潜战术对于发挥磁探仪的优势，提高发现潜艇的概率和缩短搜索的时间有着重要的意义。因此，探讨不同反潜任务中的战术特点是很有必要的。

1. 检查搜潜方法

检查性反潜是指在上级规定时间内对指定海区进行反潜，以查明此海区内有无敌潜艇，并采取攻击的战斗行动。其目的是在我其他兵力使用该海区之前消除该海区范围内的敌潜艇威胁，保障我海军兵力的安全。检查搜索多属于面搜索（区域搜索），其特点是由上级给定搜索区域，事先不了解潜艇的位置和运动要素，可以认为潜艇的分布是均匀的。

对于指定区域进行检查搜索时，可根据所搜索的区域大小和参加搜索的反潜机架数，采用平行搜索或者多平行段搜索，如图 5-13 和图 5-14 所示。图中 W_{cty}为磁探仪搜索潜艇的宽度。直升机以密集或者疏散战斗队形平行移动搜索。

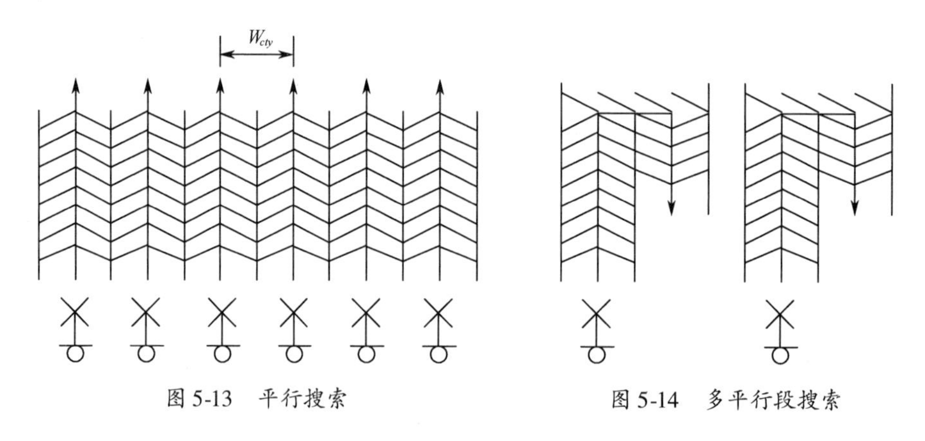

图 5-13　平行搜索　　　　图 5-14　多平行段搜索

采用密集战斗队形时，相邻机之间的间隔通常为 $D_{jg}=W_{cty}$。

多机使用磁探仪搜索的宽度为 $W_{ss}=N_{fj}W_{cty}$。

一般情况下，由 2 架或 3 架反潜机构成搜潜战术群为最佳。架数太少，搜潜范围太小；架数太多，组织协同复杂。在检查搜索时，一般沿平行于搜索区长边的方向实施搜索。

2. 巡逻搜索方法

巡逻搜索是指反潜兵力为保障海军的基地、港口和舰艇编队等目标不被敌潜艇攻击，或为了及时发现通过某海区潜艇或在某海区活动的敌潜艇，在基地、港口、舰艇编队附近，或在敌潜艇可能经过、活动的海区进行的警戒性的反潜战斗行动。巡逻搜索的特征是大概了解目标运动方向，但不知道其位置的条件下，对预定海域或航线进行搜索，巡逻搜索用于狭窄海域或反潜封锁区时，目的是防止敌潜艇从给定的警戒线上通过。

巡逻搜索多数为线搜索，其特点是事先规定了巡逻线或巡逻海域，搜索的正面宽度和纵深要根据任务、敌情及海区条件，进行战术计算，任务是防止敌潜艇从警戒线上通过。实施反潜巡逻时，要与其他反潜兵力明确划分搜索分界线，特别是当有己方潜艇参加时，要留出足够的间隔距离，以防误伤己方潜艇。

使用磁探仪在巡逻线上实施搜潜时，一般采用直线飞行搜索和闭合曲线搜索方法。直线飞行搜索时，反潜机沿着一段直线来回飞行搜索，该飞行直线的长度为

$$L_{fqx} = \frac{1}{2} W_{CT} \frac{V_C}{V_Q} \tag{5-19}$$

考虑到飞机的转弯时间，可以减少飞机的巡逻线以保证反潜机与潜艇接触两次。

采用闭合曲线搜潜时，反潜飞机沿着两段相互平行但是方向相反的直线飞行，这样增加了探测的宽度，也增加了反潜线的长度，即

$$L_{fqx} = W_{CT}\left(\frac{V_C}{V_Q} - 1\right) \tag{5-20}$$

使用磁探仪在巡逻线上实施搜潜时，一般采用直线飞行搜索或闭合线飞行搜索，如图 5-15（a）或图 5-15（b）所示。

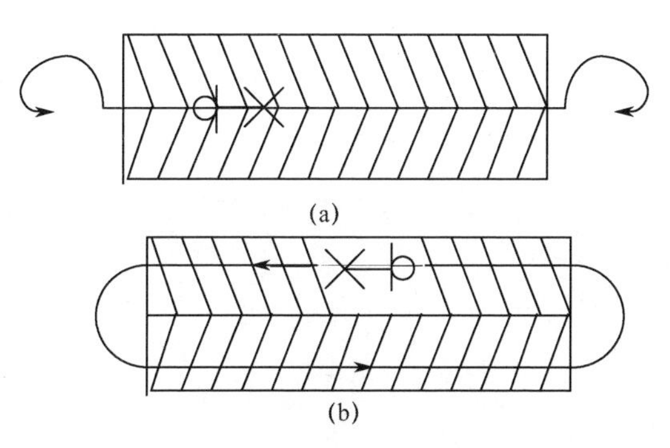

图 5-15　直线搜索与闭合线搜索

（a）直线搜索；（b）闭合线搜索。

采用直线飞行方法时，每架机沿巡逻线中的一段直线来回飞行，采用闭合曲线飞行方法时，反潜机沿着相互平行但方向相反的两个航段飞行。

3. 应召搜索方法

应召反潜是指反潜机在起飞平台或空中待命，在己方兵力（如潜艇、航空兵、固定的观察器材、水面舰船等）发现敌潜艇且没有保持跟踪的条件下，按上级命令出动，飞至发现潜艇的海区，搜索和攻击敌潜艇的战斗行动。

航空反潜兵力由于具有反应迅速、速度快、机动灵活的战术特点，特别适合用于应召反潜，是遂行应召反潜作战任务的理想兵力。其中，应召搜潜是应召反潜的基础，也是应召反潜的难点所在。

应召搜索属于二次搜索。由于延误时间（从发现敌潜艇的兵力最后与潜艇的接触时间至反潜机到接触点开始搜索的时间）、敌潜艇运动等因素的影响，敌潜艇可能存在的区域范围较大。因此，一般应使用声纳浮标或吊放式声纳等对水下航行状态的潜艇具有较高搜索效率的器材进行搜潜，磁探仪和搜索雷达则一般作为有益的补充。

应召搜潜常用于已粗知潜艇位置和潜艇大概航速或潜艇下潜不久的下潜点的情况。反潜机根据命令飞到指定海域上空，首先通过应召预报点，如果没有发现目标，则可按反时针方向飞一个搜索圆，其搜索半径根据反潜机从接到命令到飞至预报点上空的时间、目标的估计航速、反潜机的搜索速度及磁探仪搜索宽度等而定。如果第一圈仍搜索不到目标，则以再增加 1/2 磁探仪搜索宽度为半径逐次扩展螺旋搜索，如图 5-16 所示。若搜索几周后，仍未能搜索到潜艇，应根据搜索时间及反潜机的续航能力，考虑改用其他搜索方法或停止搜索。

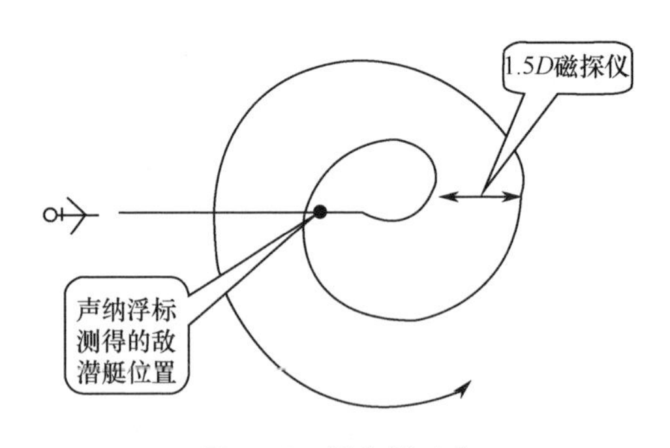

图 5-16　螺旋探测法

4. 随机搜索方法

如图 5-17 所示，反潜机沿先前测得的敌潜艇航线飞行探测，飞至先前浮标测得的敌潜艇最后位置点上空，如磁探仪未发现磁异常信号，继续原向飞行，飞行时间依据延误时间（从浮标测得敌潜艇最后位置至反潜机飞至该点上空时间）、敌潜艇可能航速和测得敌潜艇最大误差，根据航程覆盖敌潜艇可能位置区最大半径（以最后位置点为中心）的要求确定，通常1～3min（如反潜机飞行速度180kn，对应航程3～9n mile）。如果未发现敌潜艇，反潜机转向180°，飞行2min左右；如果仍未发现敌潜艇，认为敌潜艇航线已改变，反潜机也改变搜索航线。反潜机转至与第一航向成一定角度的航向飞行探测（可以根据先前确定敌潜艇航向最大误差确定转向角度，也可以转向45°，或者根据敌潜艇可能采取的规避行动确定转向角度），如发现目标，继续搜索；如未发现目标，采用圆周搜索，或使用声纳浮标搜索。

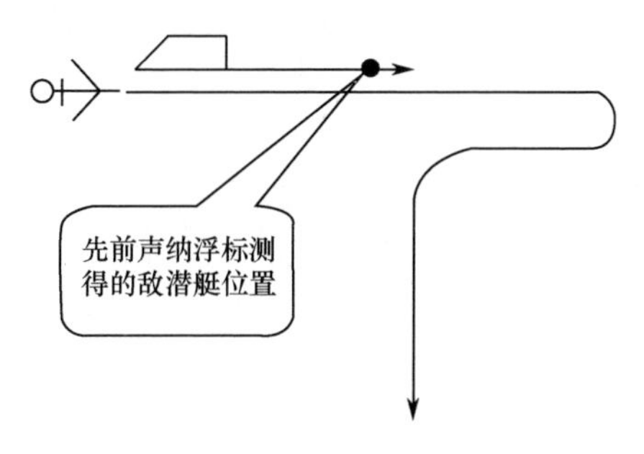

图5-17 随机搜索

5.5.2 磁探仪跟踪法

由于磁探仪是被动搜索，不能一次发现就能识别目标和对目标进行定位和测定运动要素，所以还需要对目标进行跟踪定位。跟踪探测是反潜机发现潜艇后，始终保持与潜艇接触、跟踪潜艇的一种常用方法。跟踪探测有两种方式：一种是交叉（航线）跟踪（又称苜蓿叶法），如图5-18所示；另一种是平行或垂直（航线）跟踪，如图5-19所示。

交叉跟踪探测是当反潜机用磁探仪发现了潜艇，为保持接触监视目标行动，而对其定位和攻击所采用的方法。交叉跟踪定位时，反潜机先按潜艇运动方向探测，发现第一次接触后第一次转弯，垂直于原飞行方向探测；出现第二次接触时，做第二次转弯，向原飞行方向相反的方向探测；出现第三次接触时，做第三次转弯，仍垂直于原飞行方向飞行（图5-18（a），称为三转弯法）；出现第四次接触时，做第四次转弯，恢复原飞行方向探测（图5-18（b），称为四转弯法）。连接各次接触点，即可计算出潜艇的位置、航向和航速，进而实施武器攻击。

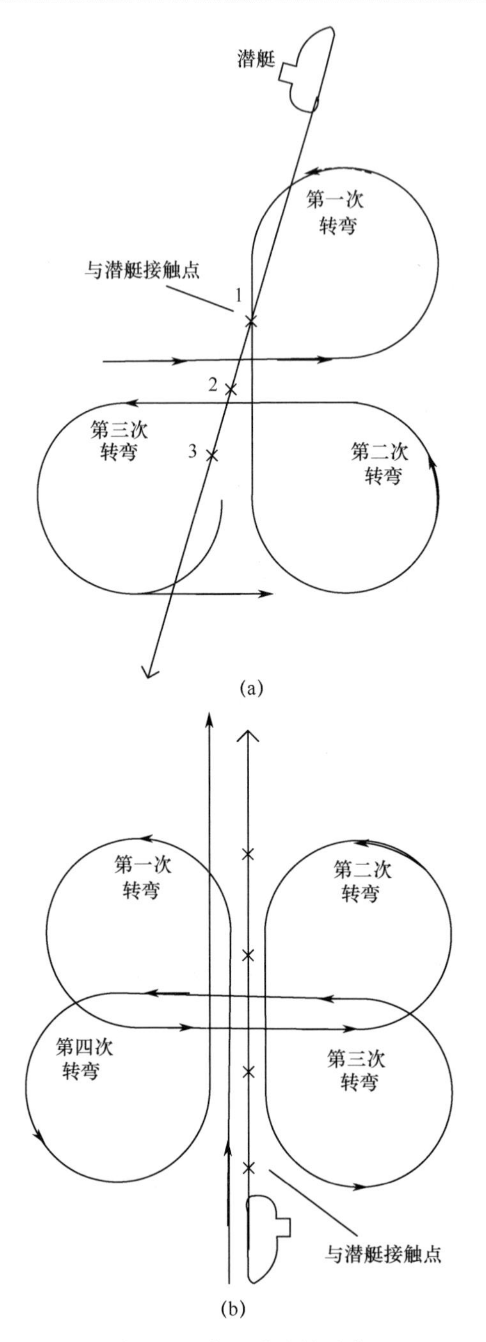

图 5-18　交叉跟踪探测法

（a）三转弯法；（b）四转弯法。

平行（垂直）跟踪探测多用于直升机使用拖曳式磁探仪时，尤其是当潜艇发现被搜索而规避机动时实施。平行（垂直）跟踪定位时，反潜机先沿潜艇运动的方向探测，出现接触时，继续飞行一段距离后，转向 180°作返回探测，这时的反潜机航线应偏离原航线一个宽度。如果返回时没有发现潜艇，再转弯 180°返回原航向探测一段时间；如果仍未发现潜艇，再转弯 180°作返回探测，这时飞行航线应偏向另一侧一个搜索宽度。如果又出现接触，可按照目标新的航向继续用上述方法对目标进行跟踪定位，如图 5-19（a）所示。垂直跟踪法是始终与潜艇的航行方向垂直飞行，来回飞行航线的间距为一个磁探仪搜索宽度，来回飞行的距离根据反潜机的机动性能而定，如图 5-19（b）所示。垂直法的好处在于当潜艇机动规避时，能快速与潜艇保持接触。

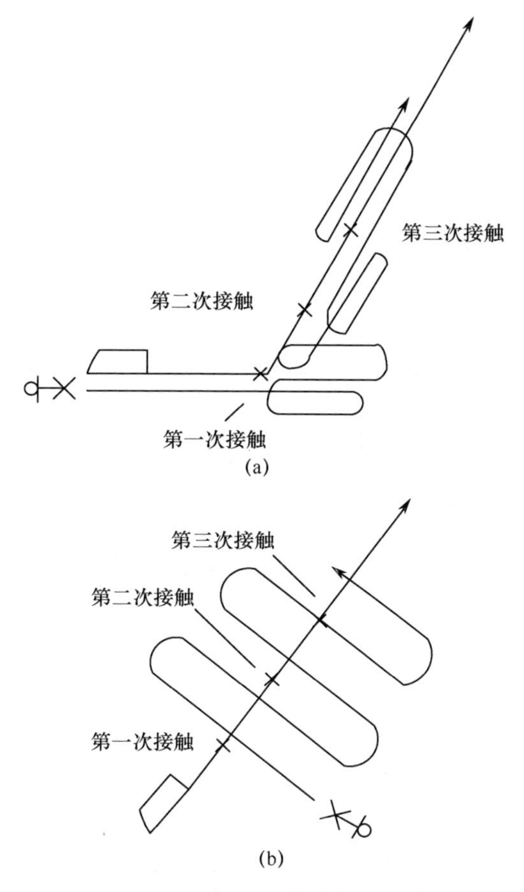

图 5-19　平行跟踪定位与垂直跟踪定位

（a）平行跟踪定位；（b）垂直跟踪定位。

借助磁探仪对目标进行识别通常是在已经投放浮标后，并且已经可以判定该区域有可疑潜艇需要进一步识别时使用。如先前发出信号的浮标仍在发信号，飞机（直升机）在该浮标作用区平行飞行，直到该浮标停止发信号，如

图5-20（a）所示；如果浮标已停止发信号，飞机（直升机）围绕其做“8”字形飞行，如图5-20（b）所示。对第二次接触进行识别后，如判定为敌潜艇，机组人员向指挥员报告发现潜艇的时间、潜艇位置、运动要素。

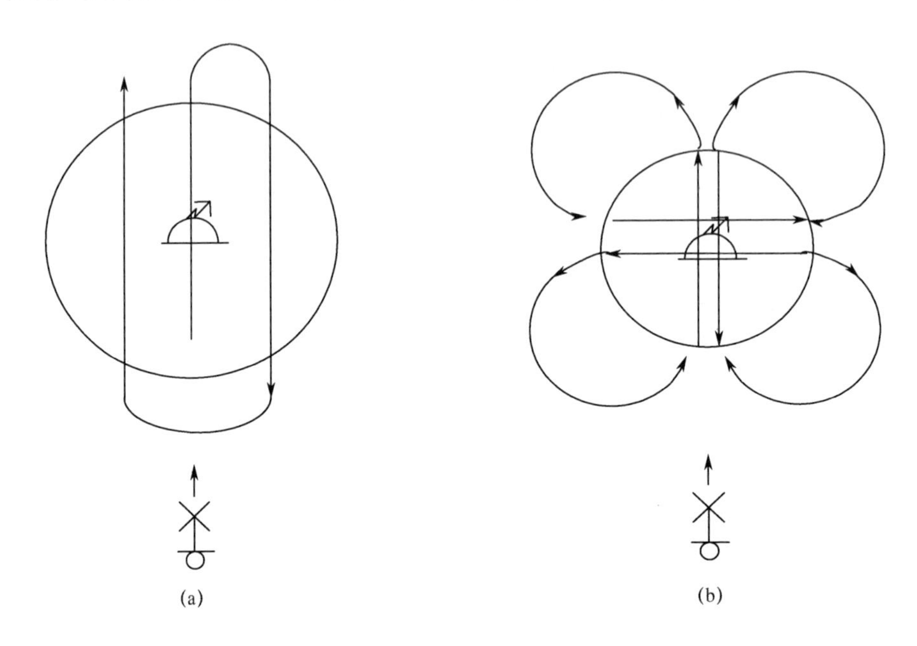

图5-20　平行飞行定位与“8”字形飞行定位
（a）平行飞行定位；（b）“8”字形飞行定位。

5.6　磁探仪的探测宽度及有效作用距离估算模型

磁探仪的搜索效率主要取决于搜索宽度和反潜机的飞行高度，而搜索宽度主要取决于磁探仪的作用距离、反潜飞机所在高度、潜艇的下潜深度等因素，如图5-21所示。

磁探仪搜索宽度与磁探仪作用距离、反潜机所在高度、潜艇下潜深度的相互关系为

$$W = 2\sqrt{d_{\mathrm{MAD}}^2 - (H_1 + H_2)^2} \tag{5-21}$$

式中：W 为搜索宽度；d_{MAD}为磁探仪作用距离；H_1 为磁探仪所在高度；H_2 为潜艇下潜深度。

由式（5-21）可以看出，使用磁探仪搜索潜艇时，为了获得较大的搜索宽度，取得比较好的搜索效果，反潜机应尽量降低搜索高度，为了保证测探效果，反潜机的飞行高度一般保持在50～150m。

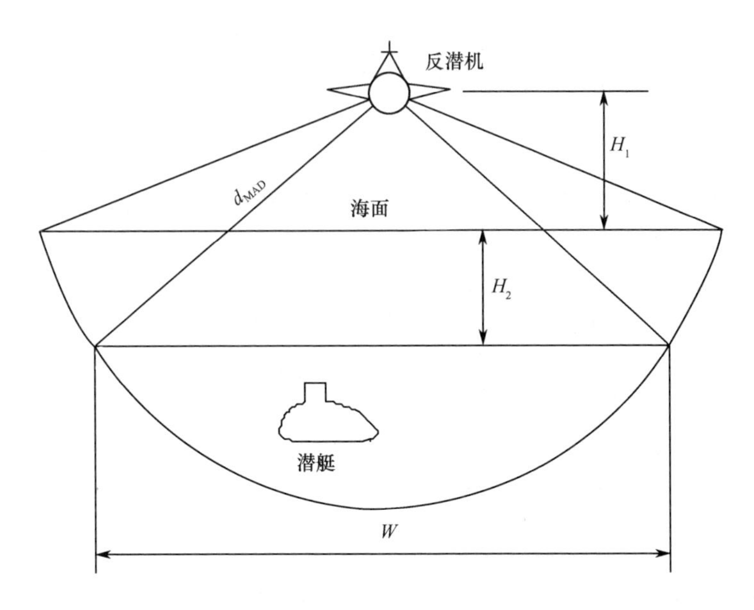

图5-21　磁探仪搜索宽度

在采用磁探仪对潜艇引起的磁异常检测并进行作用距离估算时，通常可以采用以下公式，即

$$d_{\mathrm{MAD}}=\left(\frac{M_S}{(S/N)\sqrt{N_M^2+N_S^2+N_E^2}}\right)^{\frac{1}{3}} \tag{5-22}$$

式中：M_S为潜艇磁矩，与目标潜艇结构尺寸大小、消磁水平、航行方向有关；S/N为达到一定检测概率所需信噪比；N_M为磁探仪探头因飞机运动产生的动态噪声；N_S为磁探仪设备的静态噪声；N_E为海洋磁环境噪声。

海洋磁环境噪声N_E的大小与反潜作战海域的地磁总强度和探头传感器离海底的距离有关。当在地磁场较强的海域和探头距离海底较近时，都会增加海洋磁环境噪声N_E，降低磁异常检测信号的信噪比，减少对潜艇的作用距离。

飞机机动使其永久磁场、感应磁场和涡流磁场产生较复杂的变化，将严重干扰磁探仪对潜艇引起的磁异常信号的检测，因此，通常由磁补偿器产生一组补偿信号自动抵消飞机机动磁干扰噪声，补偿后剩余部分为N_M。

磁探仪设备的静态噪声N_S取决于设备器件和设计的水平。

磁探仪设备的静态噪声和动态噪声（磁补偿后的残余噪声）是磁探仪设备的主要技术性能指标之一，可以从设备的技术规格书上查到。环境噪声N_E是探头所处位置的背景干扰，可以根据战场环境数据库获得N_E数值的分布。

5.7 磁探仪搜索概率模型

应召搜索是航空反潜的一种重要反潜作战样式，通常是得到潜艇在某时刻的位置信息后，飞抵发现潜艇活动时的海域进行搜索。

如果假设应召搜索时，潜艇可能以假设的最大速度逃离，也可能采取机动灵活的规避，如坐液体海底不动，或以低速不规则航行，则应布放覆盖阵，把最大可能的脱离范围作为搜索区域，其发现概率解析模型为

$$P_{cty} = 1 - \exp\left(-\frac{Ut_{ss}WnP_{sb}}{S_{yz}}\right) \tag{5-23}$$

式中：S_{yz}为应召搜索的海区面积；P_{sb} 为磁探仪识别潜艇的概率；U 为反潜机搜索速度；t_{ss} 为反潜机搜索时间。

磁探仪识别潜艇的概率可表示为

$$P_{sb} = \begin{cases} 1, r \leqslant \dfrac{1}{2}W \\ 0, r > \dfrac{1}{2}W \end{cases} \tag{5-24}$$

式中：r 为目标到磁探仪探点的距离。

这种判别方法是建立在理想观察条件基础上的，实际情况下，由于设备、人员、海洋噪声等条件的限制，当潜艇处在磁探仪探测范围内时，发现潜艇概率不可能为1，而是在［0，1］的区间中。国内外通常使用下式作为磁探仪识别概率，即

$$p = \begin{cases} \exp[-0.693\,(r/d_{ds})^2], & 0 < r \leqslant d_{ds} \\ 0, & r > d_{ds} \end{cases} \tag{5-25}$$

当潜艇分布在以磁探仪为中心的圆形探测范围内时，其被磁探仪探测到的概率期望值为

$$P_{sb} = E[p(x)] = \frac{1}{\pi l^2}\int_0^{2\pi}\int_0^l r \cdot \exp[-0.693\,(r/l)^2]\mathrm{d}r\mathrm{d}\theta = 0.7214 \tag{5-26}$$

5.8 磁探仪探测能力分析

5.8.1 潜艇航向对磁探仪搜索影响的仿真及分析

讨论潜艇航向对规避磁探仪搜索的影响，可以用潜艇不同航向时磁探仪搜

索到潜艇的概率体现，即对某一次搜索来说，潜艇的航向已知，飞机与潜艇之间的相对位置随机，飞机以任意航向飞行搜索。利用蒙特卡罗法仿真飞机任意2000 次飞行中搜索到潜艇的概率，潜艇被搜索到的概率最小的方向即为规避时航行的方向。

仿真条件：地磁倾角 $\theta=30°$，d 为 200 ~ 250 中的任意值，单位为 m，则 $D=d/\cos\beta$，由于飞机的航向未知，所以 α 为（0，2π）中的任意值，如果磁探仪检测信号的最大值和最小值之差大于 0.1nT（一般磁探仪的灵敏度），认为检测到了潜艇。蒙特卡罗仿真次数为 2000 次。

仿真结果：当 $\beta\in(-5\pi/12, 5\pi/12)$ 和 $\beta\in(-\pi/3, \pi/3)$ 时，潜艇的航向角 ϕ 与航空磁探仪搜潜概率之间的关系分别如表 5-1 和表 5-2 所列。

表 5-1　$\beta\in(-5\pi/12, 5\pi/12)$ 时潜艇航向与磁探仪搜潜概率的关系

ϕ/(°)	0	45	90	135	180	225	270	315
搜潜概率/%	74.1	73.1	68.8	76.6	77.6	76.8	69.9	72.7

表 5-2　$\beta\in(-\pi/3, \pi/3)$ 时潜艇航向与磁探仪搜潜概率的关系

ϕ/(°)	0	45	90	135	180	225	270	315
搜潜概率/%	91.1	89.5	84.5	93.2	94.2	93.4	85.5	89.8

由表 5-1 和表 5-2 可以看出，当潜艇的航向为 90°和 270°时，潜艇被搜索到的概率最小，航向 90°和 270°意味着潜艇东西向航行。当搜索范围缩小后，航空磁探仪搜索潜艇的概率增加了。

由仿真结果可以得出这样的结论，当潜艇需要规避航空磁探仪搜索时，应东西向航行。

5.8.2　飞机航向对磁探仪搜索概率影响的仿真及分析

仿真分两种情况：第一种是不限制搜索范围，即给定 d 的范围，β 为 $-\pi/2\sim\pi/2$ 中的任意值，这样 SC 之间的距离为任意值；第二种是限制搜索范围，即给定 d 的范围，β 为 $-\pi/3\sim\pi/3$ 中的任意值，即 SC 之间的最大距离为 $d\cdot\tan(\pi/3)$。

仿真条件 1：地磁倾角 $\theta=30°$，d 为 200 ~ 250 中的任意值，单位为 m，β 为 $-\pi/2\sim\pi/2$ 中的任意值，则 $D=d/\cos\beta$，由于潜艇的航向未知，所以 ϕ 为 $0\sim2\pi$ 中的任意值。当飞机飞行时，即 E 的值在由 −600m 到 600m 的过程中，如果磁探仪检测信号的最大值和最小值之差大于 0.1nT，认为检测到了潜艇。蒙特卡罗仿真次数为 2000 次。

飞机航向对磁探仪搜索概率影响如表 5-3 所列。

表 5-3　β 为（$-\pi/2$，$\pi/2$）中的任意值时，飞机航向与磁探仪搜潜概率的关系

$\alpha/(°)$	0（由南向北）	45	90	135	180（由北向南）	225	270	315
搜潜概率/%	63.8	62.1	55.3	62.3	64.3	62.1	55.3	62.3

表中南北指的是磁南北，要根据当地的磁偏角换算成实际地球方向。

仿真条件 2：β 为 $-\pi/3 \sim \pi/3$ 中的任意值，其他条件与仿真条件 1 相同。

飞机航向对磁探仪搜索概率影响如表 5-4 所列。

表 5-4　β 为 $-\pi/3 \sim \pi/3$ 中的任意值时，飞机航向与磁探仪搜潜概率的关系

$\alpha/(°)$	0（由南向北）	45	90	135	180（由北向南）	225	270	315
搜潜概率/%	95.3	92.1	81.7	92.1	95.5	92.1	81.3	92.0

从表 5-4 可以看出，当搜索范围缩小后，航空磁探仪搜索潜艇的概率增加了。

两种情况下的仿真结果表明，当用航空磁探仪进行搜潜时，飞机南北向飞行时比东西向飞行时搜潜概率大，所以在进行搜潜时应该尽量采用南北航向进行搜索。

5.8.3　飞机飞行高度对磁探仪搜索概率影响的仿真及分析

仿真条件：地磁倾角 $\theta = 30°$，潜艇航行深度为 30 ~ 200 的任意值，单位为 m，β 为 $-5\pi/12 \sim 5\pi/12$ 中的任意值，则 $D = d/\cos\beta$，由于潜艇的航向未知，所以 ϕ 为 $0 \sim 2\pi$ 中的任意值，当飞机飞行时，航向角 α 为 $0 \sim 2\pi$ 中的任意值。蒙特卡罗仿真次数为 2000 次。

仿真结果：当飞机的飞行高度在 50 ~ 100m 变化时，磁探仪搜潜概率的变化如图 5-22 所示，即随着飞机飞行高度的增大，搜潜概率是下降的。

5.8.4　潜艇航行深度对磁探仪搜索概率影响的仿真及分析

仿真条件：飞机飞行高度为 50 ~ 100m 的任意值，其他条件与 5.8.3 节中的仿真条件相同。

仿真结果：当潜艇的航行深度在 50 ~ 200m 变化时，磁探仪搜潜概率的变化如图 5-23 所示，即随着潜艇航行深度的增大，搜潜概率是下降的。

5.8.5　潜艇航行速度对磁探仪搜索概率影响的仿真及分析

图 5-24 和图 5-25 分别为潜艇沿直线恒速规避时，搜索时间和搜索概率

与潜艇速度的关系图。在图 5-24 中，随着潜艇规避速度的增大，搜索时间也随之变长。在图 5-25 中，随着潜艇速度的增大，搜索概率也随之大幅度降低。

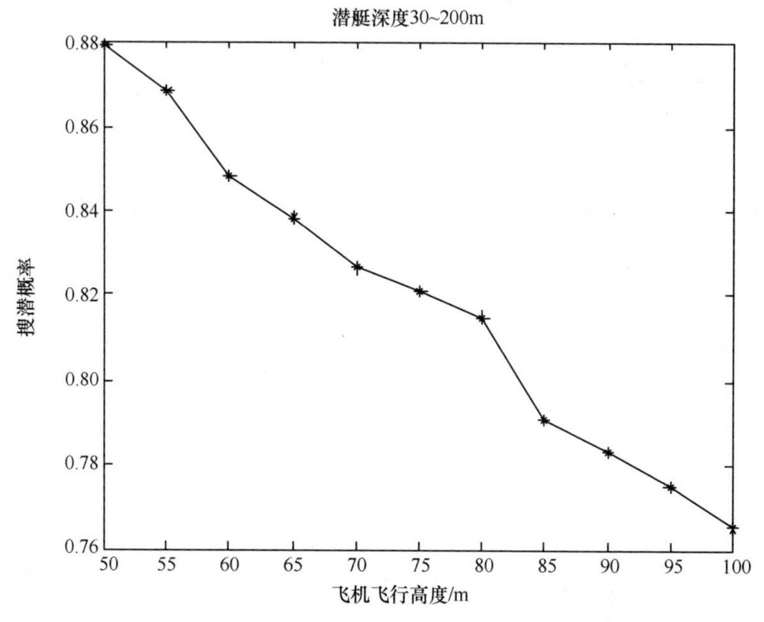

图 5-22　飞机飞行高度对磁探仪搜潜概率的影响

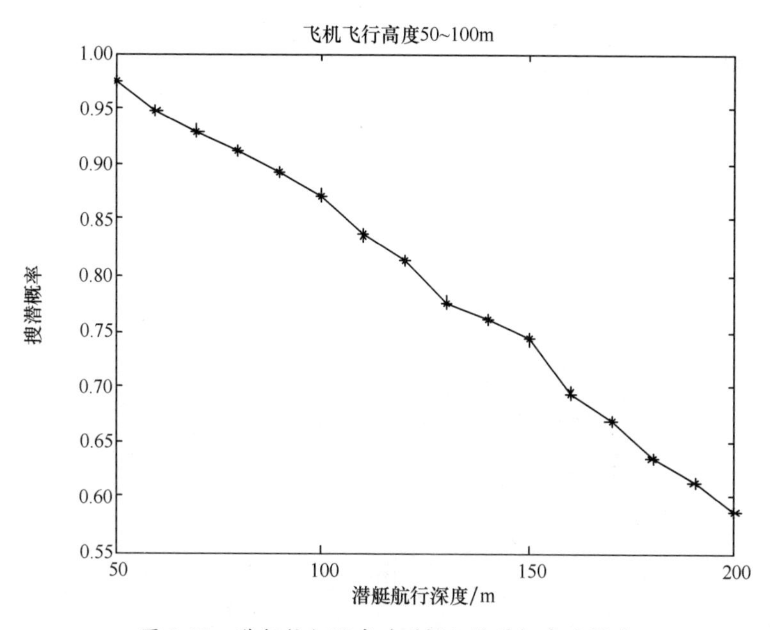

图 5-23　潜艇航行深度对磁探仪搜潜概率的影响

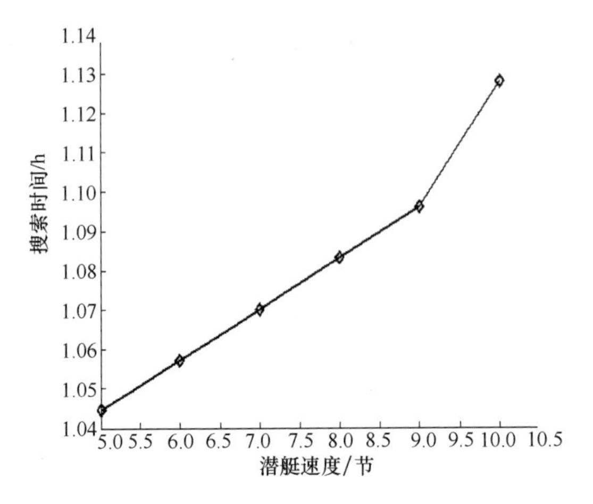

图 5-24　搜潜时间与潜艇速度关系曲线

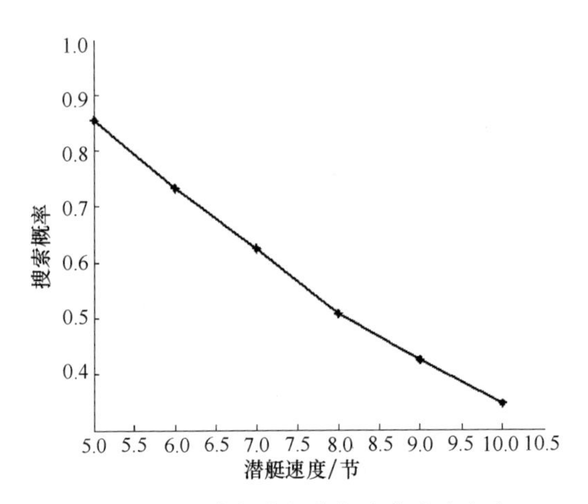

图 5-25　搜索概率与潜艇速度关系曲线

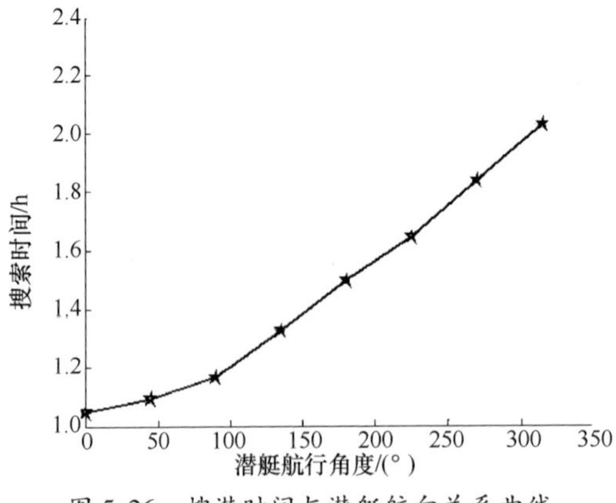

图 5-26　搜潜时间与潜艇航向关系曲线

图 5-26 和图 5-27 分别为潜艇的速度在 4 ~ 12kn 随机变化时，搜索时间和搜索概率与潜艇航向角度的关系图。图中，随着潜艇航向角度的增大，搜索时间随之变长，搜索概率随之降低。与图 5-24 和图 5-25 的结果比较可知，由于潜艇速度未知，所以搜索时间会显著地增加。

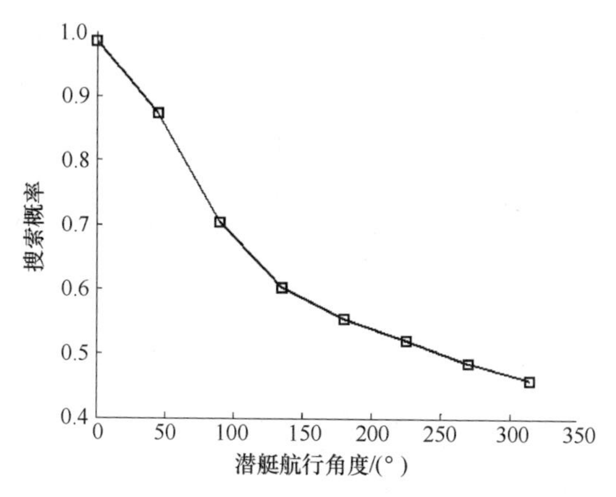

图 5-27　搜索概率与潜艇航向关系曲线

由以上的实验结果和分析可知，潜艇规避的航速越高，或航向角度越大，其可能分布的范围就会越大，反潜机的搜索效率就会越低。所以根据磁探仪的特点，它一般不用来执行大面积的搜索任务，比较适合在其他兵力的引导下快速对低速目标进行跟踪或攻击前的定位。

5.8.6　潜艇消磁对磁探仪搜索概率影响的仿真及分析

目前，潜艇的大部分固定磁场可以在消磁站进行消除，剩余固定磁场与潜艇的消磁水平关系较大。潜艇的感应磁场由于受到潜艇电力供应和排水量的限制基本都没有消除，因此，本文的仿真实验分两种情况进行分析：没有进行固定磁场消磁的情况和固定磁场经过良好消磁的情况。

对经过良好消磁的情况，剩余的固定磁矩按相应感应磁矩的 10% 进行计算，垂向磁矩按未消磁磁矩的 2/5 进行计算。

为了能对潜艇磁场变化时磁异探潜的影响做出恰当的评估，需要找到一种合适的方法。通常，反潜机在执行磁异探潜时，都是按照一定航线航行的，由于磁探仪的作用距离较近，在与潜艇接触的过程中，反潜机的航向可以认为不变，即便是作圆周搜索，由于搜索圆曲率较小，也可以近似认为反潜机在这一区间段作直线航行，在这个过程中，磁探仪测量到的是一条磁异曲线，如图 5-28所示。

为了能够恰当地反映潜艇磁场对磁异探测的影响，使用该条磁异曲线上的

峰峰值作为该航线磁异探测能力的指标，记为

$$B_{amm} = \max(B_a) - \min(B_a) \tag{5-27}$$

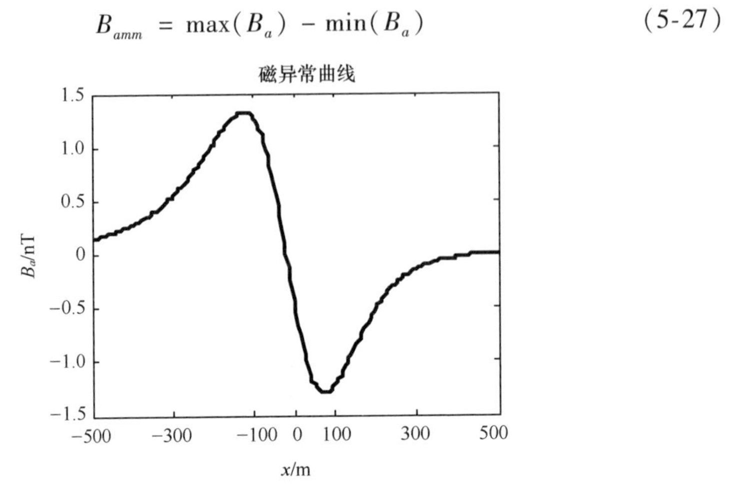

图 5-28　磁探仪测得的一条典型磁异曲线（潜艇航向 $\alpha = 0°$，直升机航向 $\beta = 0°$）

为了全面反映反潜机在特定平面内以某一航向 β 航行时潜艇磁场对磁异探潜的影响，设 o' 为潜艇在飞行平面上的投影，d 为直升机航线距 o' 的距离，分别计算 d 取不同值时的航线所测得的磁异曲线，如图 5-29 所示。所有航线的磁异常探测能力指标 B_{amm} 构成了一条曲线，该曲线反映了该航向下磁探仪在某一性能信噪比下的探测宽度以及所测磁异信号强度的变化情况等性能指标。

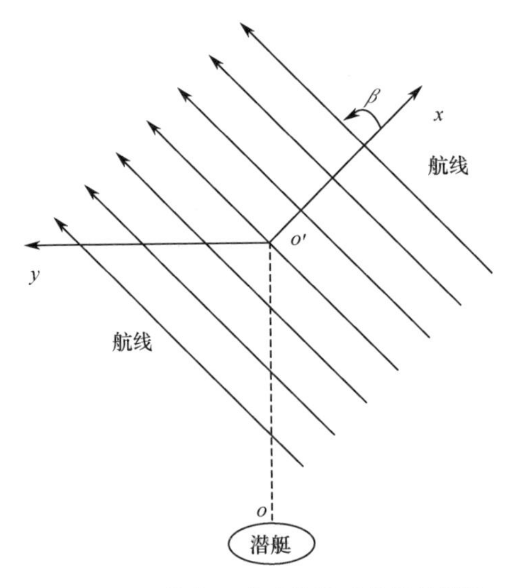

图 5-29　β 航向下的磁异探测航线规划图

同样单一航向的结果也无法全面评价潜艇磁场对磁异探潜的影响，因此，必须选取多个典型航向进行比较分析。仿真实验对潜艇多个航向的情况都进行

了仿真计算，仿真图中给出了 $\alpha = 0°$，$90°$，$180°$，$270°$典型航向的仿真结果。同样直升机航向也计算了多种情况，航向相差 180°的结果相同，仿真图中仅给出了 $\beta = 0°$，$45°$，$90°$，$135°$的仿真结果。

当未对潜艇进行消磁处理时，仿真结果如图 5-30 ~ 图 5-33 所示。

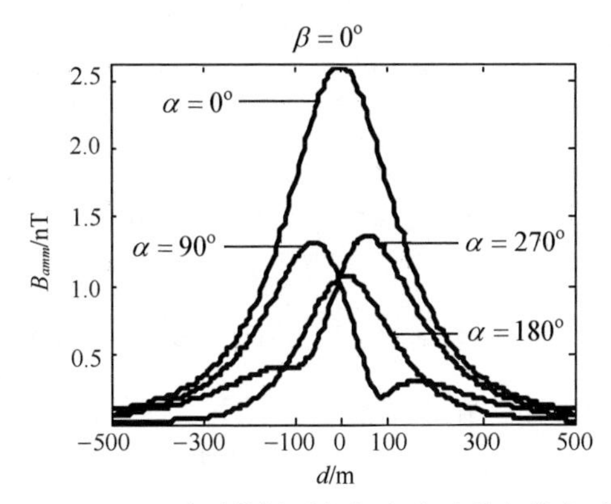

图 5-30　$\beta = 0°$ 时磁异探测指标曲线随潜艇航向的变化

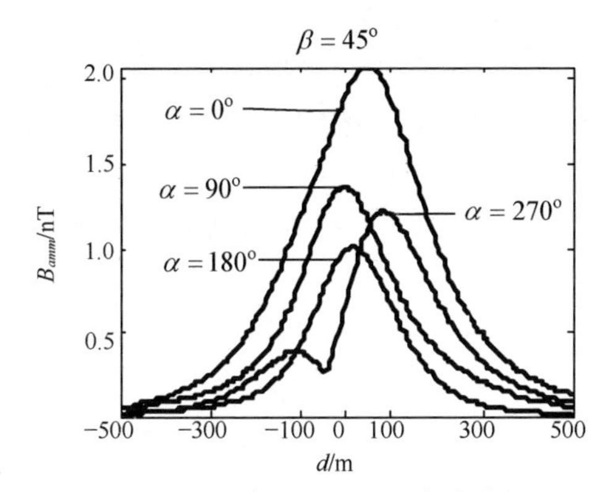

图 5-31　$\beta = 45°$ 时磁异探测指标曲线随潜艇航向的变化

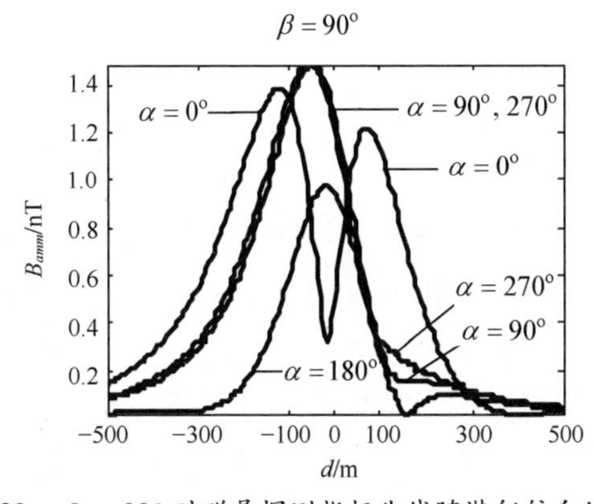

图 5-32　$\beta = 90°$ 时磁异探测指标曲线随潜艇航向的变化

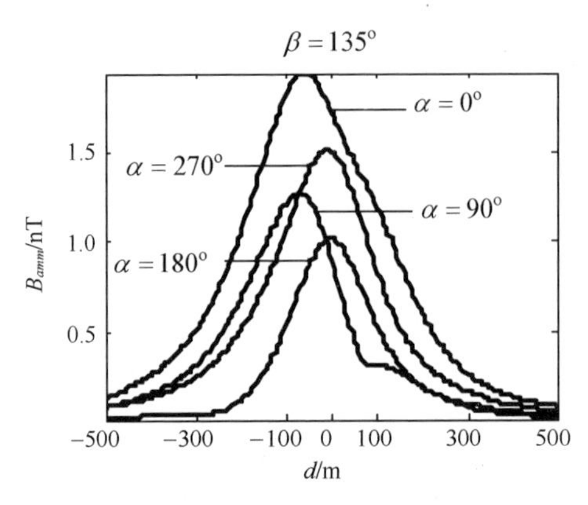

图 5-33　$\beta = 135°$ 时磁异探测指标曲线随潜艇航向的变化

由仿真结果分析可知，在未消磁的情况下，潜艇航向对磁异探潜的影响比较显著，当潜艇所处航向（磁南或磁北）的纵向感应磁矩与潜艇的纵向固定磁距方向一致时，磁探仪的探测宽度与所测磁异信号的强度都要远大于潜艇所处航向（磁南或磁北）的纵向感应磁矩与纵向固定磁距方向相反时的情况。当潜艇处于其他航向时，磁探仪的探测宽度与所测磁异信号的强度处于二者之间。直升机航向的改变对磁探仪所测磁异信号的强度有一定影响，而对某一指标下探测宽度的影响并不特别显著。

当对潜艇进行良好消磁处理时，仿真结果如图 5-34 ~ 图 5-37 所示。

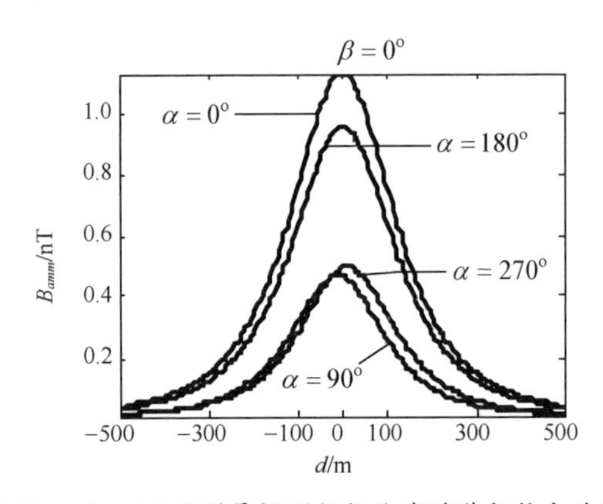

图 5-34　$\beta = 0°$ 时磁异探测指标曲线随潜艇航向的变化

由仿真结果分析可知，在良好消磁的情况下，潜艇磁场被感应磁矩所主导，当潜艇处于磁南和磁北航向时，磁探仪的探测宽度与所测磁异信号的强度都要远大于潜艇处于磁西和磁东航向。当潜艇处于其他航向时，磁探仪的探测宽度与所测磁异信号的强度处于二者之间。同样飞机航向的改变对磁探仪所测磁异信号的强度有一定影响，而对某一个指标下探测宽度的影响并不特别显著。

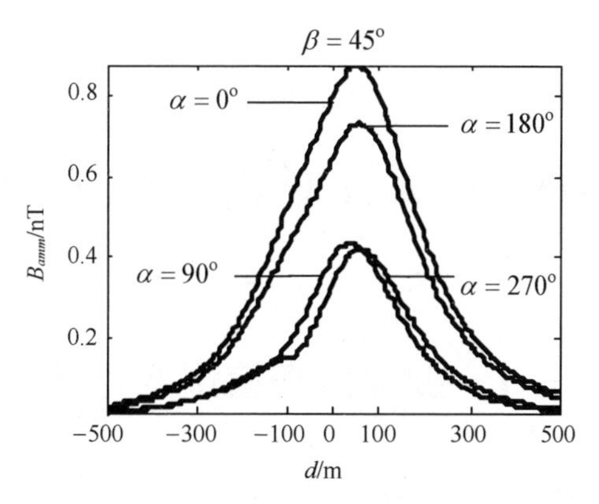

图 5-35　$\beta = 45^\circ$ 时磁异探测指标曲线随潜艇航向的变化

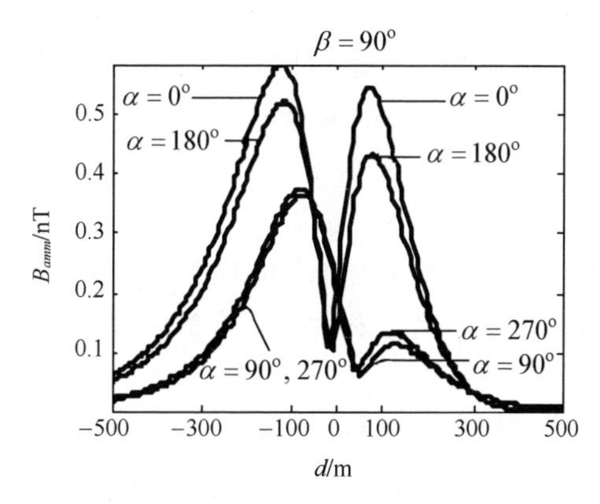

图 5-36　$\beta = 90^\circ$ 时磁异探测指标曲线随潜艇航向的变化

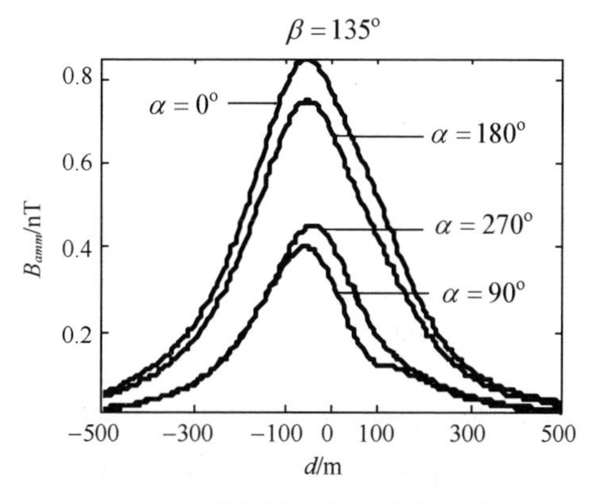

图 5-37　$\beta = 135^\circ$ 时磁异探测指标曲线随潜艇航向的变化

第6章 反潜机磁探仪对潜艇作战模拟仿真评估

6.1 舰船磁场模型及特性

进行潜艇对抗磁性武器仿真评估研究，首先需要了解潜艇的磁场分布特性，建立潜艇的磁场分布模型。潜艇磁性物质分布复杂，直接用解析方法求解其磁场相当困难，经过近几十年的发展，目前已经得到了多种有效的潜艇磁场建模方法。主要包括磁体模拟法、边界积分法、有限元法和船模等效法。

积分方程法基本原理是根据场源周围闭合曲面的外法线方向的方向导数求得闭曲面上的标量磁位，进而推算出闭曲面外周围空间各点的标量磁位分布，也可以推算出空间各点的3分量磁场值。边界积分法难以测量包络面前、后2个端面的磁场，并且其精度很大程度上依赖于奇异积分的计算精度，而且对包络面上小面元剖分的个数、密度和面元端点的处理方法也对换算精度有一定的影响，运算量较大。

有限元法需对整个求解区域进行离散，特别是对于高空磁场的计算，划分的网格太大，数据预处理较复杂，计算的精度和实时性很难得到满足。

船模等效法的优点在于比较逼真，模型的分析结果与实际较为接近。但缺点是建模的周期长，实际船型和设备位置稍有变化就需重新制作船模等缺点。

磁体模拟法对测量点数没有过高的要求，测量点的选择也比较灵活，而且能满足于工程计算的精度要求。特别是对于高空磁场的计算，利用磁体模拟法进行计算能得到精度较高的结算结果。磁体模拟法常用的有等效为均匀磁化的旋转椭球体模型、均匀磁化的磁偶极子阵列模型、均匀磁化的旋转椭球体与磁偶极子阵列混合模型。

6.1.1 磁体模拟法数学模型

潜艇一般都是由高强度合金钢建造，而且其内部拥有大量钢铁制造的部件、设备等，这些都是铁磁性物质。这些物质导致潜艇产生了两种类型的磁场，即固定磁场和感应磁场。固定磁场是潜艇本身的磁场，短期航行过程中不会发生大的变化。感应磁场是潜艇感应地磁场而产生的磁场，将随潜艇航向等的变化而变化。

1. 潜艇磁矩的潜艇坐标模型

航空反潜时，航空磁探仪和潜艇的距离一般都在数百米之遥甚至更远，在这种情况下，潜艇磁场是可以等效为偶极子磁场。因此，本章的潜艇磁场模型将采用偶极子磁场模型，潜艇磁场的特征将完全由与潜艇磁场等效的磁偶极子的磁矩描述。

为了便于分析航向变化等对潜艇磁场的影响，在潜艇坐标系下，如图 6-1 所示，根据潜艇磁场的产生机理，将潜艇磁矩分解为纵向、横向、垂向 3 个固定磁矩和纵向、横向、垂向 3 个感应磁矩，共 6 个磁矩。其中纵向、横向、垂向固定磁矩是潜艇固有的磁矩，短期内不随潜艇航向及地磁场的变化而变化，分别记为 m_{pl} 、m_{pt} 、m_{pv}，而纵向、横向、垂向感应磁矩是由地磁场的感应产生的，将随着潜艇航向及地磁场的大小而变化，由于地磁场为弱磁场，潜艇感应磁矩近似与地磁场成正比关系，则按图 6-1 所示几何关系，可分别记为 $m_{il}\cos\alpha$、$-m_{it}\sin\alpha$、m_{iv}。那么，潜艇磁矩的潜艇坐标模型为

$$\begin{cases} \boldsymbol{m} = \boldsymbol{i}_l m_l + \boldsymbol{i}_t m_t + \boldsymbol{i}_v m_v \\ m_l = m_{pl} + m_{il}\cos\alpha \\ m_t = m_{pt} - m_{it}\sin\alpha \\ m_v = m_{pv} + m_{iv} \end{cases} \tag{6-1}$$

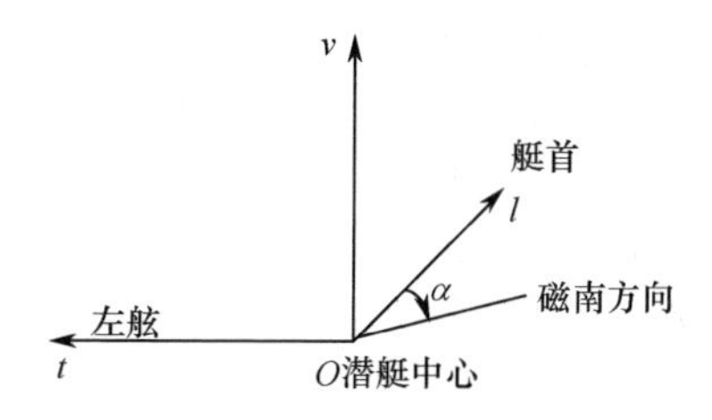

图 6-1　潜艇磁场潜艇坐标系

由于在一次搜潜特别是直升机在搜潜过程中，搜潜区域不大，地磁场可以认为保持不变，那么，m_{iv} 也近似认为不变，因此，在考虑搜潜时，m_{pv} 与 m_{iv} 不再分开考虑。

2. 潜艇磁场的地磁坐标模型

为了便于分析潜艇磁矩变化对磁探仪所测得的磁异的影响，需要将潜艇坐标系下的潜艇磁矩模型，转换为地磁坐标系下的潜艇磁矩模型。首先建立潜艇磁场地磁坐标系，以潜艇为原点，以水平面为 xOy 平面，以地磁磁力线水平面投影为 x 轴，垂直于水平面向上为 z 轴，按照右手螺旋定则建立起潜艇磁场坐标系，如图 6-2 所示。

设潜艇航向为 α，α 定义为潜艇航向与 x 轴的夹角，逆时针为正，则潜艇

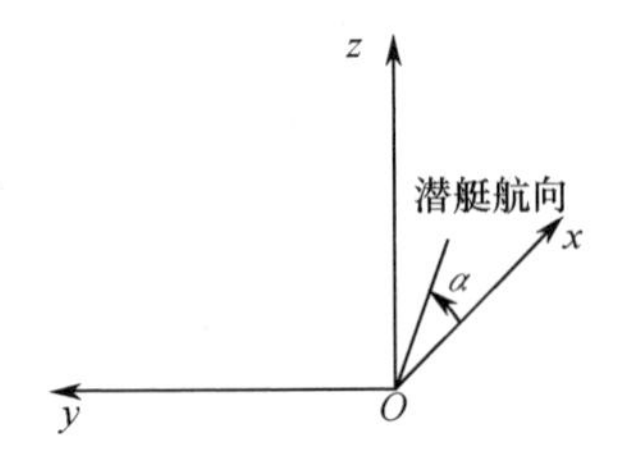

图 6-2　潜艇磁场地磁坐标系

磁矩 $\boldsymbol{m}$ 为

$$\begin{cases}\boldsymbol{m} = \boldsymbol{i}_x m_x + \boldsymbol{i}_y m_y + \boldsymbol{i}_z m_z \\ m_x = m_{pl}\cos\alpha - m_{pt}\sin\alpha \\ \qquad + m_{il}\cos^2\alpha + m_{it}\sin^2\alpha \\ m_y = m_{pl}\sin\alpha + m_{pt}\cos\alpha \\ \qquad + (m_{il} - m_{it})\sin\alpha\cos\alpha \\ m_z = m_v \end{cases} \tag{6-2}$$

按照磁偶极子模型，磁矩为 $\boldsymbol{m}$ 的偶极子在空间场点（x,y,z）产生的磁场强度为

$$\boldsymbol{H}_s = \frac{3(\boldsymbol{m}\cdot\boldsymbol{r})\boldsymbol{r}}{4\pi r^5} - \frac{\boldsymbol{m}}{4\pi r^3} \tag{6-3}$$

式中：矢量 $\boldsymbol{r}$ 的模为计算场点距磁偶极子中心的距离，$\boldsymbol{r}$ 的方向由磁偶极子中心指向计算场点，$r = \sqrt{x^2 + y^2 + z^2}$。

将式（6-2）的值代入式（6-3），则得到潜艇磁场在地磁坐标系下磁场强度的表达式为

$$\begin{cases}\boldsymbol{H}_s = \boldsymbol{i}_x H_x + \boldsymbol{i}_y H_y + \boldsymbol{i}_z H_z \\ H_x = \dfrac{m_x}{4\pi}\left(\dfrac{3x^2}{r^5} - \dfrac{1}{r^3}\right) + \dfrac{m_y}{4\pi}\dfrac{3xy}{r^5} + \dfrac{m_z}{4\pi}\dfrac{3xz}{r^5} \\ H_y = \dfrac{m_x}{4\pi}\dfrac{3xy}{r^5} + \dfrac{m_y}{4\pi}\left(\dfrac{3y^2}{r^5} - \dfrac{1}{r^3}\right) + \dfrac{m_z}{4\pi}\dfrac{3yz}{r^5} \\ H_z = \dfrac{m_x}{4\pi}\dfrac{3xz}{r^5} + \dfrac{m_y}{4\pi}\dfrac{3yz}{r^5} + \dfrac{m_z}{4\pi}\left(\dfrac{3z^2}{r^5} - \dfrac{1}{r^3}\right) \end{cases} \tag{6-4}$$

由于目前磁场测量值多使用磁感应强度的单位，而空气、海水的磁导率近似等于真空中的磁导率 μ_0，则潜艇磁场在地磁坐标系下的磁感应强度为

$$\boldsymbol{B}_s = \mu_0 \boldsymbol{H}_s \tag{6-5}$$

其中

$$\mu_0 = 4\pi \times 10^{-7}\text{H/m}$$

同时，由于磁感应强度的基本单位 T 非常大，航空磁探中多使用 nT 作为单位，因此，为便于使用，把磁感应强度公式进一步写为

$$\begin{cases} \boldsymbol{B}_s = 100(\boldsymbol{i}_x B_x + \boldsymbol{i}_y B_y + \boldsymbol{i}_z B_z) \\ B_x = m_x\left(\dfrac{3x^2}{r^5} - \dfrac{1}{r^3}\right) + m_y \dfrac{3xy}{r^5} + m_z \dfrac{3xz}{r^5} \\ B_y = m_x \dfrac{3xy}{r^5} + m_y\left(\dfrac{3y^2}{r^5} - \dfrac{1}{r^3}\right) + m_z \dfrac{3yz}{r^5} \\ B_z = m_x \dfrac{3xz}{r^5} + m_y \dfrac{3yz}{r^5} + m_z\left(\dfrac{3z^2}{r^5} - \dfrac{1}{r^3}\right) \end{cases} \tag{6-6}$$

使用式（6-6）计算时，公式右边仍采用国际单位制，公式左边所得结果单位为 nT。

设有一闭合面 S 将磁场之“源”完全包于其内，S 称为边界面，S 之外的空间为场域。我们的目的是研究场域内的磁场分布。设 U_m 为标量磁位，如果在边界 S 上，U_m 或 U_m 的法向导数 $-\partial U_m/-\partial n$（或 S 上的一部分为 U_m，另一部分为 $-\partial U_m/-\partial n$）是已知的，则场域中任意一点的 U_m 都是唯一存在的。由边界条件的 U_m 或 $-\partial U_m/-\partial n$ 的分布求场域中 U_m 的问题，称为磁场边值问题。

这里选用将磁性潜艇目标等效为磁偶极子阵列的方法。将 n 个磁偶极子阵列按潜艇龙骨均匀分布，模型示意图如图 6-3 所示。

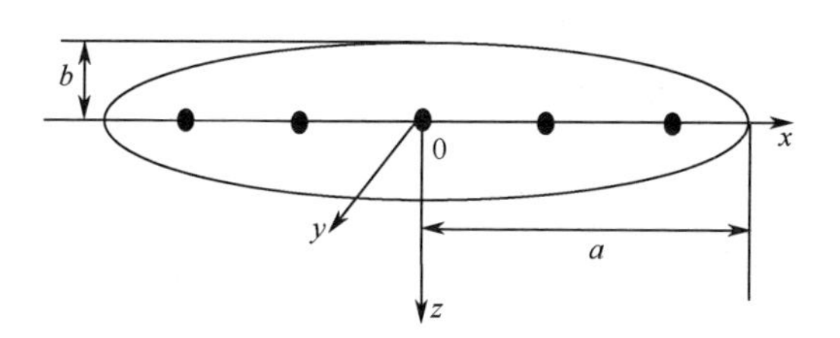

图 6-3　磁偶极子阵列模型

根据建立的坐标系和潜艇的长度、宽度和吃水线的位置，n 个磁偶极子阵列的位置就可以确定了。各测量点相对于椭球中心点的坐标也就可以确定了。设第 i 个磁偶极子的坐标为 (x_{oi}, y_{oi}, z_{oi})，测量点的坐标为 (x_j, y_j, z_j)。

先将在第 j 个测量点测到的 x、y、z 3 个方向的磁场分量分别用 h_{xj}、h_{yj}、h_{zj}表示，因测量点数为 m，在每个测量点都测量 3 个磁场，所以共得到 $3m$ 个磁场值。为后面描述方便起见，将在各测量点上的磁场值统一用 h 表示，$h_1, \cdots, h_j, \cdots, h_m (j = 1,2,\cdots,m)$ 表示从第 1 个测量点到第 m 个测量点 h_x 分量；$h_{1+m}, \cdots, h_{j+m}, \cdots, h_{2m} (j = 1,2,\cdots,m)$ 表示从第 1 个测量点到第 m 个测量点的 h_y

分量；$h_{1+2m},\cdots,h_{j+2m},\cdots,h_{3m}(j=1,2,\cdots,m)$ 表示从第一个测量点到第 m 个测量点 h_z 分量。定义矢量 $\boldsymbol{H}=[h_1 \quad \cdots \quad h_j \quad \cdots \quad h_{3m}]^{\mathrm{T}}$，则 $\boldsymbol{H}$ 表征了该问题的边界条件。

假设每个磁偶极子在 x、y、z 3 个方向上均受到磁化，第 i 个椭球在 x、y 和 z 方向的磁矩分别为 $\boldsymbol{M}_{xi}$、$\boldsymbol{M}_{yi}$、$\boldsymbol{M}_{zi}$。磁矩 $\boldsymbol{M}_{xi}$ 在第 j 个测量点既产生 x 方向的磁场，也产生 y 方向的磁场和 z 方向的磁场。同理，磁矩 $\boldsymbol{M}_{yi}$ 在第 j 个测量点上既产生 y 方向的磁场，也产生 x 方向的磁场和 z 方向的磁场，磁矩 $\boldsymbol{M}_{zi}$ 在第 j 个测量点上既产生 z 方向的磁场，也产生 x 方向的磁场和 y 方向的磁场。根据叠加原理，这 n 个模拟体在第 j 个测量点上产生的 x、y、z 3 个方向的磁场分别为

$$\begin{cases}\sum_{i=1}^{n} f_{xji}m_{xi} + f_{yji}m_{yi} + f_{zji}m_{zi} \\ \sum_{i=1}^{n} g_{xji}m_{xi} + g_{yji}m_{yi} + g_{zji}m_{zi} \\ \sum_{i=1}^{n} e_{xji}m_{xi} + e_{yji}m_{yi} + e_{zji}m_{zi}\end{cases} \tag{6-7}$$

由于第 j 个测量点上，这 n 个模拟体产生的 x、y、z 3 个方向的磁场恰好等于舰船磁场的 x、y 和 z 分量，则得到 3 个方程式：

$$\begin{cases}\sum_{i=1}^{n} f_{xji}m_{xi} + f_{yji}m_{yi} + f_{zji}m_{zi} = h_{xj} \\ \sum_{i=1}^{n} g_{xji}m_{xi} + g_{yji}m_{yi} + g_{zji}m_{zi} = h_{yj} \\ \sum_{i=1}^{n} e_{xji}m_{xi} + e_{yji}m_{yi} + e_{zji}m_{zi} = h_{zj}\end{cases} \tag{6-8}$$

当 j 依次取 $1,2,\cdots,m$ 时，就得到 $3m$ 个方程式，它们构成一个方程组。

在式（6-8）的两侧乘以 μ_0 转化为磁场强度的表达式，即

$$\begin{cases}\sum_{i=1}^{n} \mu_0 f_{xji}m_{xi} + \mu_0 f_{yji}m_{yi} + \mu_0 f_{zji}m_{zi} = \mu_0 h_{xj} \\ \sum_{i=1}^{n} \mu_0 g_{xji}m_{xi} + \mu_0 g_{yji}m_{yi} + \mu_0 g_{zji}m_{zi} = \mu_0 h_{yj} \\ \sum_{i=1}^{n} \mu_0 e_{xji}m_{xi} + \mu_0 e_{yji}m_{yi} + \mu_0 e_{zji}m_{zi} = \mu_0 h_{zj}\end{cases} \tag{6-9}$$

根据单个磁偶极子模型产生的磁场强度表达式可以得到方程组（6-9）的系数表达式为

$$
\begin{cases}
f_{xji} = \dfrac{3}{r_{ij}^{5}}(x_j - x_{oi})2 - \dfrac{1}{r_{ij}^{3}} \\
f_{yji} = \dfrac{3(x_j - x_{oi})(y_j - y_{oi})}{r_{ij}^{5}} \\
f_{zji} = \dfrac{3(x_j - x_{oi})(z_j - z_{oi})}{r_{ij}^{5}} \\
g_{xji} = f_{yji} \\
g_{yji} = \dfrac{3}{r_{ij}^{5}}(y_j - y_{oi})2 - \dfrac{1}{r_{ij}^{3}} \\
g_{zji} = \dfrac{3(y_j - y_{oi})(z_j - z_{oi})}{r_{ij}^{5}} \\
e_{xji} = f_{zji} \\
e_{yji} = g_{yji} \\
e_{zji} = \dfrac{3}{r_{ij}^{5}}(z_j - z_{oi})2 - \dfrac{1}{r_{ij}^{3}}
\end{cases}
\tag{6-10}
$$

$$
r_{ij} = \sqrt{(x_j - x_{oi})^2 + (y_j - y_{oi})^2 + (z_j - z_{oi})^2} \tag{6-11}
$$

先将格式按照 $B_{x1}, \cdots, B_{xm}, B_{y1}, \cdots, B_{ym}, B_{z1}, \cdots, B_{zm}$ 的顺序进行排列，并且用 $a_{j,i}(j = 1,2,\cdots,m; i = 1,2,\cdots,n)$，$a_{j,i+n}$ 及 $a_{j,i+2n}$ 分别表示 $f_{xji}, f_{yji}, f_{zji}$；用 $a_{j+m,i}, a_{j+m,i+n}, a_{j+m,i+2n}$ 表示 $g_{xji}, g_{yji}, g_{zji}$；用 $a_{j+2m,i}, a_{j+2m,i+n}, a_{j+2m,i+2n}$ 分别表示 e_{xji}，e_{yji}, e_{zji}；用 $\boldsymbol{M}_i, \boldsymbol{M}_{i+n}, \boldsymbol{M}_{i+2n}$ 分别表示 m_{xi}, m_{yi}, m_{zi}，则得到 $3m \times 3n$ 矩阵：

$$
\boldsymbol{AM} = \boldsymbol{B} \tag{6-12}
$$

式中：$\boldsymbol{A} = \begin{bmatrix} a_{1,1} & \cdots & a_{1,i} & \cdots & a_{1,3n} \\ \vdots & & \vdots & & \vdots \\ a_{3m,1} & \cdots & a_{3m,i} & \cdots & a_{3m,3n} \end{bmatrix}$ 为方程的系数；$\boldsymbol{M} = [M_1 \quad \cdots \quad M_i \quad \cdots \quad M_{3n}]^{\mathrm{T}}$ 为磁偶极子阵列的磁矩，是待求量；$\boldsymbol{B} = [B_1 \quad \cdots \quad B_i \quad \cdots \quad B_{3n}]^{\mathrm{T}}$ 为方程组的右端项，是特征点磁场的测量值。

求出方程组的待求量 $\boldsymbol{M}$ 之后，即可进行场域的磁场外推计算。

根据新的计算点位置，代入式（6-12）求出系数矩阵，然后利用系数矩阵和磁偶极子阵列的磁矩矩阵相乘即得到相应计算的磁场三分量磁场值。

6.1.2　基于奇异值分解的数学模型的求解方法

6.1.1 节中建立的数学模型中共含有 $3m$ 个方程，而待求的未知数为 $3n$，一般所选的磁偶极子的个数远小于测量点数 m，即未知数远小于方程的个数。由线性代数理论可知，当方程组系数矩阵秩等于其增广矩阵的秩时，方程组是相容的，否则，为矛盾方程组。在用磁偶极子阵列模拟舰船磁场时，所得方程组多为矛盾方程组，而矛盾方程组是无解，即无论怎样选择这 $3n$ 个磁矩都不能使每个测量点上由 n 个磁偶极子产生的磁场都恰好等于舰船磁场。

求解方程组的一般方法分为两类。一类是直接法，就是在没有摄入误差的情况下，通过有限步四则运算求的方程组的精确解。克莱姆法则用于方程组有唯一解的情况（系数矩阵 $\boldsymbol{A}$ 可逆），但计算量十分巨大。比较实用的方法有高斯消去法、列主元消去法和直接三角分解法等。但是直接法的运算量都比较大，当线性方程组阶数比较高或系数矩阵是大稀疏矩阵时，这种方法就不适用。另一类是迭代法，就是从解的某个初始近似值出发利用同一个递推公式，逐次计算出一个近似解序列，序列的极限值为所求方程组的精确解。比较常用的有雅可比迭代、高斯-塞德尔迭代、超松弛迭代等。用迭代的方法求解线性方程组，比较适合于大稀疏的情况，但该方法一般用来讨论对现行方程组的系数矩阵有些条件限制。

对于超定方程组来说，是没有精确解的，因而，绝大多数情况下要求得的是某种意义下的近似解。一般超定方程组得到的是最小二乘意义下的近似解。

对于超定方程组 $\boldsymbol{Ax}=\boldsymbol{b}$，其中 $\boldsymbol{A}\in\boldsymbol{R}^{m\times n},m>n,\boldsymbol{x},\boldsymbol{c}\in\boldsymbol{R}^{n},\boldsymbol{y},\boldsymbol{b}\in\boldsymbol{R}^{m}$，假设矩阵 $\boldsymbol{A}$ 列满秩，求最小二乘解就是要求解

$$\rho^2(x)=\|\boldsymbol{Ax}-\boldsymbol{b}\|_2^2 \tag{6-13}$$

可用微分法求函数式（6-13）的最小值，就像数据拟合法所做的那样，解总是存在的，则

$$\boldsymbol{A}^{\mathrm{T}}\boldsymbol{Ax}=\boldsymbol{A}^{\mathrm{T}}\boldsymbol{b} \tag{6-14}$$

式（6-14）为正规方程。

由线性方程组的知识可知线性最小二乘问题的解总是存在的，再有无穷多解时，这些解中，范数最小的解是唯一的，为 $\boldsymbol{A}^{+}\boldsymbol{b}$。因此，解通用情况下的最小二乘解的关键在于解算 $\boldsymbol{A}^{+}$。

求解 $\boldsymbol{A}^{+}$ 的一种常用的算法是奇异值分解（*SVD*）算法。

设 $\boldsymbol{A}$ 是 $m\times n$ 实矩阵，则对任意 n 维实矢量 $\boldsymbol{x}$，$\boldsymbol{x}^{\mathrm{T}}\boldsymbol{A}^{\mathrm{T}}\boldsymbol{Ax}=\|\boldsymbol{Ax}\|_2^2\geqslant 0$。因此，$\boldsymbol{A}^{\mathrm{T}}\boldsymbol{A}$ 是半正定矩阵，其特征值 $\lambda_1\geqslant\lambda_2\geqslant\cdots\geqslant\lambda_r>\lambda_{r+1}=\cdots=\lambda_n=0$，并且对应有标准正交的特征矢量组 $\boldsymbol{v}_1,\boldsymbol{v}_2,\cdots,\boldsymbol{v}_n$。$\boldsymbol{A}^{\mathrm{T}}\boldsymbol{A}$ 的特征值的非负平方根 $\sigma_1\geqslant\sigma_2\geqslant\cdots\geqslant\sigma_r>\sigma_{r+1}=\cdots=\sigma_n=0$ 称为 $\boldsymbol{A}$ 的奇异值，$\sigma_k^2=\lambda_k(k=1,2,\cdots,n)$。

根据奇异值分解的定理可知

$$\boldsymbol{A}=\boldsymbol{U}\begin{bmatrix}\boldsymbol{\Sigma} & \boldsymbol{o}\\ \boldsymbol{o} & \boldsymbol{o}\end{bmatrix}_{m\times n}\boldsymbol{V}^{\mathrm{T}} \tag{6-15}$$

式中：$\boldsymbol{U}$ 为 m 阶正交矩阵；$\boldsymbol{V}$ 为 n 阶正交矩阵；$\boldsymbol{\Sigma}=\mathrm{diag}(\sigma_1,\sigma_2,\cdots,\sigma_r)$。

因此，利用奇异值分解求解方程组最小二乘解的具体步骤如下。

（1）求酉矩阵 $\boldsymbol{V}_{n\times n}$，使得

$$\boldsymbol{V}^{\mathrm{H}}(\boldsymbol{A}^{\mathrm{H}}\boldsymbol{A})\boldsymbol{V} = \mathrm{diag}(\lambda_1,\cdots,\lambda_r,0,\cdots,0)$$

（2）计算 $\boldsymbol{U}_1 = \boldsymbol{A}\boldsymbol{V}_1\boldsymbol{\Sigma}^{-1}$，其中 $\boldsymbol{V}_1$ 为 $\boldsymbol{V}$ 的前 r 列构成的矩阵。

（3）扩充 $\boldsymbol{U}_1$ 的 r 个列矢量为 $\boldsymbol{C}^m$ 的标准正交基，并记由增加的 $m-r$ 个列矢量构成的矩阵为 $\boldsymbol{U}_2$，那么，$\boldsymbol{U} = [\boldsymbol{U}_1 \quad \boldsymbol{U}_2]$ 是酉矩阵。

（4）写出 $\boldsymbol{A}$ 的奇异值分解。

（5）$\boldsymbol{A}$ 是 $m\times n$ 实矩阵，$\boldsymbol{x}$ 是 n 维实矢量，$\boldsymbol{b}$ 是 m 维矢量。式（6-15）中 $\boldsymbol{U}$ 的列是 m 维空间中的标准正交基，$\boldsymbol{V}$ 的列是 n 维空间的标准正交基，则

$$\boldsymbol{x} = \boldsymbol{c}_1\boldsymbol{v}_1 + \boldsymbol{c}_2\boldsymbol{v}_2 + \cdots + \boldsymbol{c}_n\boldsymbol{v}_n \tag{6-16}$$

$$\boldsymbol{b} = \boldsymbol{u}_1^{\mathrm{T}}\boldsymbol{b}\boldsymbol{u}_1 + \boldsymbol{u}_2^{\mathrm{T}}\boldsymbol{b}\boldsymbol{u}_2 + \cdots + \boldsymbol{u}_m^{\mathrm{T}}\boldsymbol{b}\boldsymbol{u}_m \tag{6-17}$$

于是，有

$$\begin{aligned}\boldsymbol{A}\boldsymbol{x} &= \boldsymbol{c}_1\boldsymbol{A}\boldsymbol{v}_1 + \boldsymbol{c}_2\boldsymbol{A}\boldsymbol{v}_2 + \cdots + \boldsymbol{c}_n\boldsymbol{A}\boldsymbol{v}_n \\ &= \boldsymbol{c}_1\sigma_1\boldsymbol{u}_1 + \boldsymbol{c}_2\sigma_2\boldsymbol{u}_1 + \cdots + \boldsymbol{c}_n\sigma_n\boldsymbol{u}_1\end{aligned} \tag{6-18}$$

（6）得到 $\boldsymbol{A}\boldsymbol{x} = \boldsymbol{b}$ 的最小二乘通解为

$$\boldsymbol{x} = \frac{1}{\sigma_1}\boldsymbol{u}_1^{\mathrm{T}}\boldsymbol{b}\boldsymbol{v}_1 + \frac{1}{\sigma_2}\boldsymbol{u}_2^{\mathrm{T}}\boldsymbol{b}\boldsymbol{v}_2 + \cdots + \frac{1}{\sigma_r}\boldsymbol{u}_r^{\mathrm{T}}\boldsymbol{b}\boldsymbol{v}_r \tag{6-19}$$

6.1.3　用磁体模拟法计算舰船磁场的具体步骤

（1）根据舰船的有关尺寸确定测量面（即场域的边界面），并在测量面上确定各测量点的坐标，测量舰船磁场的 3 个分量。测量点的 x、y、z 坐标分别以数组 $X(m)$、$Y(m)$、$Z(m)$ 表示，其中 m 为测量点数。3 个方向的磁场分量以数组 $b(3m)$ 表示，其中前 m 个元素为各个测量点磁场的 x 分量，第 $m+1$ 到第 $2m$ 个元素为磁场的 y 分量，第 $2m+1$ 到第 $3m$ 个元素为磁场的 z 分量。

（2）人为地选择磁偶极子的数目及各个磁偶极子和中心点的坐标。各个磁偶极子的坐标分别以数组 $Xc(n)$、$Yc(n)$、$Zc(n)$ 表示。

（3）形成矛盾方程组。根据已确定的测量点坐标和磁偶极子的坐标，利用式（6-8）~式（6-11）计算矛盾方程组系数矩阵中的各元素 $a_{j,i}(j=1,2,\cdots,3m;i=1,2,\cdots,3n)$，并以 $b(j)$ 作为矛盾方程组的右端项。

（4）根据奇异值分解求解的方程组最小二乘解的方法计算各个参数。

（5）求解方程组得到各磁偶极子的三分量磁矩。

（6）考察磁偶极子产生的磁场与测量面上的近似程度。一般用最大误差和均方误差作为考察指标。

（7）计算舰船磁场。根据场点的坐标计算磁场，即

$$\begin{cases} B_x = \sum_{i=1}^{n} f_{xi}m_{xi} + f_{yi}m_{yi} + f_{zi}m_{zi} \\ B_y = \sum_{i=1}^{n} g_{xi}m_{xi} + g_{yi}m_{yi} + g_{zi}m_{zi} \\ B_z = \sum_{i=1}^{n} e_{xi}m_{xi} + e_{yi}m_{yi} + e_{zi}m_{zi} \end{cases} \tag{6-20}$$

6.2 潜艇运动模型

6.2.1 模拟潜艇作战想定

磁探仪搜潜过程中潜艇和磁探仪之间一般认为有3种运动态势：第一种运动态势是潜艇可能出现在一定的可疑区域，反潜机和潜艇互相未知对方的位置，反潜机在该可疑区域进行检查搜索；第二种运动态势是其他探测手段发现潜艇，通报给反潜机，且潜艇只知道该目标的概略位置，潜艇未发现反潜飞机，在这种态势下一般反潜机对潜艇进行应召搜索；第三种运动态势是反潜机概知目标的位置，潜艇同样发现反潜飞机对其进行搜索，潜艇采取典型的规避动作进行机动规避。

6.2.2 非规避条件下典型潜艇运动模型

1. 应召搜索条件下潜艇运动模型

应召搜索是指通过一定的渠道了解了目标的部分信息，然后又失去目标而进行的一种搜索，目标主要是指潜艇。

目标信息包括目标概略位置、目标航向、目标速度。

了解目标信息渠道是多种多样的，如上级或其他兵力的通报、本舰探测警戒器材的（声纳会聚区、拖曳线列阵声纳、雷达等）发现。这时，所掌握的目标信息是不完备的。根据所了解的目标信息的不同，可以对应召搜索概略分为以下两类：①概知目标位置、目标航向时的应召搜索；②概知目标位置时的应召搜索

上述应召搜索的类型的划分源于不同的战术背景及技术装备。如基地或其他兵力的通报可产生应召搜索类型①；当雷达发现潜望镜或半潜望状态的潜艇后又丢失目标所产生的应召搜索类型可能是②。

应召搜索的实质是根据已知目标的信息，推测出目标的散布，合理地分配兵力，并作出兵力的行动方案以达到发现目标的目的。因此，进行搜潜效能评

估必须建立应召搜索条件下潜艇散布及运动模型。

应召搜潜是在获得潜艇大致范围条件下进行的。通常认为，潜艇初始时刻位置在平面直角坐标系的横坐标和纵坐标都服从正态分布 $N(0,\sigma_{0x}^2)$ 和 $N(0,\sigma_{0y}^2)$，其中 σ_{0x}、σ_{0y} 为潜艇初始位置分布标准差。潜艇分布的概率密度为

$$f(x,y)=\frac{1}{2\pi\sigma_{0x}\sigma_{0y}}e^{-\left(\frac{x^2}{2\sigma_{0x}^2}+\frac{y^2}{2\sigma_{0y}^2}\right)} \tag{6-21}$$

x、y 独立同分布。当 $\sigma_{0x}=\sigma_{0y}=\sigma_0$ 时，式（6-21）可化简为

$$f(x,y)=\frac{1}{2\pi\sigma_0^2}e^{-\frac{x^2+y^2}{2\sigma_0^2}} \tag{6-22}$$

潜艇在极坐标下的位置为 (r,θ)，极坐标形式下的概率密度为

$$f(r,\theta)=\frac{1}{2\pi\sigma_0^2}e^{-\frac{r^2}{2\sigma_0^2}} \tag{6-23}$$

式中：$D=\{(r_0,\theta)\mid r_0>0,\theta\in[0,2\pi]\}$。

目标的初始分布服从以［0，0］为中心的圆正态分布，其中 r_0 为潜艇的真实位置与坐标原点的距离，θ 为目标方位。

在搜索过程中，潜艇的运动过程和搜索者应该是相互独立的，因此，在搜索者对潜搜索的过程中，潜艇运动的整个过程应该是随机的。在非规避条件下认为指挥员未能发现反潜机的搜索，因此，在一定时间段内，一般认为潜艇的运动近似匀速运动。所以非规避条件下潜艇进行航速恒定航向随机的运动。

当 $0\leqslant t<t_i$ 时，潜艇运动模型为

$$\begin{cases}\text{Sub\_}x_{i\_t}=\text{Sub\_}x_i+v_{\text{sub}}t\cos\eta_i\\ \text{Sub\_}y_{i\_t}=\text{Sub\_}y_i+v_{\text{sub}}t\sin\eta_i\end{cases} \tag{6-24}$$

式中：η_i 为潜艇航向；$(\text{Sub\_}x_i,\text{Sub\_}y_i)$ 为搜索过程开始时刻的潜艇位置。

2. 检查搜索条件下潜艇运动模型

（1）潜艇初始散布。由于执行巡逻搜索任务时不能确定在指定海域是否存在潜艇，或者无法提供有关潜艇位置的具体信息，因此，当在该区域存在潜艇时，假设其初始位置在该区域服从二维均匀分布是合理的。

设执行检查搜索任务时指定的搜索海域为 $A=\{(x,y)\mid 0\leqslant x\leqslant a,0\leqslant y\leqslant b\}$，则 (x_0,y_0) 在该区域服从均匀分布的潜艇位置概率密度函数为

$$f_0(x,y)=\begin{cases}\dfrac{1}{ab},0\leqslant x\leqslant a,0\leqslant y\leqslant b\\ 0,\text{其他}\end{cases} \tag{6-25}$$

（2）潜艇运动一段时间后的位置散布为

$$f(x,y)=\begin{cases}\dfrac{1}{ab},v_e t_0\leqslant x\leqslant a-v_e t_0,v_e t_0\leqslant y\leqslant b-v_e t_0\\ 0,\text{其他}\end{cases} \tag{6-26}$$

当 $a \gg v_e t_0$ 和 $b \gg v_e t_0$ 时，即指定搜索区域大于目标运动散布区域时（因潜艇水下速度较慢，通常情况下均成立），将搜索海域扩大为 $\tilde{A} = \begin{cases} -v_e t_0 \leqslant x \leqslant a + v_e t_0 \\ -v_e t_0 \leqslant y \leqslant b + v_e t_0 \end{cases}$，则式（6-26）变为

$$f(x,y) = \begin{cases} \dfrac{1}{(a + 2v_e t_0)(b + 2v_e t_0)}, & (x,y) \in \tilde{A} \\ 0, & \text{其他} \end{cases} \tag{6-27}$$

由式（6-27）可知，即使考虑目标运动的影响，在一般情况下，将搜索海域稍微扩大一些后，仍可假设潜艇位置服从均匀分布。

6.2.3 典型规避条件下潜艇运动模型

当潜艇发现被探测或跟踪条件下，需通过改变航速、航向、航深等方式机动规避探测或跟踪。在规避机动运动时，若改变深度，采用增加深度等措施；若改变速度，较大速度迅速逃离；若改变航向，则采用磁感应强度最小的方向航行。

1. 潜艇规避机动条件

根据潜艇对抗磁性武器作战模拟仿真评估作战想定，当反潜机和潜艇处于第三种态势下时，潜艇采取典型的机动规避动作进行机动规避。

2. 典型规避条件下潜艇规避机动运动模型

（1）潜艇运动要素初始化。设潜艇发现被探测的开始时间为 t_0，潜艇的初始位置为 $S_0(x_{sub0}, y_{sub0})$，若已知潜艇概略航向 η_{sub} 和航速 v_{sub}，则赋初值；否则随机产生潜艇航向 η_{sub} 和航速 v_{sub}。

（2）设定潜艇和反潜机的警戒规避距离，若潜艇开始警戒，则根据规避的方法（调整航向、调整航速、调整航向）原则进行规避，更新路径。

（3）在反潜机搜索续航时间内，若潜艇被探测到，仿真结束，算法结束；如果已经达到反潜机续航时间，依然探测不到，算法结束。

（4）潜艇规避运动的产生。假设 t 时刻潜艇的位置为 $S(t)$：$(x_{sub}(t), y_{sub}(t))$，潜艇的航向为 θ，潜艇的航速为 v_{sub}，假设潜艇改变之后的航向为 η，改变之后航速为 v_c。反潜机的位置为 $M(t)$：$(x_{mad}(t), y_{mad}(t))$，当 $\sqrt{(y_{mad}(t) - y_{sub}(t))^2 + (x_{mad}(t) - x_{sub}(t))^2} \leqslant W$ 时，潜艇开始进行规避，规避方式分为以下 3 种典型情况。

① 改变航向，即

$$\begin{cases} \mathrm{Sub\_}x_{i\_t} = x_{sub}(t) + v_{sub} t\cos\eta \\ \mathrm{Sub\_}y_{i\_t} = y_{sub}(t) + v_{sub} t\sin\eta \end{cases} \tag{6-28}$$

② 改变航速，即

$$\begin{cases} \mathrm{Sub}\_x_{i\_t} = x_{\mathrm{sub}}(t) + v_{\mathrm{c}} t\cos\theta \\ \mathrm{Sub}\_y_{i\_t} = y_{\mathrm{sub}}(t) + v_{\mathrm{c}} t\sin\theta \end{cases} \tag{6-29}$$

③ 改变深度，即

$$\begin{cases} \mathrm{Sub}\_x_{i\_t} = x_{\mathrm{sub}}(t) + v_{\mathrm{sub}} t\cos\theta \\ \mathrm{Sub}\_y_{i\_t} = y_{\mathrm{sub}}(t) + v_{\mathrm{sub}} t\sin\theta \end{cases} \tag{6-30}$$

6.3　反潜机战术搜索航路规划模型

为了有效实施反潜搜索的战术，必须规划任务有效性高的反潜机搜潜航路；对反潜机搜潜航路进行计算和仿真是模拟潜艇对抗反潜机、潜艇对抗磁性武器搜潜效能评估的前提。本节主要研究反潜机反潜飞行过程中的航路规划算法，建立反潜机战术飞行的数学模型。

6.3.1　反潜机战术搜索航路规划算法概述

线路飞行是指飞机依次飞经预先设定好的航路点，通常用于飞行训练与导航，是一种常用的飞行任务。对于反潜机搜索潜艇来说，其中一些重要的航路点通常是根据反潜机的机动性能、机载搜潜传感器的战技性能以及目标态势选定的，如反潜机转弯起始点、目标初始通报位置等，这些航路点称为离散点。

搜索是指搜索者在事先不知道被搜索目标当前具体位置的前提下，在给定空间区域内通过一定的运动形式，应用某些探测手段（如目力、雷达、声纳、磁探仪等）进行寻找，试图与其建立起某种形式（如声、光、磁）的接触，以获取其位置等信息的行动过程。给定空间区域内一定的运动形式就是反潜机搜潜时的航路规划问题，其过程可以描述如下：首先，在满足最小转弯半径的约束条件下，反潜飞机从某个初始位置出发，在最短时间内抵达潜艇出现的概略位置；然后，结合潜艇信息，根据机载搜潜装备的搜索方法对一定海域下的潜艇进行搜索，在对潜艇进行搜索过程中，反潜机每个工作周期可以完成一定范围的搜索，搜索完当前位置后，转移到下一位置进行搜索。其目的是要寻找一条从初始位置到搜索结束的飞行轨迹，使得反潜机按照这条飞行轨迹搜索时的搜索概率最大、搜索时间最短，主要是确定各个离散点的坐标以及反潜机的转向和盘旋半径。

反潜机的反潜搜索航路规划算法其实质是要建立反潜机反潜搜索时的飞行仿真模型。动力学仿真算法在单个飞机模拟时精确度高，但算法耗费资源大，不适合在航空搜潜仿真中使用。为了尽可能建立一个精确可靠又简单的数学模型，考虑反潜机在巡航过程中和执行搜潜过程中，其飞行高度基本不变，忽略从巡航高度下降到搜潜高度的过渡过程，故只需建立二维航路规划模型。对飞机的运动作如下假设。

（1）飞机是质点。

（2）地面为惯性参考系，即地面坐标为惯性坐标。

（3）忽略地面曲率，地面为平面。

（4）重力加速度不随高度而变化。

（5）飞机飞行过程中质量恒定。

据此，可以利用直线段和弧线段组合模拟航迹。

假设反潜机正在空中巡逻，接到命令，赶往某海域或某目标通报位置执行搜潜任务。根据潜艇对抗磁性武器作战模拟作战想定，反潜机一般有两种搜潜态势：第一种是概知目标的分布区域，在该分布区域进行检查搜索；第二种是概知目标的初始位置，在该分布区域进行应召搜索。

这两种态势下的航路规划分两个过程：转弯过程与直飞过程。首先根据反潜机初始航向与目标方位角之间的关系，确定转弯方向，即是逆时针转弯还是顺时针转弯。当反潜飞机航向正对目标初始概略位置时，开始直飞。

反潜机的航路规划分 3 个过程：转弯过程、直飞过程与转弯过程。首先根据反潜飞机初始航向与目标方位角之间的关系，确定转弯方向，即是逆时针转弯还是顺时针转弯。当反潜机航向正对与目标初始概略位置有关的某个位置时，开始直飞。最后再根据此时反潜飞机的航向与目标航向的关系，确定转弯方向。

反潜机反潜航路规划算法的基本步骤如下。

（1）以反潜机的起飞机场为坐标原点，x 轴为正东方向，y 轴为正北方向，建立平面直角坐标系。为建模方便，所有角度都转化为以横轴为参考，逆时针旋转为正，反之为负。

（2）根据已知条件，求出由离散点 P_i 到 P_{i+1} 所需的时间 T_i、航程 L_i 或者转过的角度 β_i，从而确定各离散点的坐标位置（$\mathrm{Pla}\_x_{P_i}, \mathrm{Pla}\_y_{P_i}$）以及各离散点处反潜飞机的航向 $\alpha_{P_i}(i = 1,2,\cdots,n)$。

由 P_i 到 P_{i+1} 的过程可分为两种情况：直飞和转弯。转弯又可分为逆时针转弯和顺时针转弯，转过的角度为 $\Delta\alpha = \alpha_{P_{i+1}} - \alpha_{P_i}$。如果 $\Delta\alpha > 0$，则逆时针旋转；反之，则顺时针旋转。

6.3.2 反潜机战术搜索航路规划建模

已知反潜机初始位置为（$\mathrm{Pla}\_x_0, \mathrm{Pla}\_y_0$），初始航向为 α_{N0}，巡航速度为 v_c，反潜机最大转弯坡度角为 ω，目标概略位置为（x_T, y_T）（潜艇初始位置、搜索海域的中心位置或者指定的某个位置统称为目标位置）。

在领航学中，所有角度都是以地理上的正北为基准，顺时针转为正，反之为负。为建模方便，把领航角度转化为直角坐标系中的角度，其转换关系如下：

若 $\alpha_{N0} \geqslant 0$，且 $\alpha_{N0} \leqslant 90°$，则 $\alpha_0 = 90° - \alpha_{N0}$；

若 $\alpha_{N0} > 90°$，且 $\alpha_{N0} \leqslant 360°$，则 $\alpha_0 = 450° - \alpha_{N0}$。

反潜机以巡航速度转弯时的最小转弯半径为

$$R_1 = \frac{v_c^2}{g\tan\omega} \tag{6-31}$$

式中：g 为海域重力加速度。

目标方位角为

$$\theta = \begin{cases} \arctan\dfrac{y_T - \text{Pla\_}y_0}{x_T - \text{Pla\_}x_0}, x_T \geqslant \text{Pla\_}x_0, \text{且 } y_T \geqslant \text{Pla\_}y_0 \\ \pi + \arctan\dfrac{y_T - \text{Pla\_}y_0}{x_T - \text{Pla\_}x_0}, x_T < \text{Pla\_}x_0 \\ 2\pi + \arctan\dfrac{y_T - \text{Pla\_}y_0}{x_T - \text{Pla\_}x_0}, x_T > \text{Pla\_}x_0, \text{且 } y_T < \text{Pla\_}y_0 \end{cases} \tag{6-32}$$

根据 θ 的不同取值，有以下 4 种情况。

1. 目标方位角位于第一象限

当目标方位角位于第一象限，即 $0 \leqslant \theta < \dfrac{\pi}{2}$ 时，根据 α_0 与 θ 的关系共有以下 3 种情况。

（1）$\theta \leqslant \alpha_0 < \pi + \theta$。反潜飞机顺时针转弯，如图 6-4 所示。

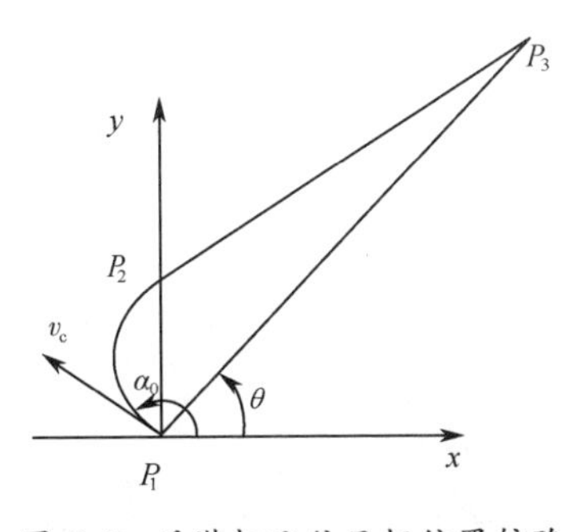

图 6-4　反潜机飞往目标位置航路

在图 6-4 中，P_1 为反潜机的初始位置，P_2 为航向调整结束位置，P_3 为目标位置。

整个航路规划可分为以下两个过程。

①P_1 顺时针转弯飞到 P_2。当 $0 \leqslant t < T_1$ 时，有

$$\begin{cases} \text{Pla\_}x_t = \text{Pla\_}x_0 + R_1\cos\alpha_0\sin(v_c t/R_1) - R_1\sin\alpha_0\cos(v_c t/R_1) + R_1\sin\alpha_0 \\ \text{Pla\_}y_t = \text{Pla\_}y_0 + R_1\sin\alpha_0\sin(v_c t/R_1) + R_1\cos\alpha_0\cos(v_c t/R_1) - R_1\cos\alpha_0 \end{cases} \tag{6-33}$$

到达 P_2 时，有

$$\begin{cases} \text{Pla\_}x_{P_2} = \text{Pla\_}x_0 + R_1\cos\alpha_0\sin(v_c T_1/R_1) - R_1\sin\alpha_0\cos(v_c T_1/R_1) + R_1\sin\alpha_0 \\ \text{Pla\_}y_{P_2} = \text{Pla\_}y_0 + R_1\sin\alpha_0\sin(v_c T_1/R_1) + R_1\cos\alpha_0\cos(v_c T_1/R_1) - R_1\cos\alpha_0 \end{cases} \tag{6-34}$$

$$\alpha_{P_2} = \alpha_0 - v_c T_1/R_1 \tag{6-35}$$

此时，飞机航向等于切线矢量$\overrightarrow{P_2P_3}$的方向，即

$$\alpha_{P_2} = \arctan\frac{y_T - \text{Pla\_}y_{P_2}}{x_T - \text{Pla\_}x_{P_2}} \tag{6-36}$$

联立式（6-34）、式（6-35）和式（6-36）可求解 T_1。

②P_2 直飞到 P_3。由图 6-4 可知

$$L_2 = \sqrt{(y_T - \text{Pla\_}y_{P_2})^2 + (x_T - \text{Pla\_}x_{P_2})^2}$$

则 $T_2 = L_2/v_c$，当 $0 \leqslant t < T_2$ 时，有

$$\begin{cases} \text{Pla\_}x_t = \text{Pla\_}x_{P_2} + v_c t\cos\alpha_{P_2} \\ \text{Pla\_}y_t = \text{Pla\_}y_{P_2} + v_c t\sin\alpha_{P_2} \end{cases} \tag{6-37}$$

若直飞过程中反潜机做加速或减速，则式（6-37）中的 v_c 应改为 $\int_0^t [v_c \pm a(\tau)]\mathrm{d}\tau$，其中 $a(\tau)$ 为加速度，“+”表示加速，“-”表示减速。

（2）$\pi + \theta \leqslant \alpha_0 < 2\pi$。反潜飞机逆时针转弯，如图 6-5 所示。

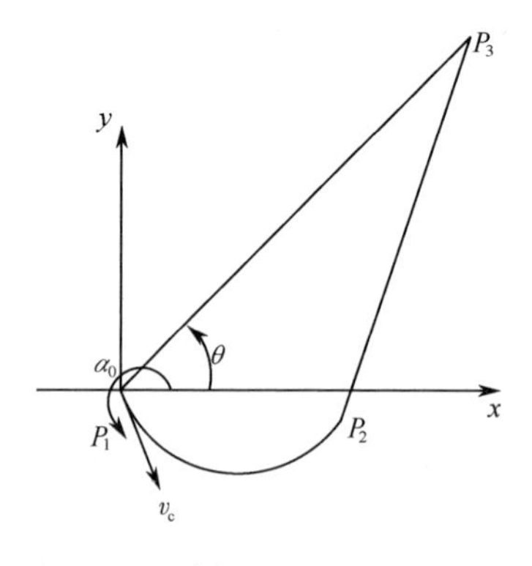

图 6-5　反潜机飞往目标位置航路

整个航路规划可分为以下两个过程。

① P_1 逆时针转弯飞到 P_2。当 $0 \leqslant t < T_1$ 时，有

$$\begin{cases} \text{Pla\_}x_t = \text{Pla\_}x_0 + R_1\cos\alpha_0\sin(v_c t/R_1) + R_1\sin\alpha_0\cos(v_c t/R_1) - R_1\sin\alpha_0 \\ \text{Pla\_}y_t = \text{Pla\_}y_0 + R_1\sin\alpha_0\sin(v_c t/R_1) - R_1\cos\alpha_0\cos(v_c t/R_1) + R_1\cos\alpha_0 \end{cases} \tag{6-38}$$

到达 P_2 时，有

$$\begin{cases} \text{Pla\_}x_{P_2} = \text{Pla\_}x_0 + R_1\cos\alpha_0\sin(v_c T_1/R_1) + R_1\sin\alpha_0\cos(v_c T_1/R_1) - R_1\sin\alpha_0 \\ \text{Pla\_}y_{P_2} = \text{Pla\_}y_0 + R_1\sin\alpha_0\sin(v_c T_1/R_1) - R_1\cos\alpha_0\cos(v_c T_1/R_1) + R_1\cos\alpha_0 \end{cases} \tag{6-39}$$

和

$$\alpha_{P_2} = \alpha_0 + v_c T_1/R_1 - 2\pi \tag{6-40}$$

联立式（6-39）、式（6-40）和式（6-36）可求解 T_1。

② P_2 直飞到 P_3。航路规划模型与式（6-37）相同。

（3）$0 \leqslant \alpha_0 < \theta$。反潜机逆时针转弯，如图 6-6 所示。

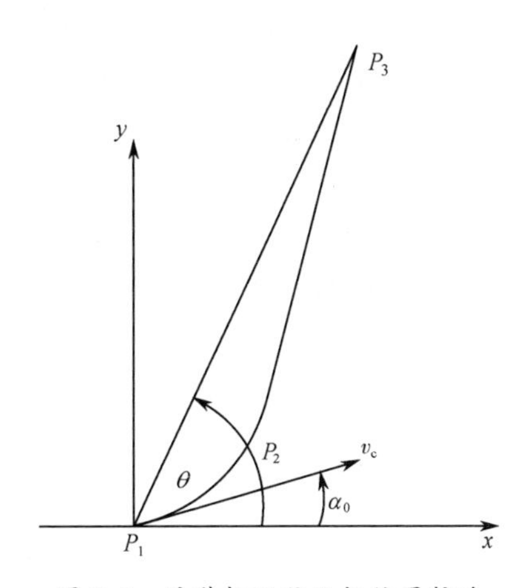

图 6-6　反潜机飞往目标位置航路

整个航路规划可分为以下两个过程。

① P_1 逆时针转弯飞到 P_2。航路规划模型与式（6-38）相同。

到达 P_2 时，离散点 P_2 的位置模型与式（6-39）相同，即

$$\alpha_{P_2} = \alpha_0 + v_c T_1/R_1 \tag{6-41}$$

联立式（6-39）、式（6-41）和式（6-36）可求解 T_1。

② P_2 直飞到 P_3。航路规划模型与式（6-37）相同。

2. 目标方位角位于第二象限

当目标方位角位于第二象限，即 $\frac{\pi}{2} \leqslant \theta < \pi$ 时，根据 α_0 与 θ 的关系共有

以下 3 种情况。

（1）$\theta \leqslant \alpha_0 < \pi + \theta$。反潜机顺时针转弯，如图 6-7 所示。

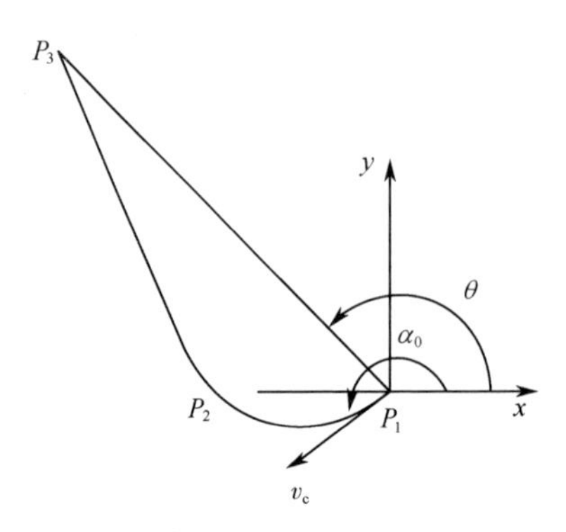

图 6-7　反潜机飞往目标位置航路

整个航路规划可分为以下两个过程。

① P_1 顺时针转弯飞到 P_2。航路规划模型与式（6-33）相同。

到达 P_2 时，离散点 P_2 的位置模型、航向模型分别与式（6-34）、式（6-35）相同，即

$$\alpha_{P_2} = \pi + \arctan \frac{y_T - \text{Pla\_}y_{P_2}}{x_T - \text{Pla\_}x_{P_2}} \tag{6-42}$$

联立式（6-34）、式（6-35）和式（6-42）可求解 T_1。

② P_2 直飞到 P_3。航路规划模型与式（6-37）相同。

（2）$\pi + \theta \leqslant \alpha_0 < 2\pi$。反潜飞机逆时针转弯，如图 6-8 所示。

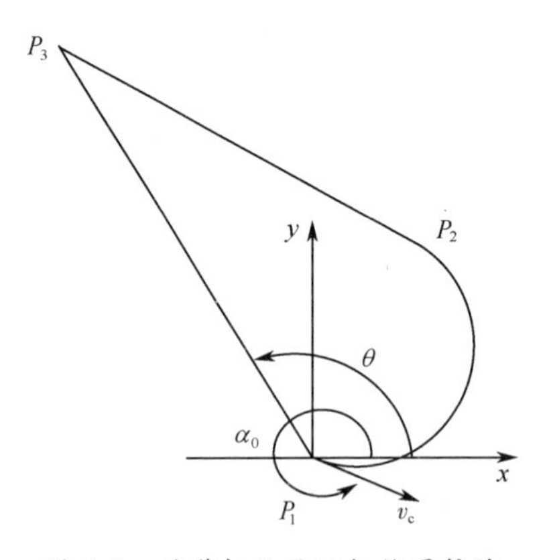

图 6-8　反潜机飞往目标位置航路

整个航路规划可分为以下两个过程。

① P_1 逆时针转弯飞到 P_2。航路规划模型与式（6-38）相同。

到达 P_2 时，离散点 P_2 的位置模型、航向模型分别与式（6-39）、式（6-40）相同。

联立式（6-39）、式（6-40）和式（6-36）可求解 T_1。

② P_2 直飞到 P_3。航路规划模型与式（6-37）相同。

（3）$0 \leqslant \alpha_0 < \theta$。反潜机逆时针转弯，如图6-9所示。

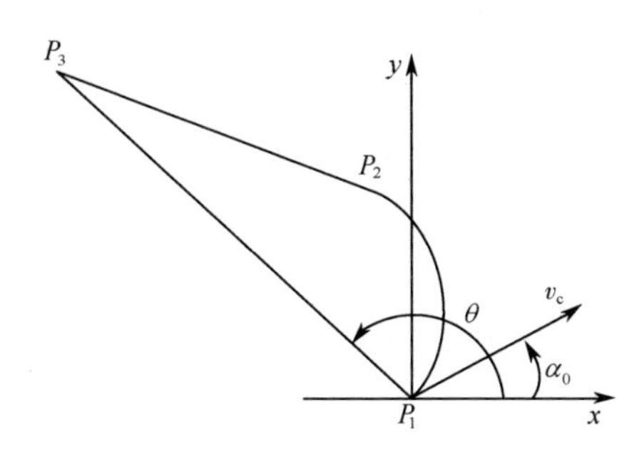

图6-9　反潜机飞往目标位置航路

整个航路规划可分为以下两个过程。

① P_1 逆时针转弯飞到 P_2。航路规划模型与式（6-38）相同。

到达 P_2 时，离散点 P_2 的位置模型、航向模型分别与式（6-39）、式（6-41）相同。

联立式（6-39）、式（6-41）和式（6-42）可求解 T_1。

② P_2 直飞到 P_3。航路规划模型与式（6-37）相同。

综上可知，目标方位角位于第一、第二象限时的航路规划模型相同。

3. 目标方位角位于第三象限

当目标方位角位于第三象限，即 $\pi \leqslant \theta < \dfrac{3\pi}{2}$ 时，根据 α_0 与 θ 的关系共有以下3种情况。

（1）$\theta - \pi \leqslant \alpha_0 < \theta$。反潜机逆时针转弯，如图6-10所示。

整个航路规划可分为以下两个过程。

① P_1 逆时针转弯飞到 P_2。航路规划模型与式（6-38）相同。

到达 P_2 时，离散点 P_2 的位置模型、航向模型分别与式（6-39）、式（6-41）相同。

联立式（6-39）、式（6-41）和式（6-42）可求解 T_1。

② P_2 直飞到 P_3。航路规划模型与式（6-37）相同。

（2）$\theta \leqslant \alpha_0 < 2\pi$。反潜机顺时针转弯，如图6-11所示。

整个航路规划可分为以下两个过程。

① P_1 顺时针转弯飞到 P_2。航路规划模型与式（6-33）相同。

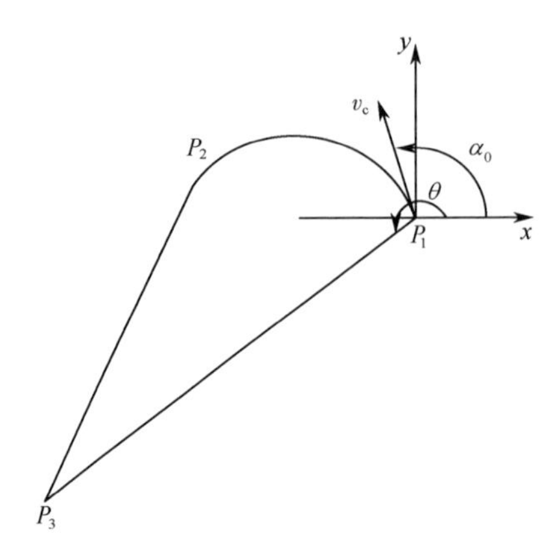

图 6-10　反潜机飞往目标位置航路

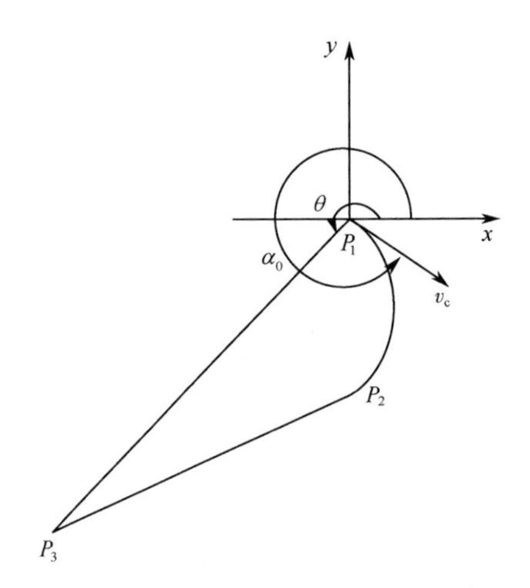

图 6-11　反潜机飞往目标位置航路

到达 P_2 时，离散点 P_2 的位置模型、航向模型分别与式（6-34）、式（6-35）相同。

联立式（6-34）、式（6-35）和式（6-42）求解 T_1。

② P_2 直飞到 P_3。航路规划模型与式（6-37）相同。

（3）$0\leqslant\alpha_0<\theta-\pi$。反潜飞机顺时针转弯，如图 6-12 所示。

整个航路规划可分为以下两个过程。

① P_1 顺时针转弯飞到 P_2。航路规划模型与式（6-33）相同。

到达 P_2 时，离散点 P_2 的位置模型与式（6-34）相同，即

$$\alpha_{P_2}=\alpha_0-v_cT_1/R_1+2\pi \tag{6-43}$$

联立式（6-34）、式（6-43）和式（6-42）可求解 T_1。

② P_2 直飞到 P_3。航路规划模型与式（6-37）相同。

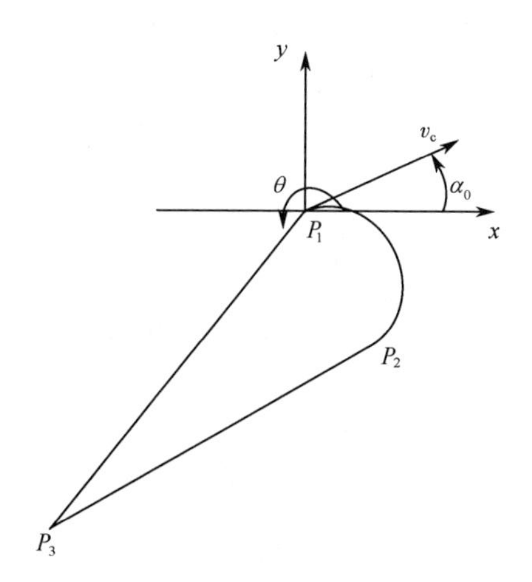

图 6-12　反潜机飞往目标位置航路

4. 目标方位角位于第四象限

当目标方位角位于第四象限，即 $\frac{3\pi}{2} \leqslant \theta < 2\pi$ 时，根据 α_0 与 θ 的关系共有以下 3 种情况。

（1）$\theta - \pi \leqslant \alpha_0 < \theta$。反潜机逆时针转弯，如图 6-13 所示。

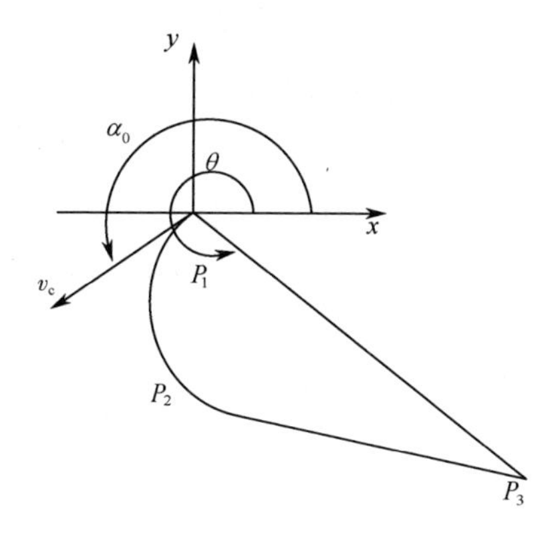

图 6-13　反潜机飞往目标位置航路

整个航路规划可分为以下两个过程。

① P_1 逆时针转弯飞到 P_2。航路规划模型与式（6-38）相同。

到达 P_2 时，离散点 P_2 的位置模型、航向模型分别与式（6-39）、式（6-41）相同，即

$$\alpha_{P_2} = 2\pi + \arctan \frac{y_T - Pla\_y_{P_2}}{x_T - Pla\_x_{P_2}} \tag{6-44}$$

联立式（6-39）、式（6-41）和式（6-44）可求解 T_1。

② P_2 直飞到 P_3。航路规划模型与式（6-37）相同。

（2）$\theta \leqslant \alpha_0 < 2\pi$。反潜机顺时针转弯，如图 6-14 所示。

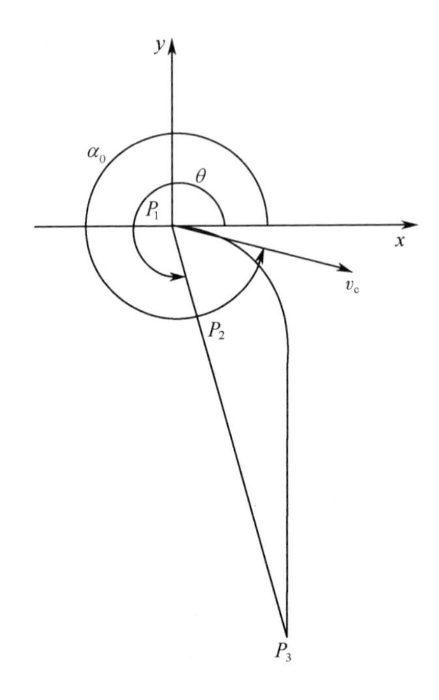

图 6-14　反潜机飞往目标位置航路

整个航路规划可分为以下两个过程。

① P_1 顺时针转弯飞到 P_2。航路规划模型与式（6-33）相同。

到达 P_2 时，离散点 P_2 的位置模型、航向模型分别与式（6-34）、式（6-35）相同。

联立式（6-34）、式（6-35）和式（6-44）可求解 T_1。

② P_2 直飞到 P_3。航路规划模型与式（6-37）相同。

（3）$0 \leqslant \alpha_0 < \theta - \pi$。反潜机顺时针转弯，如图 6-15 所示。

整个航路规划可分为以下两个过程。

① P_1 顺时针转弯飞到 P_2。航路规划模型与式（6-33）相同。

到达 P_2 时，离散点 P_2 的位置模型、航向模型分别与式（6-34）、式（6-43）相同。

联立式（6-34）、式（6-43）和式（6-44）可求解 T_1。

② P_2 直飞到 P_3。航路规划模型与式（6-37）相同。

综上所述，目标方位角位于第三、第四象限时的航路规划模型相同。

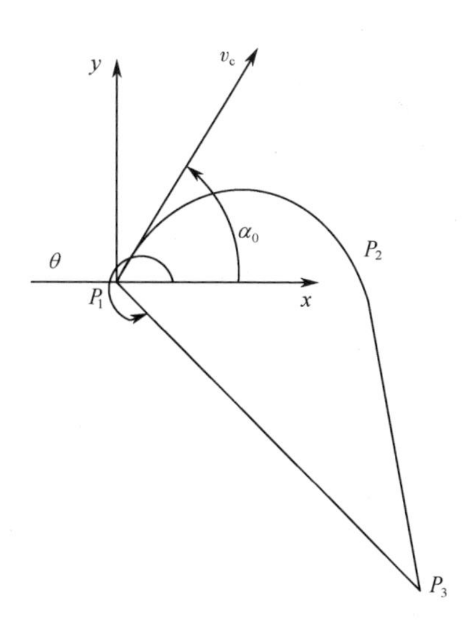

图 6-15　反潜机飞往目标位置航路

6.3.3　反潜机战术搜索航路规划仿真

仿真 1：目标方位角位于第一象限航路规划模型验证。

仿真参数：反潜机初始位置为（200，200）km，巡航速度为 600km/h，最大转弯坡度角为 30°，目标概略位置为（260，260）km，所在海域重力加速度为 9.8m/s^2。当反潜机初始航向分别为 10°、80°、150°和 300°时，可得仿真结果如图 6-16 所示。

仿真 2：目标方位角位于第二象限航路规划模型验证。

仿真参数：反潜机初始位置为（260，200）km，目标概略位置为（200，260）km，其他参数与仿真 1 相同。当反潜机初始航向分别为 60°、100°、200°和 280°时，可得仿真结果如图 6-17 所示。

仿真 3：目标方位角位于第三象限航路规划模型验证。

仿真参数：反潜机初始位置为（260，260）km，目标概略位置为（200，200）km，其他参数与仿真 1 相同。当反潜机初始航向分别为 90°、120°、200°和 330°时，可得仿真结果如图 6-18 所示。

仿真 4：目标方位角位于第四象限航路规划模型验证。

仿真参数：反潜机初始位置为（260，260）km，目标概略位置为（200，200）km，其他参数与仿真 1 相同。当反潜飞机初始航向分别为 30°、100°、220°和 270°时，可得仿真结果如图 6-19 所示。

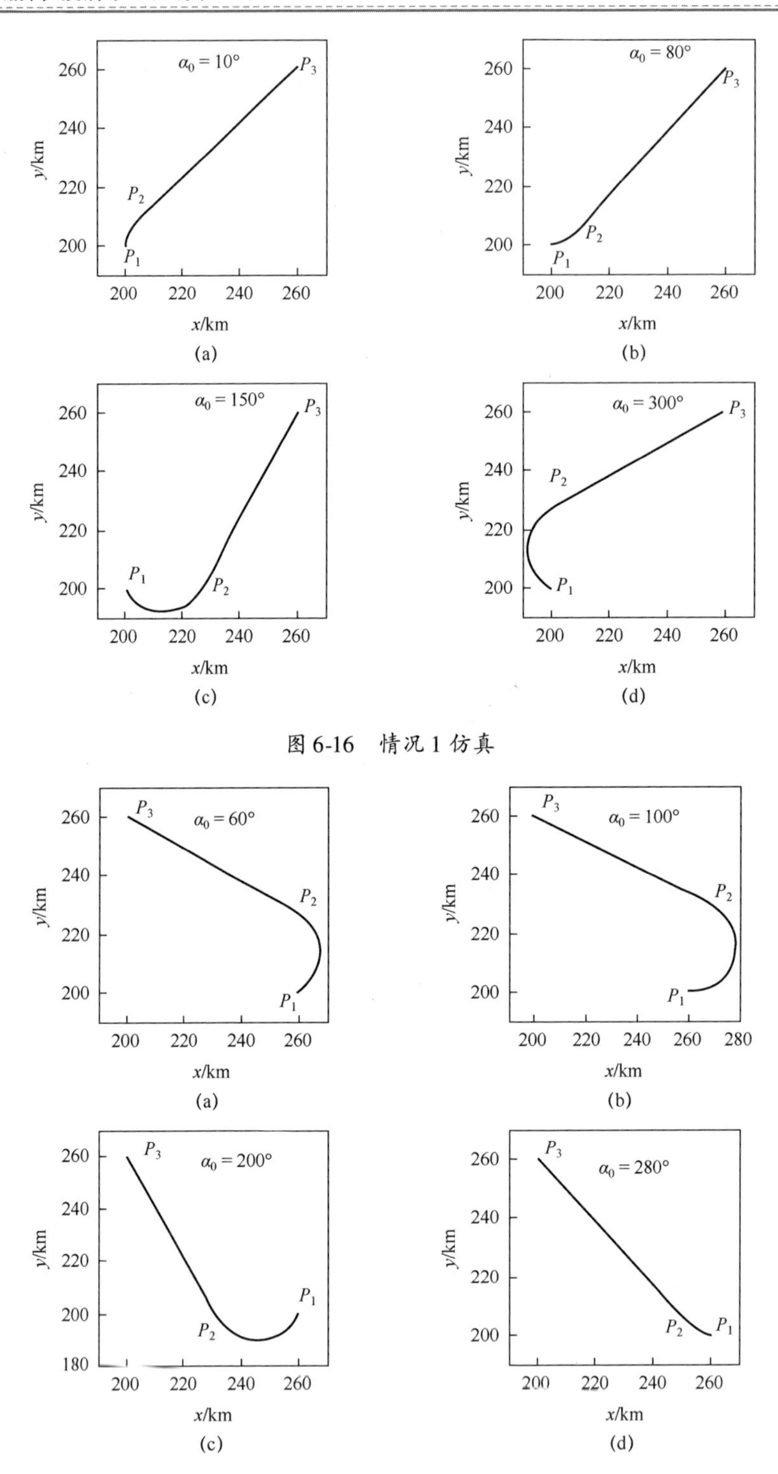

图 6-16　情况 1 仿真

图 6-17　情况 2 仿真

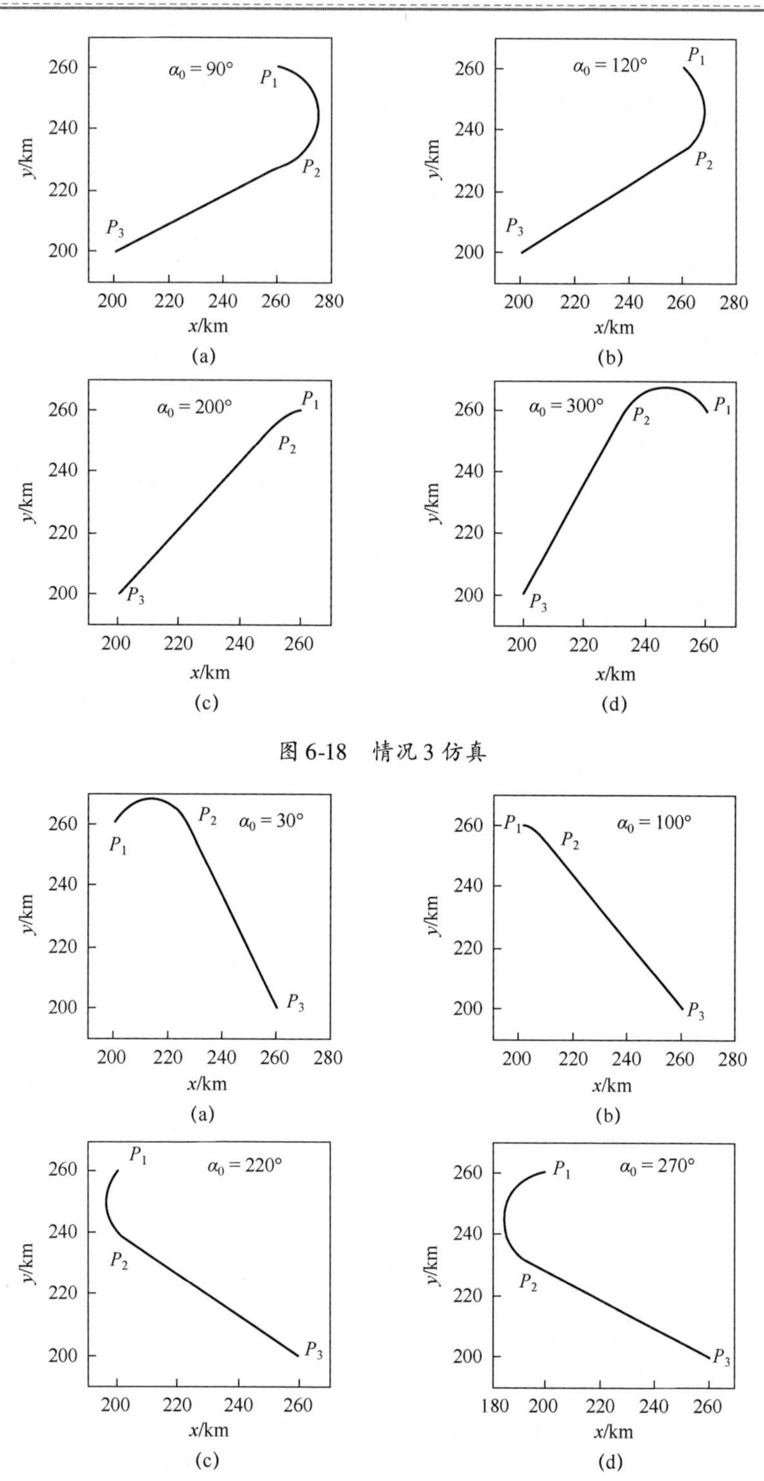

图 6-18　情况 3 仿真

图 6-19　情况 4 仿真

6.4 反潜机磁探仪搜索战术模型

6.4.1 典型检查搜索战术模型

检查搜潜是指反潜机在特定时间内对指定的海域进行的反潜搜索，以查明此海域有无敌潜艇并采取跟踪或攻击的战斗行动。检查搜潜的特征是指在不了解目标位置和运动方向信息前提下，对指定区域搜索潜艇目标。检查搜潜多用于对己方重要舰船编队展开海域或弹道导弹潜艇的待机地域进行事先反潜检查；在敌潜艇可能的航行区域检查搜索；在己方沿海基地、港口附近等实施检查搜索。检查搜索多属于面搜索（区域搜索）。其特点一般是由上级给定搜索区域，事先不了解潜艇的位置和运动要素，可认为潜艇均匀地分布在指定海域。

1. 平行航线检查搜索模型

假设 $0 \leqslant \theta < \dfrac{\pi}{2}$, $\theta \leqslant \alpha_0 < \pi + \theta$，则平行航线搜索航路如图 6-20 所示。

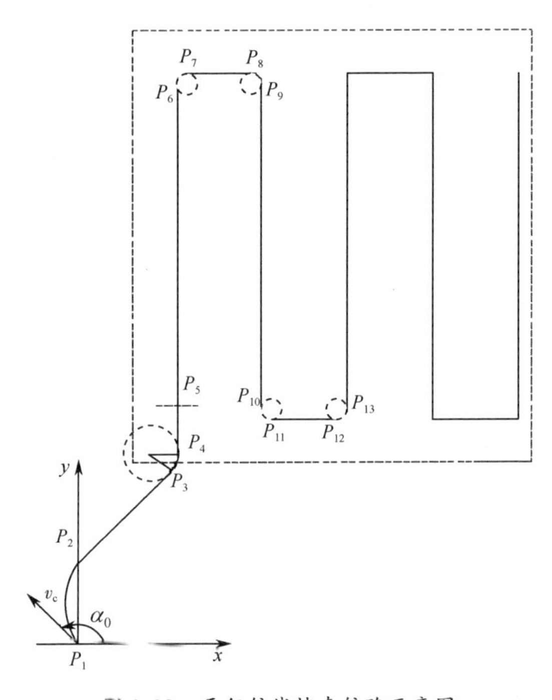

图 6-20　平行航线搜索航路示意图

在图 6-20 中，虚线为搜索海域范围，P_1 为反潜机初始位置，α_0 为以 x 轴正向为基准的初始航向。

从 P_1 到 P_5 为巡航飞行过程，其飞行过程是：反潜机首先从 P_1 顺时针转弯飞到 P_2，然后从 P_2 直飞到 P_3，接着从 P_3 逆时针转弯飞到 P_4，最后从 P_4 直飞到 P_5。

P_1 到 P_3 按照6.3节中建立的航路模型进行航路规划，只需确定离散点 P_3 的位置即可。

由图6-20可知，P_3 的位置为

$$\begin{cases}\text{Pla\_}x_{P_3} = \text{Aera\_}x_0 - L/2 + S/2 - d\cos\alpha_{P_3} \\ \text{Pla\_}y_{P_3} = \text{Aera\_}y_0 - W/2 - d\sin\alpha_{P_3}\end{cases} \tag{6-45}$$

式中：S 为航线间隔；$d = R_1\tan\dfrac{\pi/2 - \alpha_{P_3}}{2}$；$\alpha_{P_3} = \alpha_{P_2}$。

从 P_3 逆时针旋转到 P_4 的角度为 $\pi/2 - \alpha_{P_3}$，则

$$T_3 = (\pi/2 - \alpha_{P_3})R_1/v_c \tag{6-46}$$

从 P_4 直飞到 P_5 的航程为 $S/2 - d + R_2$，则

$$T_4 = (S/2 - d + R_2)/v_c \tag{6-47}$$

从 P_5 开始进行平行航线搜索。

从 P_5 到 P_{13} 为一个搜潜周期，其飞行过程是：从 P_5 直飞到 P_6，从 P_6 顺时针转弯飞到 P_7，从 P_7 直飞到 P_8，从 P_8 顺时针转弯飞到 P_9，从 P_9 直飞到 P_{10}，从 P_{10} 逆时针转弯飞到 P_{11}，从 P_{11} 直飞到 P_{12}，从 P_{12} 逆时针转弯飞到 P_{13}，依次循环，直到覆盖全部搜潜海域。

由图6-20可知

$$\begin{cases}T_5 = T_9 = (L - S - 2R_2)/v_s \\ T_6 = T_8 = T_{10} = T_{12} = \dfrac{\pi}{2}R_2/v_s \\ T_7 = T_{11} = (S - 2R_2)/v_s\end{cases} \tag{6-48}$$

2. 外旋扩展方形搜索模型

假设 $0 \leqslant \theta < \dfrac{\pi}{2}$，$\theta \leqslant \alpha_0 < \pi + \theta$，则外旋扩展方形搜索航路如图6-21所示。

P_1 到 P_3 按照6.3节中建立的航路模型进行航路规划，由6-21可知，离散点 P_3 的位置为

$$\begin{cases}\text{Pla\_}x_{P_3} = \text{Aera\_}x_0 + L/2 - S/2 - (n-1)S - d\cos\alpha_{P_3} \\ \text{Pla\_}y_{P_3} = \text{Aera\_}y_0 - S/2 - d\cos\alpha_{P_3}\end{cases} \tag{6-49}$$

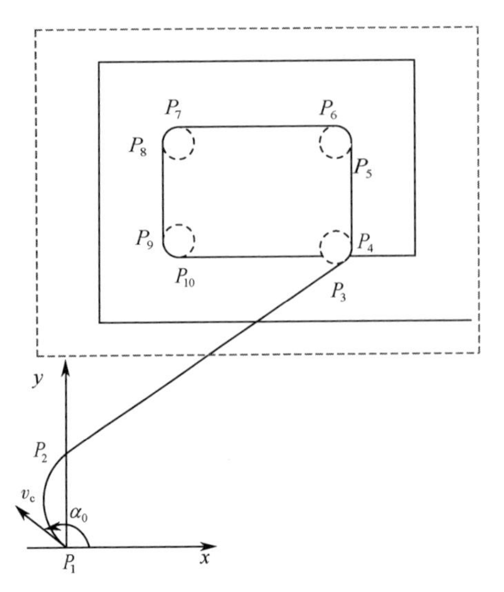

图 6-21　外旋扩方搜索航路示意图

式中：S 为航线间隔；$n = (W/2)/S$；$d = R_1 \tan\dfrac{\pi/2 - \alpha_{P_3}}{2}$；$\alpha_{P_3} = \alpha_{P_2}$。

从 P_3 逆时针旋转到 P_4 的角度为 $\pi/2 - \alpha_{P_3}$，则

$$T_3 = (\pi/2 - \alpha_{P_3})R_1/v_c \tag{6-50}$$

从 P_4 开始进行外旋扩展方形搜索。

从 P_4 直飞到 P_5 的航程为 $S - d - R_2$，则

$$T_4 = (S - d - R_2)/v_s \tag{6-51}$$

从 P_5 逆时针旋转到 P_6 的角度为 $\pi/2$，则

$$T_5 = (\pi/2)R_2/v_s \tag{6-52}$$

从 P_6 到 P_{10} 为一个搜潜周期，其飞行过程是：从 P_6 直飞到 P_7，从 P_7 逆时针转弯飞到 P_8，从 P_8 直飞到 P_9，从 P_9 逆时针转弯飞到 P_{10}，之后，直飞段航程每次扩大一个航线间隔 S，依次循环，直到覆盖全部搜潜海域。

由图 6-22 可知

$$\begin{cases} T_6 = 2[L/2 - S/2 - (n-1)S - 2R_2]/v_s \\ T_7 = T_9 = \dfrac{\pi}{2}R_2/v_s \\ T_8 = (S - 2R_2)/v_s \end{cases} \tag{6-53}$$

6.4.2　典型应召搜索战术模型

应召搜索是在其他兵力或器材已经发现后又丢失目标的海域进行搜索，目的是重新或者精确确认目标，应召搜索是反潜搜索作战中的最重要的一环。常

见的应召搜索方式包括平行航向搜索、矩形搜索、螺旋形搜索。

1. 平行航线搜索航路规划建模

假设 $0 \leqslant \theta < \frac{\pi}{2}, \theta \leqslant \alpha_0 < \pi + \theta$，则平行航线搜索航路如图 6-22 所示。

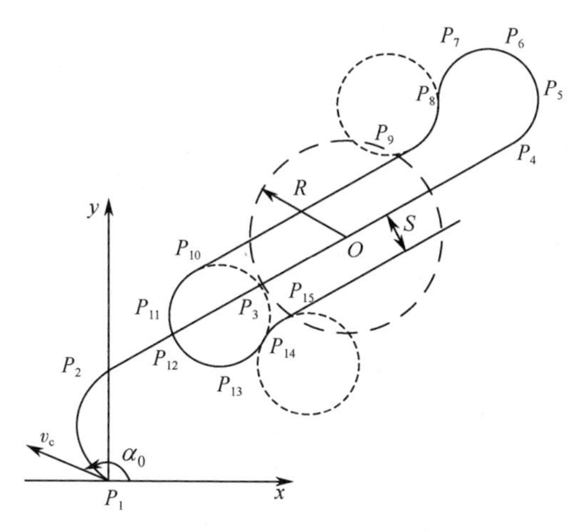

图 6-22 平行航线搜索航路示意图

在图 6-22 中，O 为潜艇初始概略位置，R 为反潜飞机从 P_1 飞到 O 延迟时间内潜艇可能的散布范围，S 为航线间距，取 $S = w_M$。

P_1 到 P_3 按照 6.3 节中建立的航路模型进行航路规划，由图 6-22 可知

$$\begin{cases} \text{Pla\_}x_{P_3} = \text{Sub\_}x_0 - R\cos\alpha_{P_2} \\ \text{Pla\_}y_{P_3} = \text{Sub\_}y_0 - R\sin\alpha_{P_2} \end{cases} \tag{6-54}$$

根据待搜索范围，以 P_3 到 P_{15} 为一个搜索周期，其过程是：从 P_3 直飞到 P_4，从 P_4 逆时针转弯飞到 P_5，从 P_5 直飞到 P_6，从 P_6 逆时针转弯飞到 P_7，从 P_7 逆时针转弯飞到 P_8，从 P_8 顺时针转弯飞到 P_9，从 P_9 直飞到 P_{10}，从 P_{10} 顺时针转弯飞到 P_{11}，从 P_{11} 直飞到 P_{12}，从 P_{12} 顺时针转弯飞到 P_{13}，从 P_{13} 顺时针转弯飞到 P_{14}，从 P_{14} 逆时针转弯飞到 P_{15}。

由图 6-22 可知

$$\begin{cases} T_3 = (2R + \sqrt{(2R_2)^2 - W^2})/v_s \\ T_4 = T_6 = T_{10} = T_{12} = \pi R_2/(2v_s) \\ T_5 = T_{11} = l_i/v_s \\ T_7 = T_8 = T_{13} = T_{14} = [\arccos(W/2R_2)]R_2/v_s \\ T_9 = [2R + \sqrt{(2R_2)^2 - (2W)^2}]/v_s \end{cases} \tag{6-55}$$

式中：$l_{i+1} = l_i + 2S, i = 1,2,\cdots,p$，$l_1 = 0$，$p$ 为循环次数。

2. 矩形搜索航路规划建模

假设$0 \leqslant \theta < \dfrac{\pi}{2}$, $\theta \leqslant \alpha_0 < \pi + \theta$, 则矩形搜索航路如图 6-23 所示。

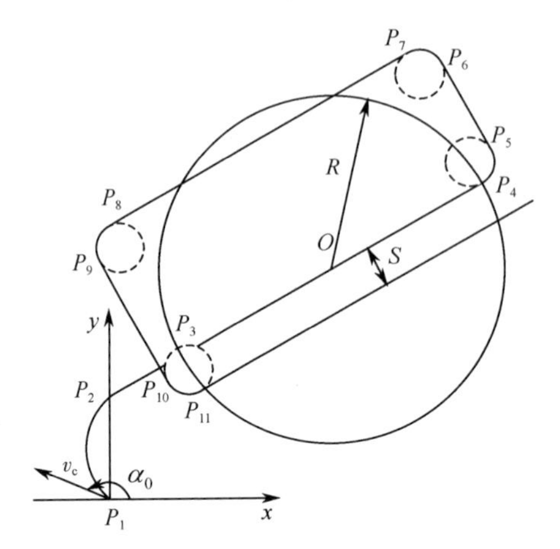

图 6-23 矩形搜索航路示意图

P_1 到 P_3 按照 6.3 节中建立的航路模型进行航路规划，P_3 位置与平行航线搜索相同。

之后，根据待搜索范围，以 P_3 到 P_{11} 为一个搜索周期，其过程是：从 P_3 直飞到 P_4，从 P_4 逆时针转弯飞到 P_5，从 P_5 直飞到 P_6，从 P_6 逆时针转弯飞到 P_7，从 P_7 直飞到 P_8，从 P_8 逆时针转弯飞到 P_9，从 P_9 直飞到 P_{10}，从 P_{10} 逆时针转弯飞到 P_{11}。

由图 6-23 可知

$$\begin{cases} T_3 = T_7 = R/v_s \\ T_4 = T_6 = T_8 = T_{10} = \pi R_2/(2v_s) \\ T_5 = T_9 = l_i/v_s \end{cases} \tag{6-56}$$

式中：$l_{i+1} = l_i + S, i = 1,2,\cdots,p$; $l_1 = R - 2R_2 - W/2$。

3. 螺旋形搜索航路规划建模

假设$0 \leqslant \theta < \dfrac{\pi}{2}$, $\theta \leqslant \alpha_0 < \pi + \theta$, 则螺旋形搜索航路如图 6-24 所示。

P_1 到 P_3 按照 6.3 节中建立的航路模型进行航路规划，P_3 位置为潜艇初始概略位置。

P_3 逆时针转弯飞到 P_4，转过的角度为 $3\pi/2$，则 $T_3 = (3\pi/2)R_2/v_s$。

P_4 直飞到 P_5 的航程为 R_2，则 $T_4 = R_2/v_s$。

之后，根据待搜索范围，以 P_5 到 P_9 为一个搜索周期，其过程是：从 P_5 逆

时针旋转一周飞到 P_6，从 P_6 直飞到 P_7，从 P_7 逆时针转弯飞到 P_8，从 P_8 逆时针旋转一周飞到 P_9。

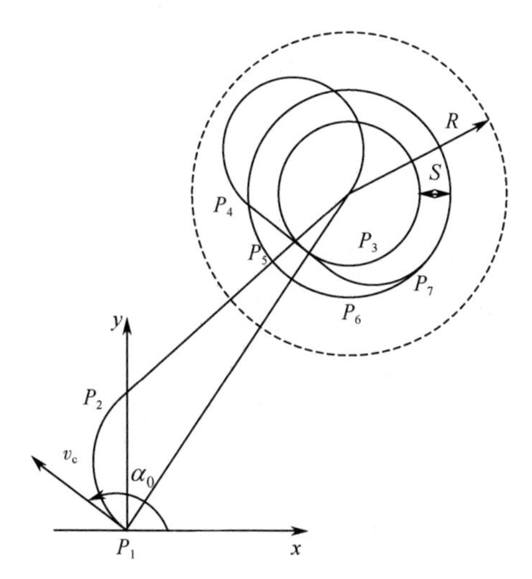

图 6-24　螺旋形搜索航路示意图

由图 6-24 可知

$$\begin{cases} T_5 = 2\pi R_2/v_s \\ T_6 = S/v_s \\ T_7 = \pi R_2/(2v_s) \\ T_8 = l_i/v_s \end{cases} \tag{6-57}$$

式中：$l_i = 2\pi(R_2 + i \times S), i = 1,2,\cdots,p$。

6.5　反潜机磁探仪跟踪战术模型

本节分别对磁探仪对潜跟踪的 3 种方法，即“8”字形、苜蓿叶形和八苜形，进行了航路规划建模与仿真，并对各种方法的仿真效能进行了分析。

6.5.1　“8”字形跟踪战术模型

假设 $0 \leqslant \theta < \frac{\pi}{2}, \theta \leqslant \alpha_0 < \pi + \theta$，则“8”字形跟踪航路如图 6-25 所示。

在图 6-25 中，D 为反潜巡逻机从 P_1 飞到 P_4 延迟时间内潜艇可能的航程，α_T 为潜艇概略航向。

P_1 到 P_4 为“定点定向”问题，离散点 P_4 为潜艇概略位置。

由图 6-25 可知

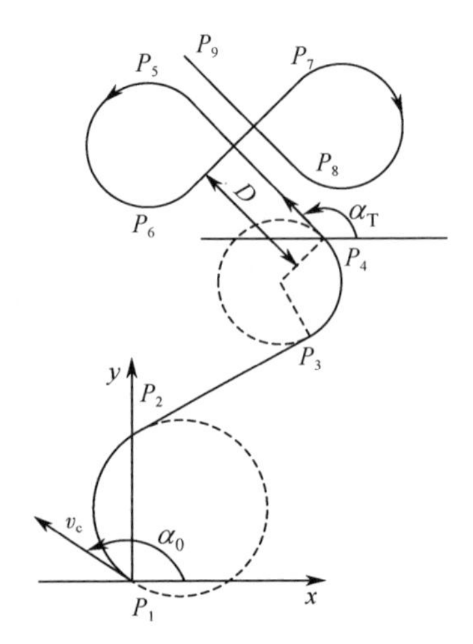

图 6-25 “8”字形跟踪航路示意图

$$\begin{cases} T_4 = (D + R_2)/v_s \\ T_5 = T_7 = \dfrac{3\pi R_2}{2v_s} \\ T_6 = \left(2R_2 + F\dfrac{w_M}{2}\right)/v_s \\ T_8 = 3R_2/v_s \end{cases} \tag{6-58}$$

式中：$D = v_{sub}(T_1 + T_2 + T_3)$，如果潜艇航速未知，$v_{sub} = v_e$；若测得的潜艇位置在$\overrightarrow{P_4P_5}$的上方，$F = -1$，反之，$F = 1$。

6.5.2 苜蓿叶跟踪战术模型

苜蓿叶跟踪航路如图 6-26 所示。建模方法与“8”字形相同，主要有些直飞段的飞行路程不同，由图 6-26 可知

$$\begin{cases} T_4 = (D - w_M/2 + R_2)/v_s \\ T_8 = (2R_2 - w_M)/v_s \end{cases} \tag{6-59}$$

其余与“8”字形跟踪相同。

6.5.3 八苜形跟踪战术模型

八苜形跟踪航路如图 6-27 所示。

建模方法与“8”字形相同，主要是有些直飞段的飞行路程不同，由图 6-27 可知

$$T_8 = (2R_2 + w_M)/v_s \tag{6-60}$$

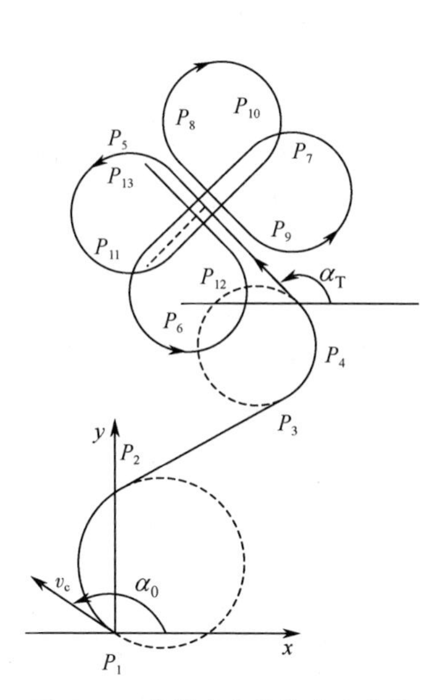

图 6-26　苜蓿叶跟踪航路示意图

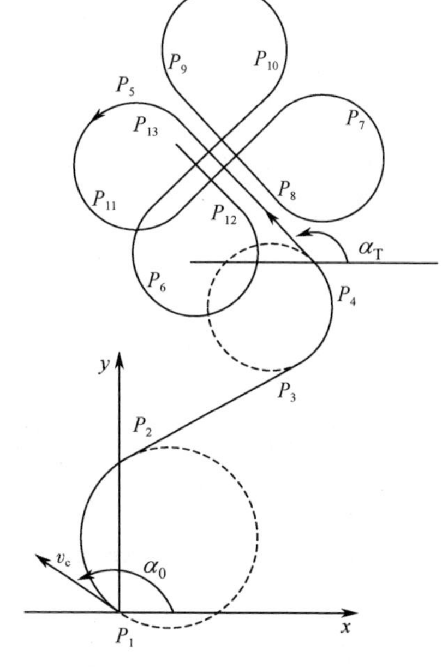

图 6-27　八苜形跟踪航路示意图

其余与“8”字形跟踪相同。

6.6　作战效能评估模型

6.6.1　作战效能评估的方法

蒙特卡罗法，又称统计实验法，是把建立模型随机数值的方法运用到本身是随机和动态的系统。用蒙特卡罗法求解问题时，应建立一个概率模型，使待解决的问题与此概率模型相联系，然后通过随机实验求得某些特征值作为待解决问题的近似解。

应用蒙特卡罗法解决实际问题的过程中，有如下几个内容。

（1）对求解的问题建立简单又便于实现的概率统计模型，使所求的解恰好是所建立模型的概率分布或数学期望。

（2）根据概率统计模型的特点和计算实践的需要，尽量改进模型，减小方差和降低费用，提高计算效率。

（3）建立对随机变量的抽样方法，其中包括建立产生随机数的方法和建立对所遇到的分布产生随机变量的随机抽样方法。

（4）给出获得所求解的统计估计值或标准误差的方法。

在潜艇目标搜索的仿真过程中，要依据建立的数学模型确定潜艇目标的搜索条件，并对涉及的随机因素进行模拟，模型建立的是否准确直接影响到搜索效果的优劣。在对潜艇搜索模拟中：首先确定一次仿真中潜艇目标的位置，在一定的定位误差范围内，需要产生在一定范围内的随机数，确定仿真中潜艇目标的初始位置；然后确立初始位置，依据设定潜艇目标运动模型随机产生初始航向，对于航速变化的模型，还要产生一定范围内服从一定分布的航速。

随机数据产生后，根据反潜飞机的搜潜航路规划模型和潜艇运动模型，依次产生反潜飞机和潜艇的位置点，并判断潜艇是否在机载搜潜传感器的探测范围内，根据相应条件确定是否搜索到潜艇目标，在大量仿真之后，根据仿真中搜索到潜艇目标的次数和仿真总次数确定搜索过程中的搜潜概率，从而分析各种搜索方法在特定条件下的优劣。

6.6.2 作战效能评估的步骤

各种搜索手段的搜潜效能是反映反潜飞机搜索作战能力的一项重要指标，而且潜艇对抗效能也是通过在特定的战术设定条件下反潜飞机的搜索效能评定，因此，建立搜潜效能的计算模型是反潜指挥决策中的重要环节。

显然，对于反潜作战中潜艇位置和运动参数存在随机性的搜潜任务，效能指标应选择具有概率性质的数字特征表示，通常用发现目标的搜索概率指标和发现目标的平均时间表征反潜飞机的搜潜效能。

1. 潜艇对抗磁性武器作战对抗效能评估的假定条件

（1）反潜机首先处于巡逻状态，当接到命令或者获得其他信息源的信息之后，反潜机根据设定的作战想定态势采取相应的搜潜行动。

（2）搜索区只有一艘潜艇活动，在没有潜艇规避的条件下不考虑潜艇的深度变化，潜艇和反潜飞机的行动各自独立。

（3）在已知的条件下，反潜飞机磁探仪的战术作用范围为一个一定角度范围内的扇面圆，磁探仪的搜索范围为一定的磁探测宽度，当目标处于作用范围内时发现目标，否则，不能发现目标。

（4）搜索都有一个搜索时间限制，如果在该设定的时间内没有搜索到目标，则结束搜索。

2. 应召搜索态势下潜艇对抗反潜机磁探仪搜索对抗效能评估的步骤

（1）输入初始条件。输入初始条件包括潜艇的初始位置信息点、反潜机的初始位置信息点、反潜机的机动速度、搜索速度、反潜机磁探仪的搜索宽度、目标的通报位置、目标的经济航速和初始散布等。

（2）产生正态分布的目标初始位置，以潜艇的经济航速作为潜艇典型状态下的航速，产生 0°～360°上均匀分布的目标航向。

（3）根据目标的运动模型计算目标的位置，按照预定的搜索方案航路计算搜索器的位置。

（4）判断搜索过程中，目标与搜索器某一个之间的位置是否满足

$$\sqrt{(x_{\text{searcher}} - x_{\text{sub}})^2 + (y_{\text{searcher}} - y_{\text{sub}})^2} \leqslant W \tag{6-61}$$

若潜艇在反潜机磁探仪的探测宽度范围之内，则计算捕获目标一次及所用的时间 t_k（$k=1, 2, \cdots, N$），并退出本次循环进入下一次循环，如果不满足上述条件，则执行完整个过程，并进入下一次循环，重复执行（2）、（3）、（4），直到仿真次数 N。

（5）统计得到搜索概率和平均搜索时间，假设 N 次搜索中捕获到目标的次数为 m，则搜索概率 P 定义为

$$P = \frac{m}{N} \tag{6-62}$$

$$T = \frac{\sum_{k=1}^{N} t_k}{N} \tag{6-63}$$

搜潜时间越多，搜潜概率越小，则相应的对抗效能越高。

3. 检查搜索态势下潜艇对抗反潜机磁探仪搜索对抗效能评估的方法

在该状态下的对抗效能评估方法除（2）中潜艇的运动模型和反潜搜索的战术与应召搜潜的设定不一样，其他步骤同（2）。检查搜索态势下潜艇对抗反潜机磁探仪搜索对抗效能评估中潜艇的运动模型的设定应根据检查搜索状态下潜艇的运动模型进行设置。

4. 反潜机磁探仪对潜艇跟踪效能评估的方法

假设反潜巡逻机正在海上巡逻，接到命令后前往潜艇初始概略位置，并按照初始概略航向进行“8”字形、苜蓿叶和八苜形跟踪搜索。根据蒙特卡罗法的基本思想，对磁探仪跟踪潜艇的随机事件做统计实验。仿真比较这 3 种跟踪方法在不同的初始位置散布、不同的初始航向散布、不同的潜艇经济航速、不同的初始距离以及不同海洋大气环境条件下的跟踪效能。

（1）输入初始条件。输入初始条件包括反潜巡逻机的初始位置、巡航速度和航向、利用磁探仪跟踪潜艇时的飞行速度、最大转弯坡度角；根据海况选择反潜巡逻机的飞行高度和磁探仪的有效作用距离；潜艇的初始概略位置、初始概略航向、潜艇下潜深度、潜艇经济航速、初始概略位置和航向的散布；所在海域重力加速度。

(2) 产生正态分布的潜艇初始位置和初始航向，产生瑞利分布的潜艇航速。

(3) 根据潜艇运动模型计算潜艇的位置 (Sub_x_t, Sub_y_t)、反潜巡逻机的航路规划模型计算反潜巡逻机的位置 (Pla_x_t, Pla_y_t)。

(4) 判断跟踪过程中，潜艇位置与反潜巡逻机的位置是否满足

$$(Pla\_x_t - Sub\_x_t)^2 + (Pla\_x_t - Sub\_y_t)^2 \leqslant (w_M/2)^2 \tag{6-64}$$

对于"8"字形，如果 $P_4 \to P_5 \to P_6$、$P_6 \to P_7 \to P_8$、$P_8 \to P_9$ 3 个过程中满足式 (6-64) 2 次或者 2 次以上，则记下跟踪上目标一次；对于苜蓿叶和八苜形，如果 $P_4 \to P_5 \to P_6$、$P_6 \to P_7 \to P_8$、$P_8 \to P_9 \to P_{10}$、$P_{10} \to P_{11} \to P_{12}$、$P_{12} \to P_{13}$ 5 个过程中满足式 (6-64) 2 次或者 2 次以上，则记下跟踪上目标一次。重复执行第 (2)、(3) 和 (4)，直到最大循环数。

(5) 统计得到跟踪概率和跟踪时间，假设跟踪上目标的次数为 m，总的循环次数为 M，则跟踪概率定义为

$$P = m/M \tag{6-65}$$

跟踪时间定义为

$$T = \sum_{i=4}^{N} T_i \tag{6-66}$$

式中：对于"8"字形，$N = 8$；对于苜蓿叶和八苜形，$N = 12$。

6.6.3 作战效能评估的仿真分析

6.6.3.1 反潜机磁探仪检查搜潜效能仿真分析

1. 相同目标运动模型对不同搜索方法搜潜效能影响

首先讨论目标航速、航向均不变情况下，3 种搜索方法的搜潜效能对比。

仿真 1：海域面积和搜索方法对搜潜效能的影响。

仿真参数：反潜巡逻机的初始位置 (200，200) km，反潜巡逻机巡航速度 600km/h，初始航向 150°，最大转弯坡度角 30°，利用磁探仪搜潜时的速度 300km/h，飞行高度 100m；海域中心位置 (300，300) km，对常规潜艇，经济航速 10km/h，目标下潜深度 50m；三级海况时，磁探仪有效作用距离 500m；执行任务海域重力加速度为 9.8m/s^2。

海域为方形，当海域长为 3 ~ 10km 时，仿真 10000 次，结果如图 6-28 所示。

由图 6-28 可知，相同的搜索海域面积下，采用平行航线搜索时得到的搜潜概率最大，且受搜索海域面积影响很小，但所需搜潜时间要多；采用扩展方

形搜索得到的搜潜概率在搜索海域面积小于 16km²时，随面积增大而增大，在搜索海域面积大于 16km²时，随面积增大而减少。采用螺旋形搜索得到的搜潜概率在搜索海域面积小于 25km²时，随面积增大而增大，在搜索海域面积大于 25km²时，随面积增大而减少，这是由扩展方形搜索和螺旋形搜索的航路规划决定的；螺旋形搜潜效能优于扩展方形搜潜效能。

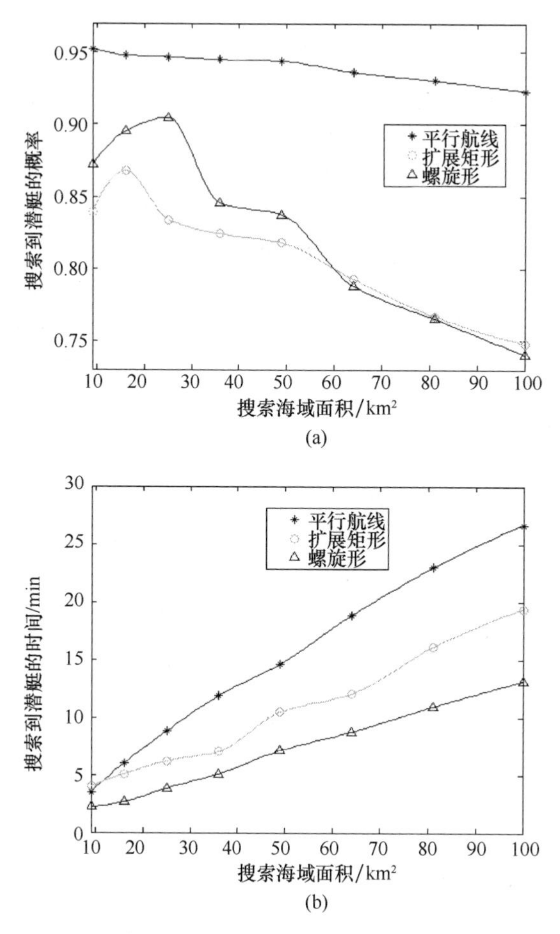

图 6-28　搜索海域面积和搜索方法对搜潜效能的影响

仿真 2：目标经济航速、搜索方法对搜潜效能的影响。

目标经济航速为 6～36km/h，搜索海域长宽均为 5km，其他仿真参数与仿真 1 相同，结果如图 6-29 所示。

由图 6-29 可知，螺旋形搜潜概率受目标经济航速影响较小，而平行航线搜潜概率和扩展矩形搜潜概率受目标经济航速影响较大；相同目标经济航速条件下，螺旋形搜潜效能明显高于平行航线和扩展矩形的搜潜效能。

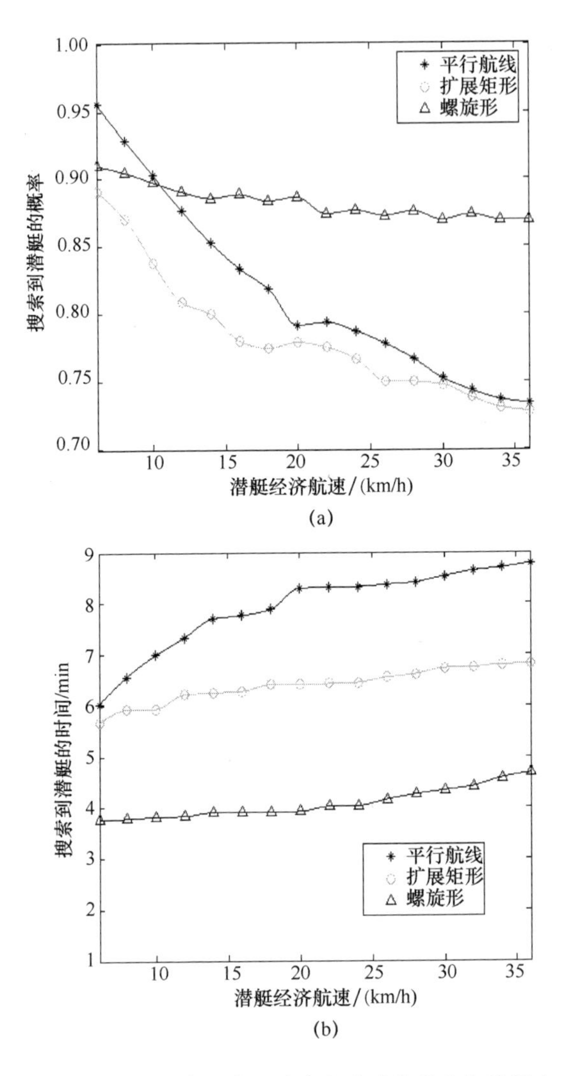

图 6-29　目标经济航速和搜索方法对搜潜效能的影响

仿真 3：海洋环境磁噪声、搜索方法对搜潜效能的影响。

对于具体型号的磁探仪，其动态噪声和静态噪声是常数，由磁探仪有效作用距离估算模型可知，磁探仪的有效作用距离决定于海洋环境磁噪声，而海洋环境磁噪声主要与海况有关，如果已知特定海况下的海洋环境磁噪声以及磁探仪的有效作用距离，则可估算出磁探仪任意海况下的实时作用距离。假设三级海况时，磁探仪作用距离为 d_{MAD0}，海洋环境磁噪声为 N_0，则任意海洋环境磁噪声情况下的磁探仪作用距离为 $d_{\mathrm{MAD}} = \sqrt{d_{\mathrm{MAD0}}^2 \dfrac{C + N_0^2}{C + N_E^2}}$，其中 $C = N_M^2 + N_S^2$。设

d_{MAD0} = 500m，N_0 = 0.03nT，N_M = 0.02nT，N_S = 0.016nT。当 N_E = 0.01 ~ 0.09nT 时，其他仿真参数与仿真 1 相同，结果如图 6-30 所示。

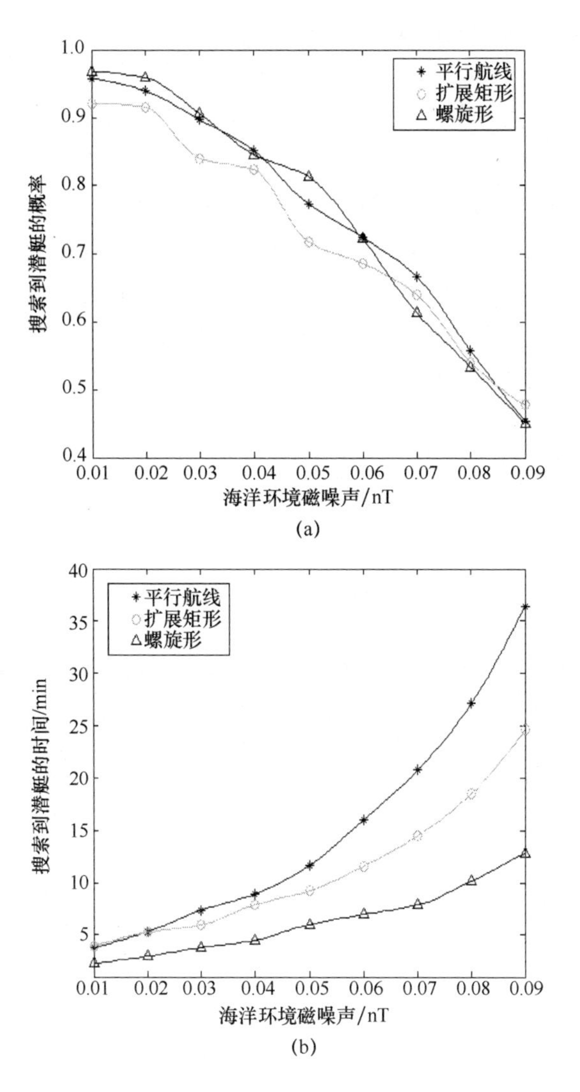

图 6-30　海洋环境磁噪声和搜索方法对搜潜效能的影响

由图 6-30 可知，海洋环境磁噪声对 3 种搜索方法的搜潜效能影响都很大，当海况高于 5 级时，磁探仪基本不能使用。

由以上仿真结果分析可知，在不同搜索海域面积条件下，采用平行航线搜索可获得较高的搜潜概率，在不同目标经济航速条件下，采用螺旋形搜索可获得较高的搜潜效能。

在目标航速改变、航向不变，目标航速不变、航向改变，目标航速、航向都改变时，讨论 3 种搜索方法的搜潜效能得到与前面的仿真相同的结论，在此不一一给出仿真结果。

2. 不同目标运动模型对同一搜索方法搜潜效能影响

把目标航速、航向均不变的目标运动模型称为模型 1，把目标航速改变、航向不变的目标运动模型称为模型 2，把目标航向改变、航速不变的目标运动模型称为模型 3，把目标航速、航向均改变的目标运动模型称为模型 4。

1）不同目标运动模型对平行航线搜潜效能影响

仿真 4：海域面积、目标运动模型对平行航线搜潜效能影响。

仿真参数：航速、航向改变的时间间隔服从以 1/6h 为均值的指数分布，航速服从瑞利分布，航向改变角服从［－180°　180°］均匀分布；反潜巡逻机的初始位置（200，200）km，反潜巡逻机巡航速度 600km/h，初始航向 150°，最大转弯坡度角 30°，利用磁探仪搜潜时的速度 300km/h，飞行高度 100m；海域中心位置（300，300）km，对常规潜艇，经济航速 10km/h，目标下潜深度 50m；三级海况时，磁探仪有效作用距离 500m；执行任务海域重力加速度为 9.8m/s^2。

海域为方形，当海域长为 3～10km 时，仿真 10000 次，结果如图 6-31 所示。

仿真 5：目标经济航速、目标运动模型对平行航线搜潜效能影响。

目标经济航速为 6～36km/h，搜索海域长宽均为 5km，其他仿真参数与仿真 4 相同，结果如图 6-32 所示。

2）不同目标运动模型对扩展矩形搜潜效能影响

仿真 6：海域面积、目标运动模型对扩展矩形搜潜效能影响。

仿真参数同仿真 4，结果如图 6-33 所示。

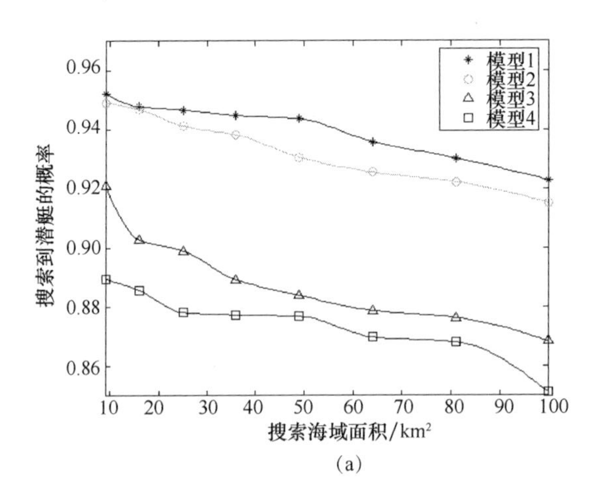

(a)

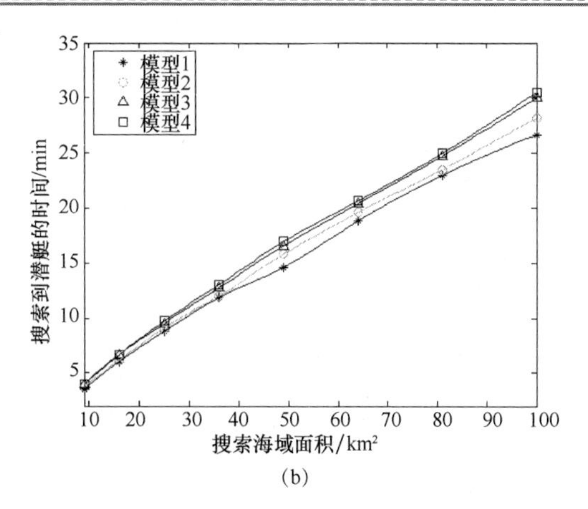

(b)

图6-31　搜索海域面积和目标运动模型对平行航线搜潜概率的影响

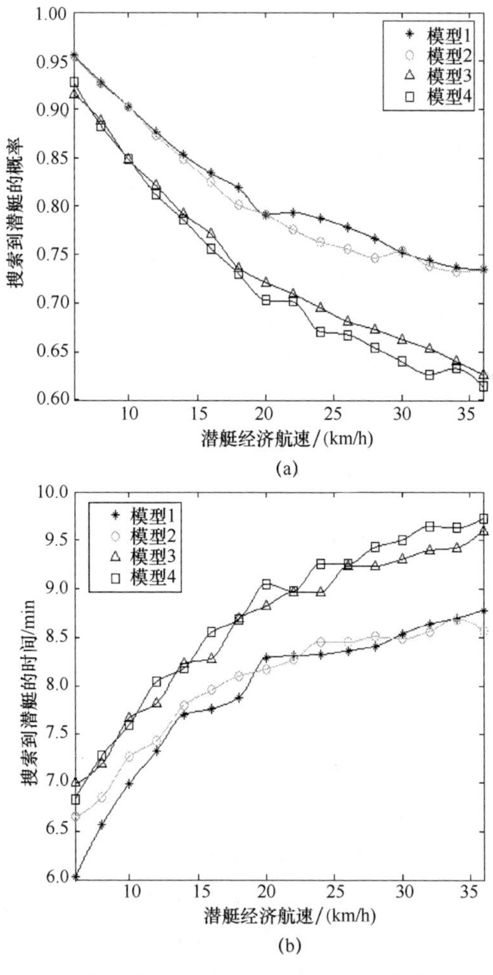

(a)

(b)

图6-32　目标经济航速和目标运动模型对平行航线搜潜概率的影响

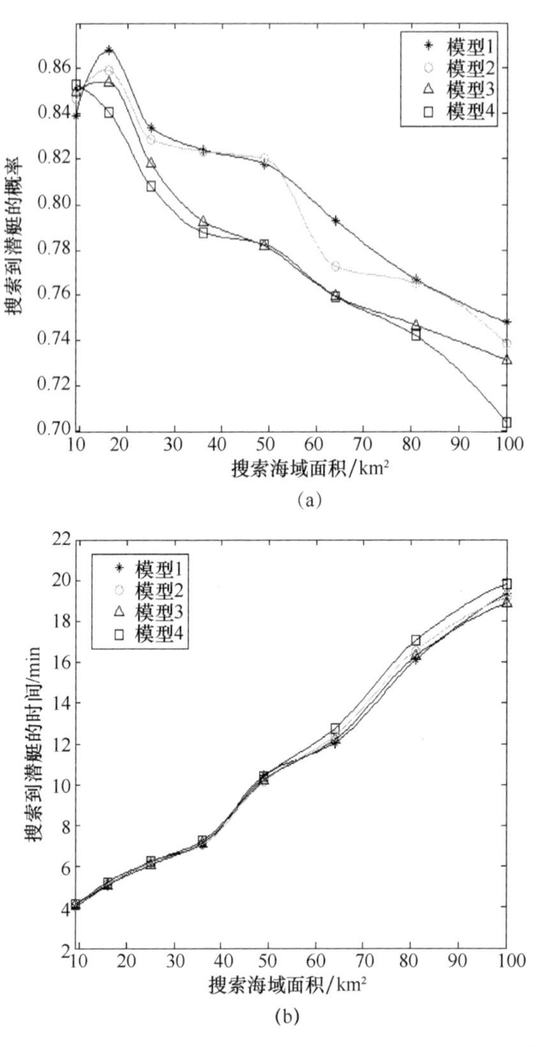

图 6-33　搜索海域面积和目标运动模型对扩展矩形搜潜概率的影响

仿真 7：目标经济航速、目标运动模型对扩展矩形搜潜效能影响。

仿真参数与仿真 5 相同，结果如图 6-34 所示。

3）不同目标运动模型对螺旋形搜潜效能影响

仿真 8：海域面积、目标运动模型对螺旋形搜潜效能影响。

仿真参数同仿真 4，结果如图 6-35 所示。

仿真 9：目标经济航速、目标运动模型对螺旋形搜潜效能影响。

仿真参数与仿真 5 相同，结果如图 6-36 所示。

对于潜艇规避来说，改变航向比改变航速好，最好是同时改变航向和航速，这样可使潜艇不被磁探仪搜索到的机会增大。

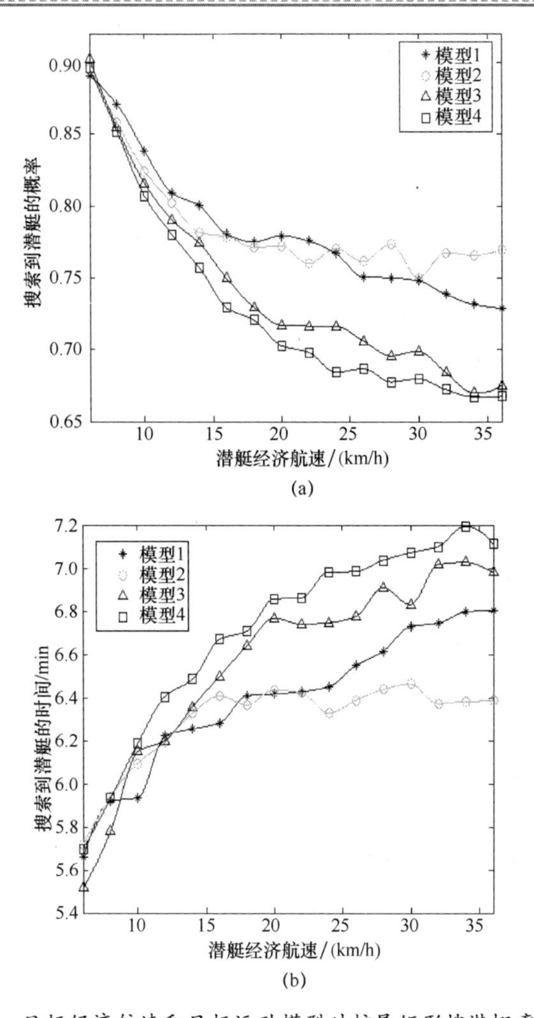

图 6-34　目标经济航速和目标运动模型对扩展矩形搜潜概率的影响

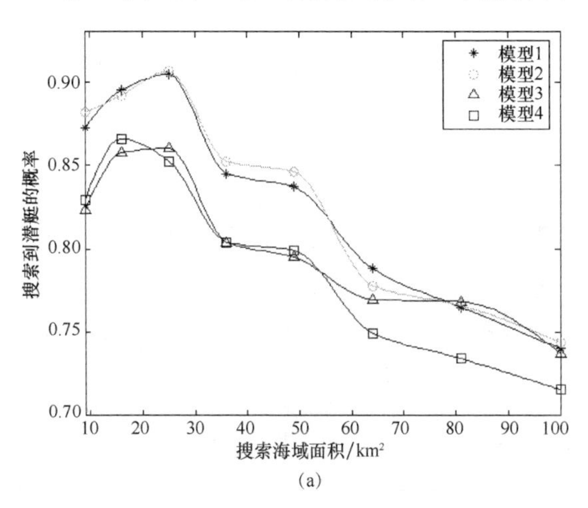

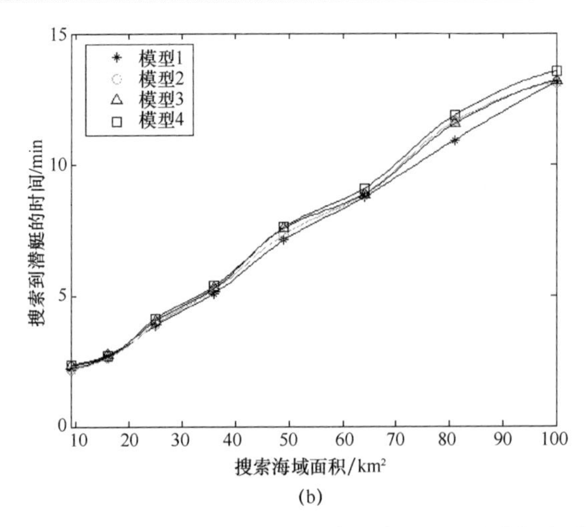

(b)

图 6-35　搜索海域面积和目标运动模型对螺旋形搜潜概率的影响

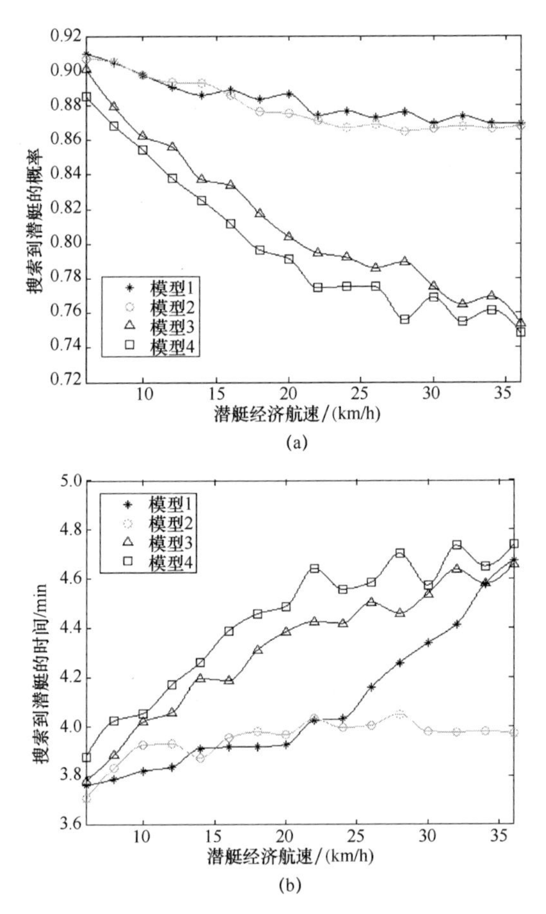

图 6-36　目标经济航速和目标运动模型对螺旋形搜潜概率的影响

6.6.3.2　反潜机磁探仪应召搜潜效能仿真分析

仿真参数：反潜机的初始位置（200，200）km，反潜机巡航速度600km/h，初始航向150°，最大转弯坡度角30°，利用磁探仪进行搜潜时的速度300km/h，飞行高度100m；目标初始概略位置（300，300）km，对常规潜艇，经济航速10km/h，目标下潜深度50m；三级海况时，磁探仪有效作用距离500m；执行任务海域重力加速度为9.8m/s^2。

仿真1：目标航速、航向均不变（第1种潜艇运动模型）的情况下，3种搜索方法的搜潜效能对比。

当潜艇初始位置散布为0.2～3km，潜艇初始概略位置为（$200+d$，$200+d$）km，$d=50\sim150$km，潜艇经济航速为6～36km/h，海洋环境磁噪声为0.01～0.09nT时，仿真结果如图6-37所示。

由图6-37可知，第1种潜艇运动模型条件下，相同潜艇初始位置散布、初始距离、潜艇经济航速和海洋环境磁噪声时，螺旋形搜潜效能明显高于平行航线和扩展矩形搜潜概率，且螺旋形搜潜效能受各要素影响相对较小。

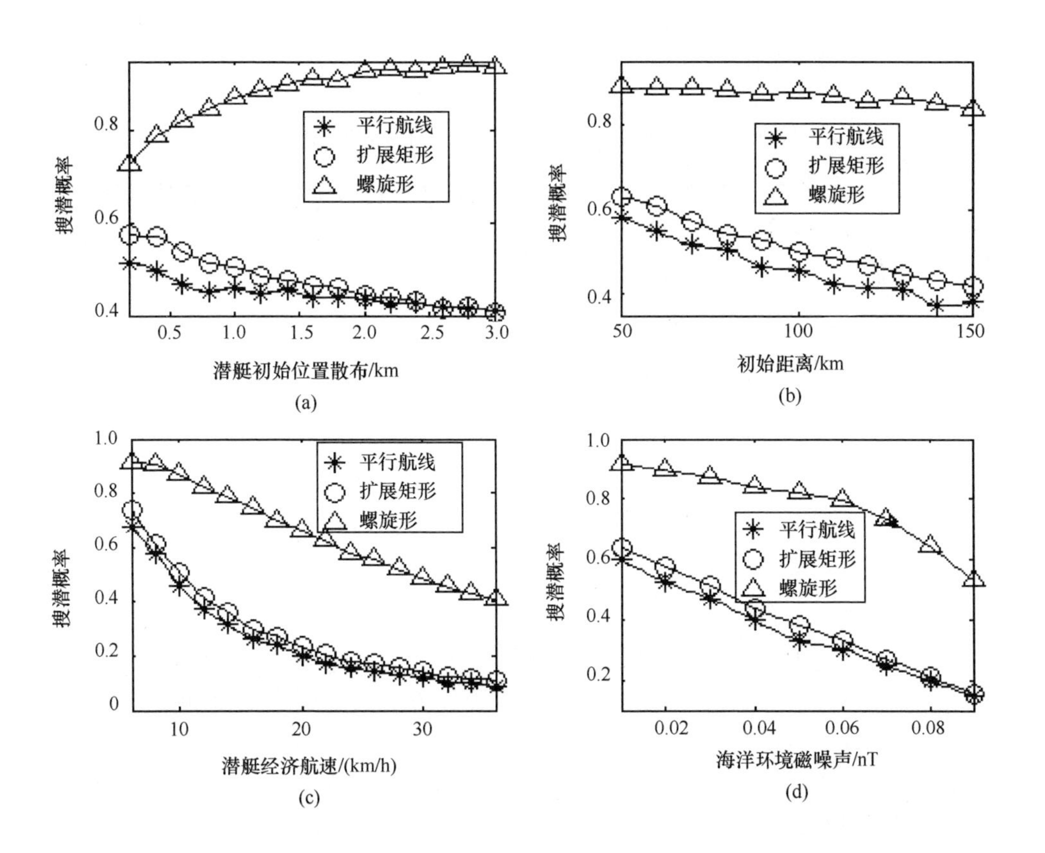

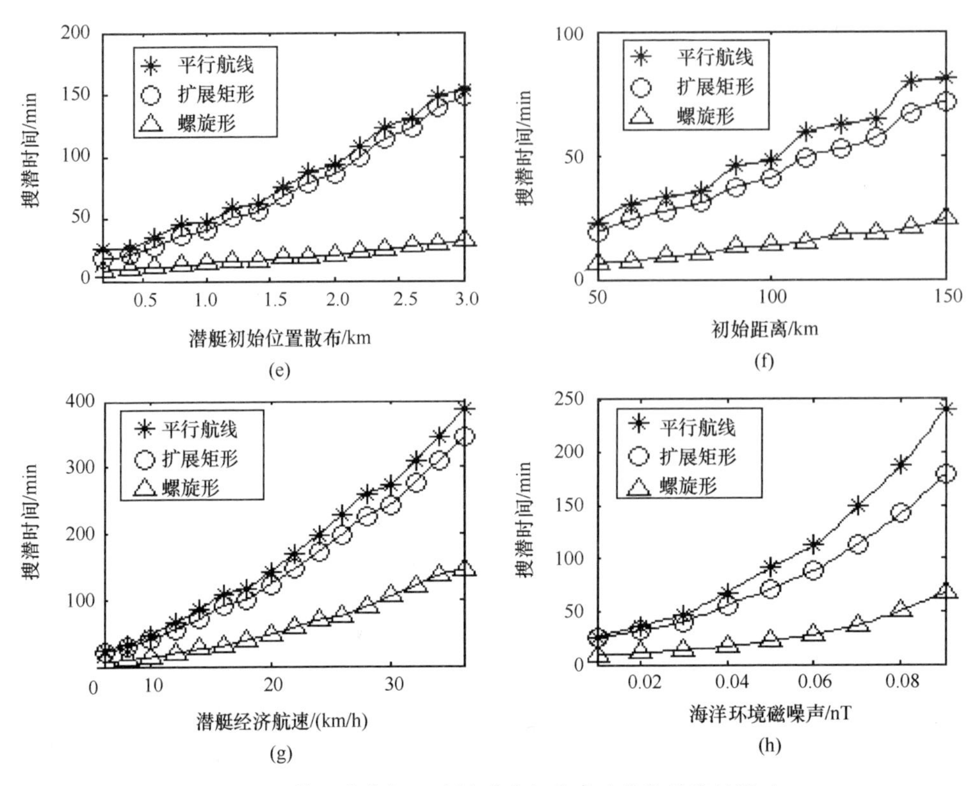

图 6-37　第 1 种潜艇运动模型时各要素对搜潜效能的影响

仿真 2：目标航速改变，航向不变（第 2 种潜艇运动模型）的情况下，3 种搜索方法的搜潜效能对比。

航速改变的时间间隔服从以 1/6h 为均值的指数分布，航速服从瑞利分布，其他仿真参数不变，结果如图 6-38 所示。

由图 6-38 可知，第 2 种潜艇运动模型条件下，相同潜艇初始位置散布、初始距离、潜艇经济航速和海洋环境磁噪声时，搜潜概率明显下降；潜艇经济航速为 6～12km/h 时，螺旋形搜潜概率略高于平行航线与扩展矩形搜潜概率，潜艇经济航速为 12～36km/h 时，螺旋形搜潜概率略低于平行航线与扩展矩形搜潜概率。

仿真 3：目标航速不变，航向改变（第 3 种潜艇运动模型）的情况下，3 种搜索方法的搜潜效能对比。

航向改变的时间间隔服从以 1/6h 为均值的指数分布，航向改变角服从［－180°　180°］均匀分布，其他仿真参数不变，结果如图 6-39 所示。

由图 6-39 可知，第 3 种潜艇运动模型条件下，当潜艇初始散布为 0.2～0.6km 时，螺旋搜潜概率小于平行航线和扩展矩形搜潜概率；当潜艇初始散布为 0.6～3km 时，螺旋搜潜概率大于平行航线和扩展矩形搜潜概率；相同条件下，平行航线和扩展矩形搜潜概率明显提高。

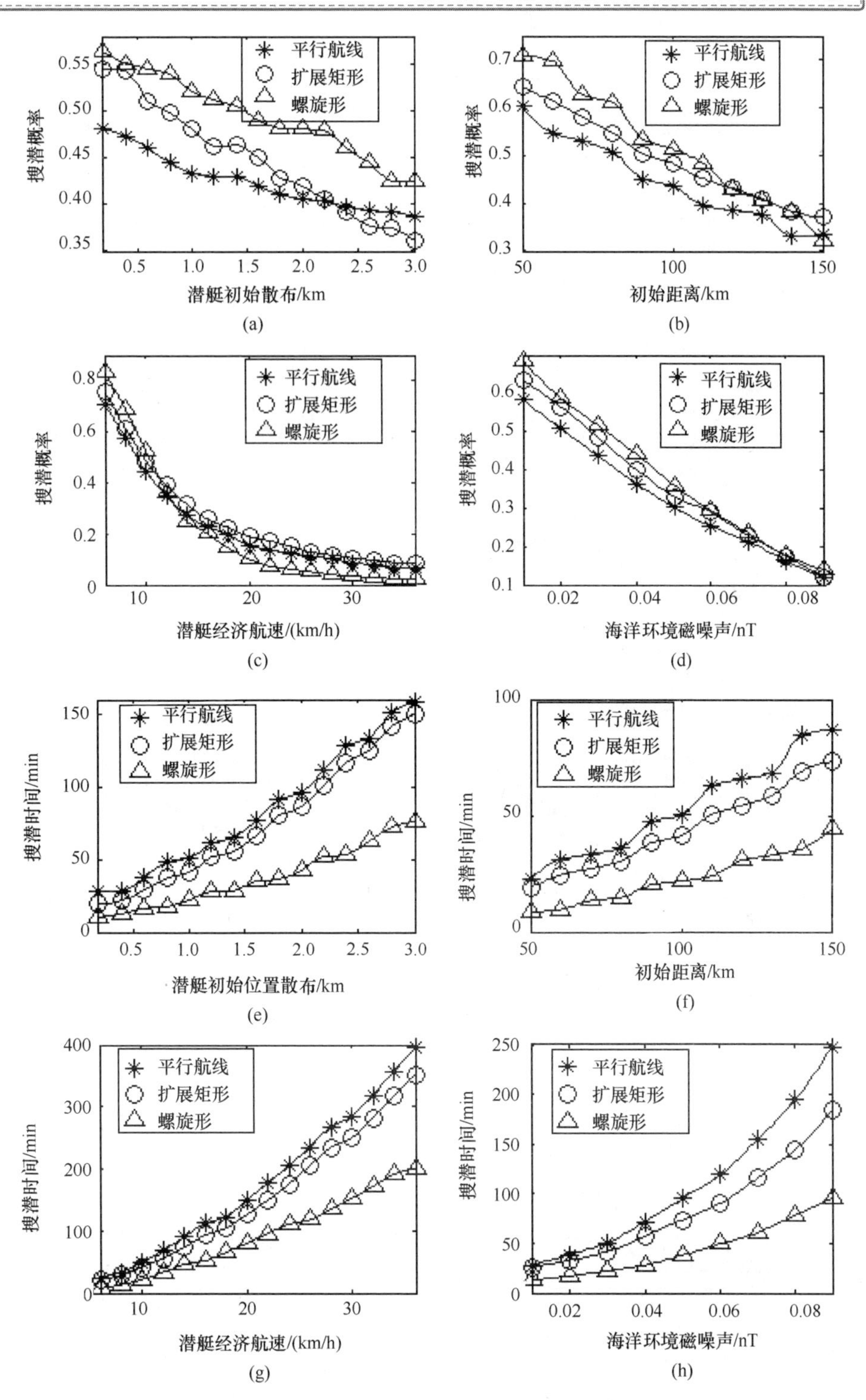

图 6-38　第 2 种潜艇运动模型时各要素对搜潜效能的影响

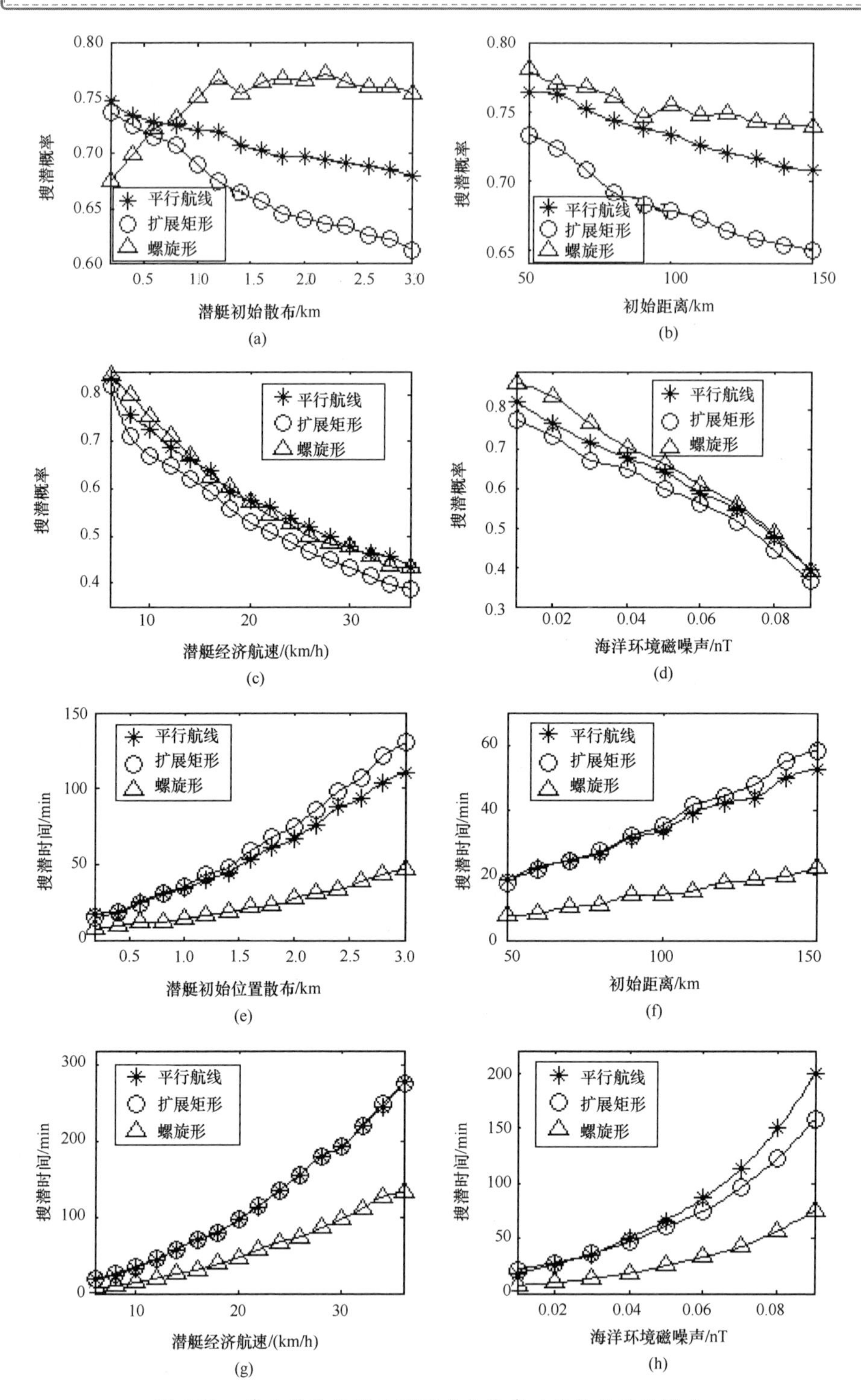

图 6-39 第 3 种潜艇运动模型时各要素对搜潜效能的影响

仿真 4：目标航速、航向都改变（第 4 种潜艇运动模型）的情况下，3 种搜索方法的搜潜效能对比。

航速、航向改变的时间间隔服从以 1/6h 为均值的指数分布，航向改变角服从［－180°　180°］均匀分布，航速服从瑞利分布，其他仿真参数不变，结果如图 6-40 所示。

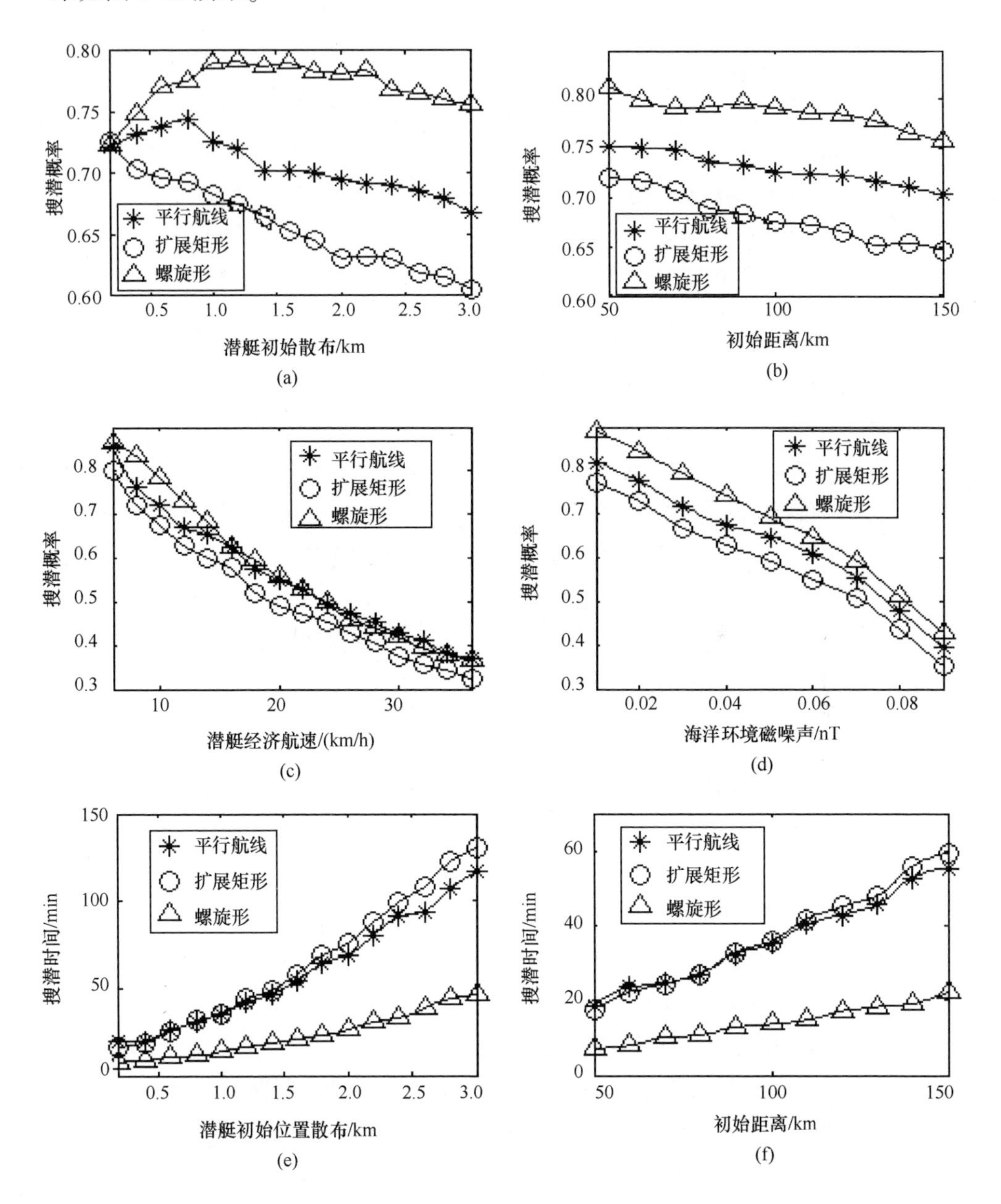

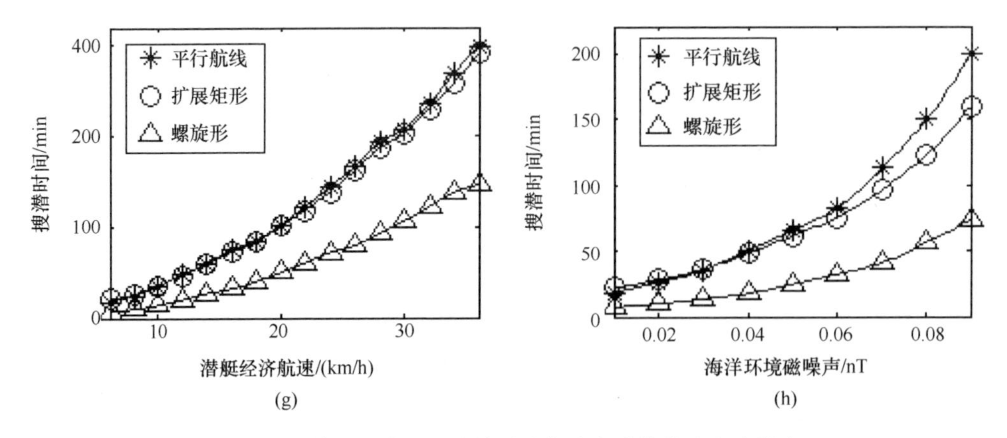

图 6-40　第 4 种潜艇运动模型时各要素对搜潜效能的影响

由图 6-40 可知，第 4 种潜艇运动模型条件下，当潜艇初始散布为 0.2 ~ 1km 时，螺旋形搜潜概率增加；当潜艇初始散布为 1 ~ 3km 时，螺旋形搜潜概率减少；当潜艇初始散布为 0.2 ~ 0.8km 时，平行航线搜潜概率增加；当潜艇初始散布为 0.8 ~ 3km 时，平行航线搜潜概率减少。相同条件下，平行航线和扩展矩形搜潜概率明显提高。

仿真 1 ~ 仿真 4 的结果表明：相同潜艇运动模型条件下，螺旋形搜潜效能最高，且受各要素影响较小；当潜艇进行航向机动时，平行航线与扩展矩形搜潜概率明显提高；当潜艇只进行航速机动时，3 种搜潜方法的搜潜概率都明显下降，这对于潜艇规避具有一定的意义。

6.6.3.3　反潜机磁探仪跟踪效能仿真分析

因为是对概知航向的目标进行跟踪，所以假设潜艇运动模型为第 1 种。根据仿真步骤，可得到不同条件下，“8”字形、苜蓿叶、八苜形跟踪样式的仿真结果如下。

仿真 1：潜艇初始位置散布对跟踪效能的影响。

潜艇初始概略位置为（240，240）km，其他参数与跟踪潜艇航路仿真相同，当潜艇初始位置散布为 0.1 ~ 1km 时，仿真结果如图 6-41 所示。

由图 6-41 可知，相同潜艇初始位置散布条件下，苜蓿叶和八苜形跟踪概率明显高于“8”字形跟踪概率，八苜形跟踪概率略高于苜蓿叶跟踪概率。当潜艇初始散布大于 0.7km 时，苜蓿叶和八苜形的跟踪概率小于 0.6。在实际训练或作战时，概率可能更低，因而，利用磁探仪进行跟踪时，必须较准确的知道潜艇的位置。

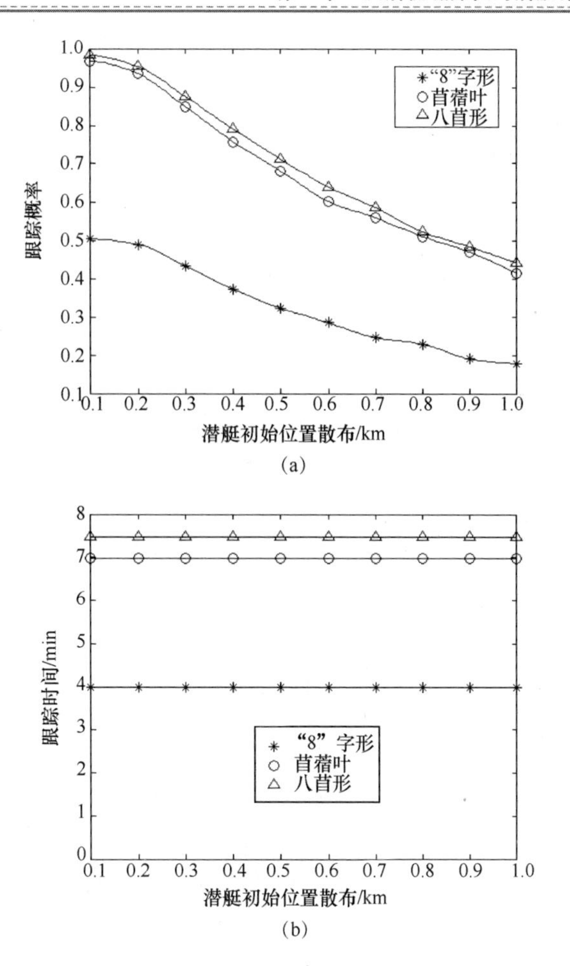

图 6-41　初始位置散布对跟踪效能的影响

仿真 2：初始距离对跟踪效能的影响。

由图 6-42 可知，相同初始距离条件下，苜蓿叶和八苜形跟踪概率明显高于“8”字形跟踪概率，八苜形跟踪概率略高于苜蓿叶跟踪概率；“8”字形跟踪概率随初始距离的增大而迅速减小，苜蓿叶和八苜形跟踪概率随初始距离增大而减小，但减小的速度要慢得多。

仿真 3：潜艇经济航速对跟踪效能的影响。

其他参数与跟踪潜艇航路仿真相同，当潜艇经济航速为 6 ~ 36km/h 时的仿真结果如图 6-43 所示。

由图 6-43 可知，相同潜艇经济航速条件下，苜蓿叶和八苜形跟踪概率明显高于“8”字形跟踪概率，八苜形跟踪概率略高于苜蓿叶跟踪概率。当潜艇经济航速小于 24km/h 时，苜蓿叶和八苜形的跟踪概率都大于 0.6。对于常规潜艇，其经济航速一般为 8 ~ 14km/h，因而，能确保跟踪效果。

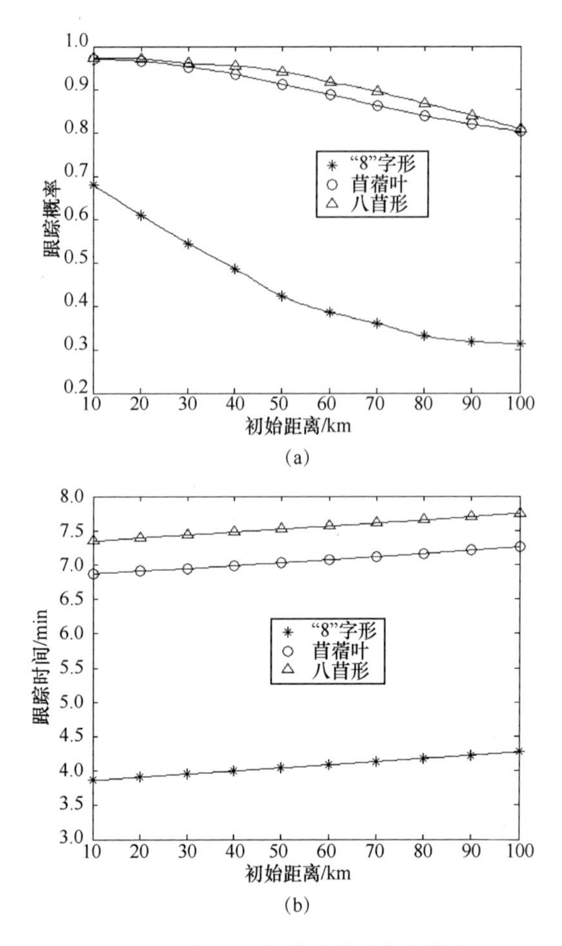

图 6-42　初始距离对跟踪效能的影响

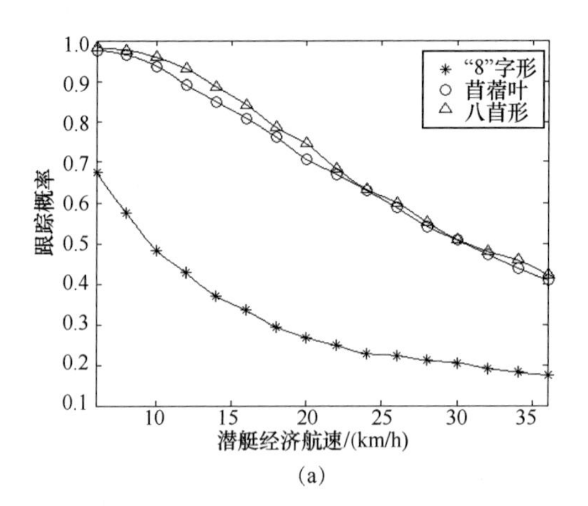

(a)

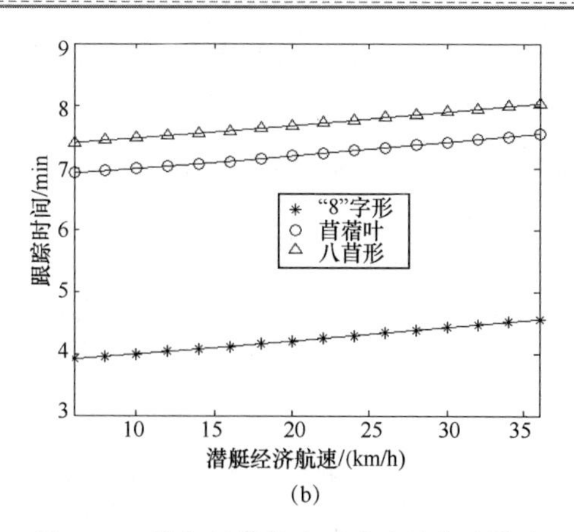

(b)

图 6-43　潜艇经济航速对跟踪效能的影响

仿真 4：潜艇航向散布对跟踪效能的影响。

潜艇初始位置散布为 0.2km，其他参数与跟踪潜艇航路仿真相同，当潜艇航向散布为 1°～10°时的仿真结果如图 6-44 所示。

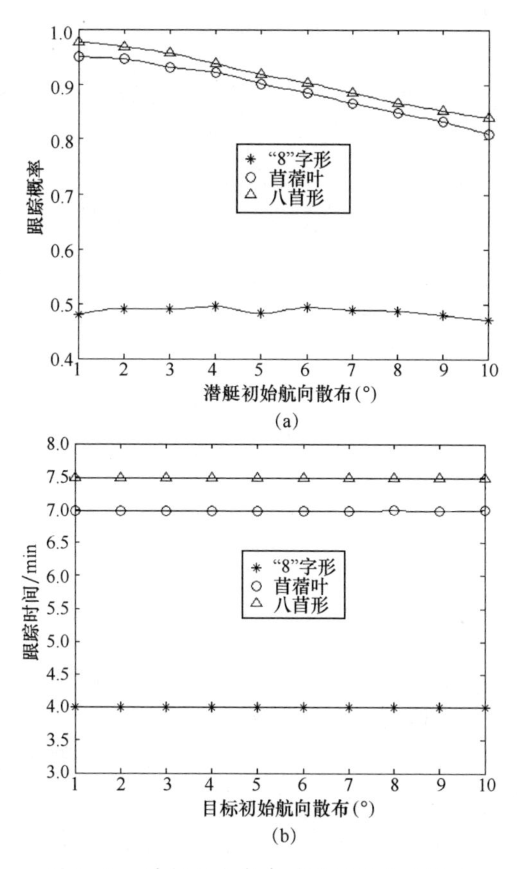

(b)

图 6-44　潜艇航向散布对跟踪效能的影响

由图 6-44 可知，相同潜艇初始航向散布条件下，苜蓿叶和八苜形跟踪概率明显高于“8”字形跟踪概率，八苜形跟踪概率略高于苜蓿叶跟踪概率。潜艇初始航向散布变化对“8”字形跟踪概率影响不大，苜蓿叶和八苜形跟踪概率则随潜艇初始航向散布增大而减小。

仿真 5：海洋环境磁噪声对跟踪效能的影响。

当海洋环境磁噪声为 0.01 ~0.09nT 时，其他仿真参数不变，仿真结果如图 6-45 所示。

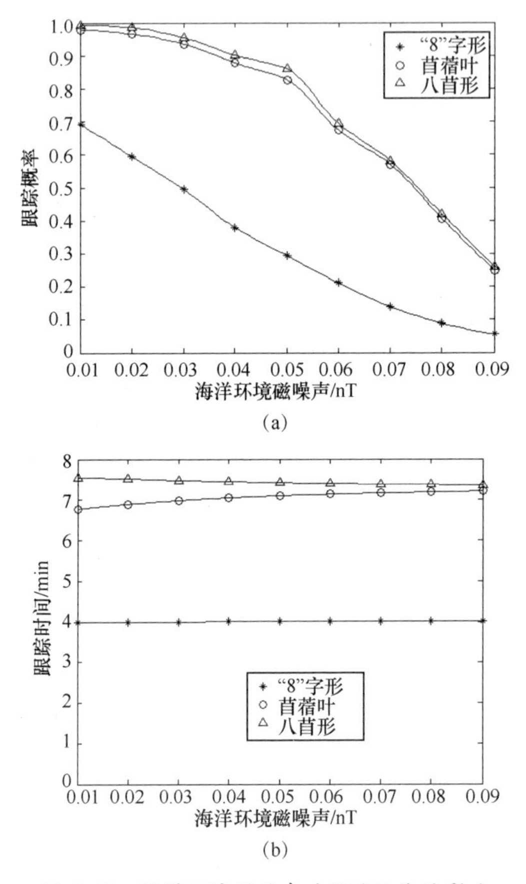

图 6-45　海洋环境磁噪声对跟踪效能的影响

由图 6-45 可知，相同海洋环境磁噪声条件下，苜蓿叶和八苜形跟踪概率明显高于“8”字形跟踪概率，八苜形跟踪概率略高于苜蓿叶跟踪概率；当海洋环境磁噪声大于 0.05nT 时，苜蓿叶和八苜形的跟踪概率迅速减少，这也符合当海况高于 5 级时，磁探仪基本不能使用的情况。

仿真 1 到仿真 5 的结果表明：相同条件下，八苜形的跟踪概率最高，且受潜艇初始航向散布和初始距离影响相对较小，但受潜艇初始位置散布、潜艇经济航速以及海洋环境磁噪声影响较大。因此，只有在较准确地知道潜艇的初始位置，潜艇经济航速较低、海况较低时，才能利用磁探仪有效对潜跟踪；在实际跟踪潜艇中，采用八苜形能获得较高的跟踪效能。

6.6.3.4 潜艇对抗反潜机磁探仪搜索效能仿真分析

影响潜艇对抗反潜机反潜搜索的主要因素有搜索海域的面积、潜艇的对抗深度、磁探仪的检测阈值、对抗速度。以下主要分析上面几个因素对潜艇对抗反潜的效能影响。

1. 潜艇对抗反潜机应召搜索对抗效能分析

仿真参数：反潜巡逻机初始位置（200，200）km，潜艇初始通报位置为（250，250）km，巡航速度600km/h，初始航向300°，利用磁探仪搜潜时的飞行速度为300km/h，最大转弯坡度角30°，潜艇初始位置散布为1km，海域重力加速度为9.8m/s^2。

仿真1：潜艇在不同深度条件下对抗效能的影响。

潜艇的经济航速为13km/h，反潜机的飞行高度为100m，潜艇下潜深度50～420m深度条件下，反潜机搜索概率和对抗时间的变化如图6-46和图6-47所示。

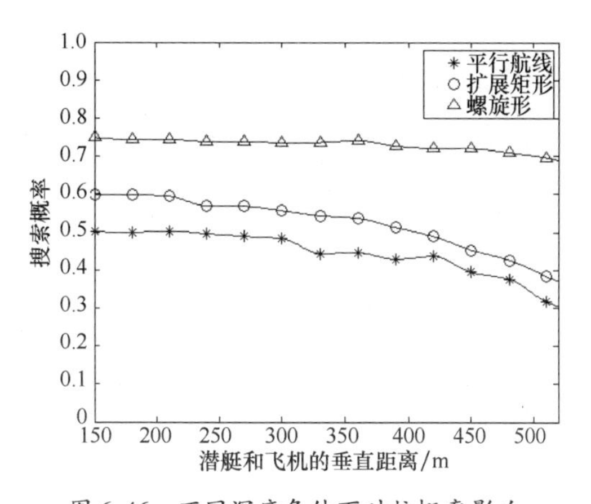

图6-46 不同深度条件下对抗概率影响

仿真2：潜艇不同的航速对潜艇对抗效能的影响。

反潜机的飞行高度为100m，潜艇下潜深度50m条件下，潜艇的经济航速为6～36km/h变化时，反潜机搜索概率和对抗时间的变化如图6-48和图6-49所示。

2. 潜艇对抗反潜机检查搜索对抗效能分析

仿真参数：反潜巡逻机初始位置（200，200）km，巡航速度600km/h，初始航向300°，最大转弯坡度角30°，利用磁探仪搜潜时的速度300km/h，搜潜海域为中心位置为（400，400）km，长为200km，宽为160km，海域重力加速度为9.8m/s²。

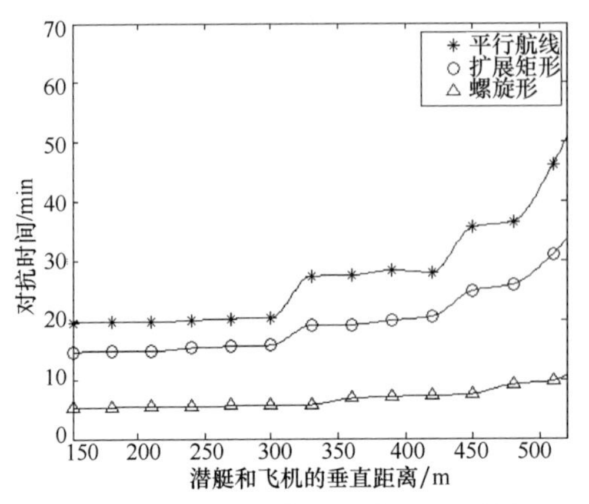

图6-47　不同深度条件下对抗时间影响

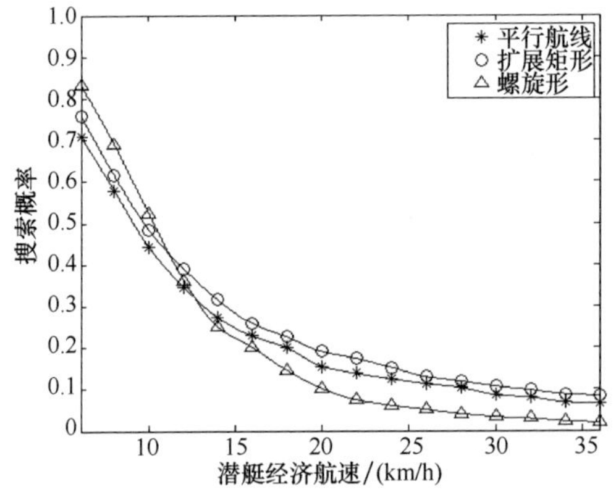

图6-48　不同经济航速条件下对抗概率影响

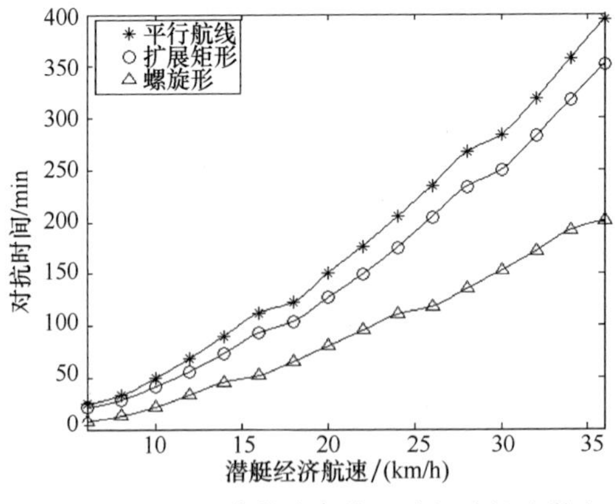

图6-49　不同经济航速条件下对抗时间的影响

仿真1：潜艇在不同深度对抗效能的影响。

潜艇的经济航速为13km/h，反潜机的飞行高度为100m，潜艇下潜深度50～300m条件下，反潜机搜索概率和对抗时间的变化如图6-50和图6-51所示。

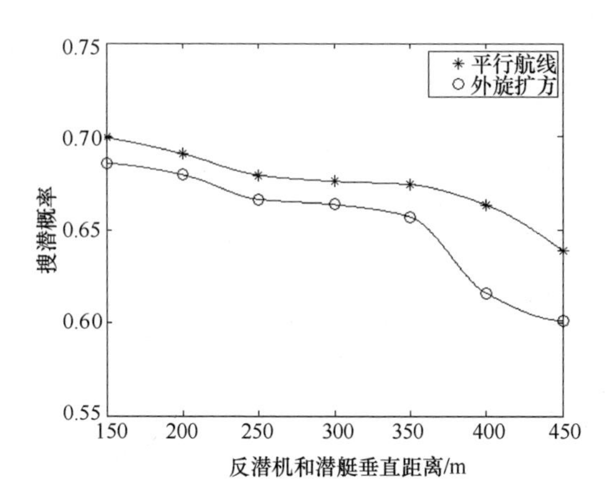

图6-50 不同深度条件下对抗概率影响

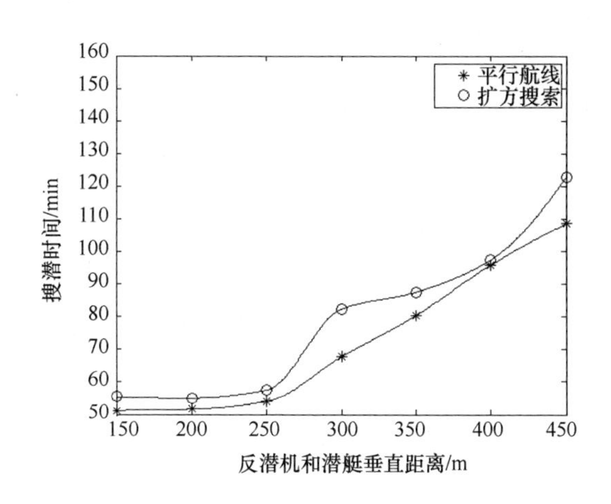

图6-51 不同深度条件下对抗时间影响

仿真2：潜艇不同的航速对潜艇对抗效能的影响。

反潜机的飞行高度为100m，潜艇下潜深度50m条件下，潜艇的经济航速为6～36km/h变化时，反潜机搜索概率和对抗时间的变化如图6-52和图6-53所示。

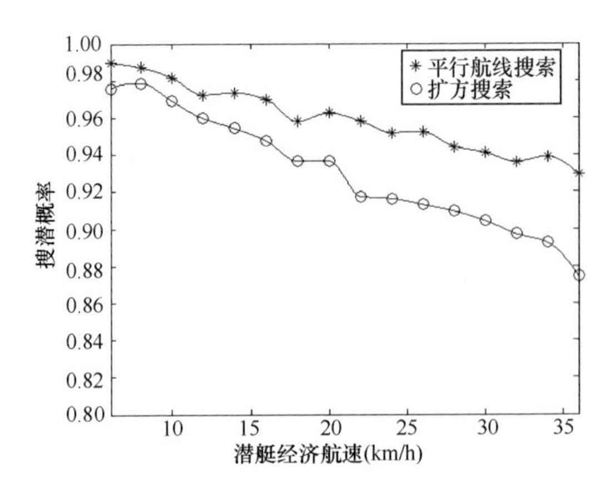

图 6-52 不同经济航速条件下对抗概率影响

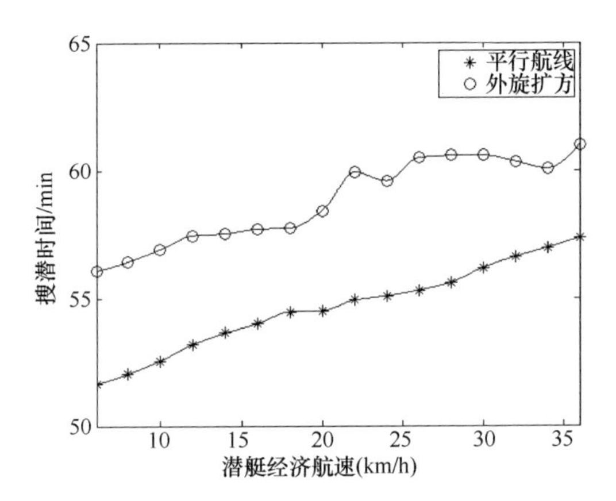

图 6-53 不同经济航速条件下对抗时间的影响

参 考 文 献

[1] 高月．亚太暨中国周边水下战力透析［J］．舰载武器，2006（3）：42-47.

[2] 西风．21 世纪日本海上力量［M］．北京：中国市场出版社，2013：161-178.

[3] 王晓武．国外常规潜艇 AIP 技术现状及发展趋势分析［J］．舰船科学与技术，2009，31（1）：172-175.

[4] 王祖典．航空反潜战与反潜武器［J］．航空兵器，2007（1）：6-9.

[5] 孙明太，等．航空反潜战术［M］．北京：军事科学出版社，2003.

[6] 吴福初，王宝林，潘长鹏．高技术条件下反潜作战的特点［J］．海军航空工程学院学报，2003，18（23）：344-346.

[7] 王祖典．航空反潜声探测设备［J］．电光与控制，2006，13（3）：1-4.

[8] 孟晓宇，肖国林，陈虹．国外潜艇声隐身技术现状与发展综述［J］．舰船科学与技术，2011，33（11）：135-139.

[9] 崔国恒，于德新．非声探潜技术现状及其对抗措施［J］．火力指挥与控制，2007，32（12）：10-13.

[10] 王祖典．航空反潜非声探设备［J］．电光与控制，2006，13（4）：6-12.

[11] 扬世周．航空磁力反潜浅谈［J］．舰船科学与技术，1979，1（12）：66-76.

[12] 舒晴，周坚鑫．航空磁力仪发展现状简介［C］//中国地球物理学会第 22 届年会论文集，2006：185.

[13] 吴天彪，叶庆华．磁探仪及其应用［J］．国外地质勘探技术，1994（1）：43-46.

[14] McDonald J R. UXO detection and characterization in marine environment［R］. Cary：SAIC Advanced Sensors and Analysis Division，2009：14.

[15] Peter V C，Alexander R P，Brian R W，et al. Magnetic detection and tracking of military vehicles［R］. Pennsylvania：Aero Electronic Technology Department of Naval Air Development Center，2002.

[16] 朱晓亮，蔡群，周明亮．美军 P-8A 新型反潜巡逻机战技能力探析［J］．飞航导弹，2011（11）：38.

[17] 张振宇．氦光泵磁测技术研究［D］．长春：吉林大学，2012：4-10.

[18] 屈也频．反潜巡逻飞机搜潜辅助决策系统建模与仿真研究［D］．长沙：国防科学技术大学，2008.

[19] 林春生，龚沈光．舰船物理场［M］．北京：兵器工业出版社，2007.

[20] 周耀忠，张国友．舰船磁场分析计算［M］．北京：国防工业出版社，2004.

[21] 周耀忠，宋武昌，唐申生．潜艇磁场外推的数学模型研究［J］．海军工程大学学报，2003（4）：31-35.

[22] 周峰，刘卫东，林轶群．舰艇磁场磁偶极子阵列数学模型研究［J］．计算机测量与控制，2008，16（10）：1499-1501.

[23] 袁方，颜国民．船舶磁场的旋转椭球体阵列模拟［J］．上海交通大学学报，1982，4：91-102.

[24] 周国华，刘大明．基于逐步回归法的潜艇高空磁场仿真［J］．海军工程大学学报，2005，17（5）：82-85.

[25] 徐杰，刘大明，周国华．一种基于遗传算法优化的潜艇高空磁场换算方法［J］．舰船科学技术，2009，31（1）：156-159.

[26] 张朝阳，肖昌汉，徐杰．基于微粒群优化算法的舰船磁模型分析［J］．华中科技大学学报（自然科学版），2010，38（11）：124-128.

[27] 翁行泰，曹美芬．潜艇感应磁场的三维有限元计算研究［J］．上海交通大学学报，1994，28（5）：69-76.

[28] 杜正常，长大伟．面向磁场有限元分析的舰船模块化几何建模技术研究［J］．上海交通大学学报，2008，20（1）：55-59.

[29] 郭成豹，何明，周耀忠．积分方程法计算舰船感应磁场［J］．海军工程大学学报，2001，13（6）：71-74.

[30] 高俊吉，刘大明，姚琼荟，等．用边界元法进行潜艇空间磁场推算的试验检验［J］．兵工学报，2006，27（5）：869-872.

[31] 唐申生，刘道胜，周耀忠．舰艇磁场推算中边界元法的改进［J］．海军工程大学学报，2011，23（1）：47-50.

[32] 闫辉，肖昌汉，周国华．基于曲面积分的磁场矢量延拓方法［J］．兵工学报，2008，29（7）：839-843.

[33] 杨明明，刘大明，刘道胜，等．采用边界积分方程和 Tikhonov 正则化方法延拓潜艇磁场［J］．兵工学报，2010，31（9）：1216-1221.

[34] Edward P L. Speed and depth effects in magnetic anomaly detection［R］. Washington：AD-A081329，1979：7.

[35] 王光辉，朱海，郭正东．潜艇磁偶极子近似距离条件分析［J］．海军工程大学学报，2008，20（5）：61-63.

[36] 张朝阳，肖昌汉，高俊吉，等．磁性物体磁偶极子模型适用性的试验研究［J］．应用基础与工程科学学报，2010，18（5）：862-867.

[37] 翁行泰，曹梅芬，吴文福．磁异探潜中潜艇的数学模型［J］．上海交通大学学报，1995，29（3）：27-29.

[38] 曹梅芬，翁行泰．航空磁探潜的数学模型及算法研究［J］．舰船科学与技术，1989，4：37-45.

[39] 胡海滨，龚沈光，林春生．基于静止标量磁强计的运动舰船定位问题的研究［J］．海军工程大学学报，2004，16（2）：56-60.

[40] 王金根，龚沈光．基于运动标量磁强计的磁性目标定位问题研究［J］．电子学报，2002，30（7）：1057-1060.

[41] Nelson J B. Aeromagnetic noise during low-altitude flights over the Scotian shelf［R］. Dartmouth，Canada：Defence Research & Development Canada-Atlantic，2002：6-9.

[42] James A B，Thomas M D. The influence of the natural enviroment on MAD operation［R］. NSTL Station，MS：U. S. Naval Oceanographic Ofice，1969.

[43] Daya Z A，Birsan M，Holtham P M. The magnitude and distribution of ambient fluctuations in the scalar magnetic field［C］//Proceedings of 2005 IEEE International Conference on Oceans，Dartmouth，Canada：IEEE Press，2005：2257-2262.

[44] Tolles W E，Lawson L D. Magnetic compensation of MAD equipped aircraft［R］. Mineola，NY：Airbome

Instruments Lab Inc, 1950: 201-223.
[45] Leliak P. Identification and evaluation of magnetic field sources of magnetic airborne detector equipped aircraft [J]. IRE Transactions on Aerospace and Navigational Electronics, 1961: 95-105.
[46] Bickel S H. Small signal compensation of magnetic fields resulting from aircraft maneuvers [J]. IEEE Trans on Aerospace and Electronic System, 1979, 15 (4): 518-525.
[47] Groom R W, Jia R Z, Bob L. Magnetic compensation of magnetic noises related to aircraft's maneuvers in airborne survey [J]. BHL Earth Sciences, 2004, 2 (1): 12-16.
[48] Gopal V B, Sarma V N, Rambabu H V. Real time compensation for aircraft induced noise during high resolution airborne magnetic surveys [J]. J. Ind. Geophys. Union, 2004, 8 (3): 185-189.
[49] 吴文福.16 项自动磁补偿系统 [J]. 声学与电子工程, 1993, 32 (4): 14-30.
[50] 张坚, 林春生, 罗青, 等. 基于预测残差平方和的飞机干扰磁场模型求解 [J]. 探测与控制学报, 2010, 32 (5): 74-78.
[51] 张宁, 林春生. 基于改进岭估计的飞行器背景磁干扰的建模与补偿 [J]. 系统工程与电子技术, 2012, 34 (5): 887-891.
[52] Longuet-Higgins M S, Stern M E, Stommel H. The electrical field induced by ocean currents and waves, with applications to the method of towed electrodes [J]. Physical Oceanography, 1954, 13 (1): 299-306.
[53] Weaver J T. Magnetic variations associated with ocean waves and swell [J]. Journal of Geophysical Research, 1965, 70 (8): 1921-1929.
[54] Ochadlick A. Experimental demonstration of weaver's model of magnetic fields from ocean waves [R]. Washington: Naval Air Systems Command, 1980.
[55] Lilley F E, Karen A W. Apparent aeromagnetic wavelengths of the magnetic signals of ocean swell [J]. Exploration Geophysics, 2004, 35 (1): 137-141.
[56] Lilley F E, Hitchman A P, Milligan P R, et al. Sea-surface observations of the magnetic signals of ocean swells [J]. International Journal Geophysical, 2004, 159 (2): 565-572.
[57] Semkin S V, Smagin V P. The effect of self-induction on magnetic field generated by sea surface waves [J]. Atmospheric and Oceanic Physics, 2012, 48 (2): 207-213.
[58] 张海滨. 海洋背景磁场数值模拟及东中国海上层海流磁场分布 [J]. 青岛: 中国海洋大学, 2008.
[59] 张自力. 海洋电磁场的理论及应用研究 [D]. 北京: 中国地质大学, 2009.
[60] 吕金库. 海浪对有限深海水磁场影响的研究 [D]. 哈尔滨: 哈尔滨工程大学, 2012.
[61] 闫晓伟, 闫辉, 肖昌汉. 海浪感应磁场矢量的模型研究 [J]. 海洋测绘, 2011, 31 (6): 8-11.
[62] Steele K E, Teng C C, Wang D C. Wave direction measurements using pitch and roll buoys [J]. IEEE Journal of Oceanic Engineering, 1992, 19 (4): 349-375.
[63] Daniele H, Kimmo K, Harald E K, et al. Measuring and analyzing the directional spectra of ocean waves [M]. Brussels: Office for Official Publications of the European Communities, 2005.
[64] 文圣常, 余宙文. 海浪理论与计算原理 [M]. 北京: 科学出版社, 1984.
[65] 徐德伦, 于定勇. 随机海浪理论 [M]. 北京: 高等教育出版社, 2001.
[66] 唐劲飞, 龚沈光, 王金根. 基于 Neumann 谱和 PM 谱的海浪感应磁场能量分布计算 [J]. 海军工程大学学报, 2001, 13 (4): 82-86.
[67] 唐劲飞, 龚沈光, 王金根. 海浪产生磁场的能量分布计算 [J]. 海洋学报, 2002, 24 (3): 45-51.
[68] 唐劲飞, 龚沈光, 林春生. 经典海浪谱下运动飞行器接收到的海浪磁场的噪声 [J]. 海军工程大

学学报，2002，14（6）：54-58.

[69] Etrod J F. Production of ultra low frequency magnetic noise real time removal from airborne magnetometer measurements [D]. Monterey：Naval Postgraduate School，1978.

[70] Yaakobi O，Zilman G，Miloh T. Detection of the electromagnetic filed induced by the wake of a ship moving in a moderate sea state of finite depth [J]. Journal of engineering Mathematics，2011，70（3）：17-27.

[71] 邓鹏，林春生．基于 LMS 算法的自适应滤波器在海浪磁场噪声中的应用 [J]. 电子测量技术，2009，32（12）：58-60.

[72] Wiegert R F. Magnetic anomaly sensing system for detection，localization and classification of magnetic objects [P]. 6841994，Unite States，2005.

[73] Lathrop J D，Shih H，Wynn W M. Enhanced clutter rejection with two-parameter magnetic classification for UXO [C] //Proceedings of SPIE on Detection and Remediation Technologies for Mines and Mine-like Targets，Dubey：The International Society for Optical Engineering，1999：37-51.

[74] Sheinker A. Search & Detection of marine wrecks using airborne magnetometer [D]. Israel：Ben Gurion University of the Negev，2004.

[75] Ginzburg B，Frumkis L，Kaplan B Z. Processing of magnetic scalar magnetometer signals using orthonormalized functions [J]. Sensors and Actuators A Physical，2002，102（1）：67 - 75.

[76] Sheinker A，Frumkis L，Ginzburg B，et al. Magnetic anomaly detection using a three-axis magnetometer [J]. IEEE Transactions on Magnetics，2009，45（1）：160-163.

[77] Frumkis L，Ginzburg B，Salomonski N，et al. Optimization of scalar magnetic gradiometer signal processing [J]. Sensors and Actuators A Physical，2002，121（1）：89-92.

[78] Takayuki I，Akihiro S，Masaharu K. Magnetic dipole signal detection and location using subspace method [J]. Electronics and Communications in Japan，2002，85（5）：23-34.

[79] Robert E，Wang G. Detection of moving magnetic dipoles by three-dimensional matched filter techniques [R]. Kjeller Norway：Norwegian Defense Research Establishment，1996.

[80] Sheinker A，Salomonski N，Ginzburg B，et al. Magnetic anomaly detection using entropy filter [J]. Measurement Science and Technology，2008，19（4）：200-205.

[81] Sheinker A，Ginzburg B，Salomonski N. Magnetic anomaly detection using high-order crossing method [J]. IEEE Transactions on Geoscience and Remote Sensing，2012，50（4）：1095-1101.

[82] Sheinker A，Shkalim A，Salomonski N，et al. Processing of a scalar magnetometer signal contaminated by 1/fa noise [J]. Sensors and Actuators A Physical，2007，138（1）：105-111.

[83] 唐劲飞，龚沈光，王金根．磁偶极子信号检测和参数估计 [J]. 海军工程大学学报，2001，13（2）：54-58.

[84] 林春生，向前，龚沈光．水中磁性运动目标信号的模型化检测 [J]. 兵工学报，2005，26（2）：192-195.

[85] 庞学亮，林春生，张宁．一种基于磁偶极子模型的潜艇信号检测方法 [J]. 海军工程大学学报，2011，23（1）：73-75.

[86] 张坚，林春生，黄凡．OBF 分解与 BP 网络在船舶磁场信号检测中的应用 [J]. 船电技术，2011，31（7）：13-16.

[87] 张坚，林春生，邓鹏，等．非高斯背景噪声下的微弱磁异常信号检测算法 [J]. 海军工程大学学报，2011，23（4）：22-26.

[88] 屈也频．机载搜索雷达探潜作用距离实时预报模型 [J]. 现代雷达，2008，30（10）：23-24.

[89] 牟达，王建立，陈涛．红外搜索跟踪系统作用距离分析［J］．仪器仪表学报，2006，27（6）：93-95.
[90] 贾庆莲，乔彦峰，邓文渊．周视搜索系统对点目标的作用距离分析［J］．光学学报，2009，29（4）：937-942.
[91] 赵妙娟，车宏．军用光电系统作用距离分析．红外与激光工程［J］. 2008，37（增刊）：501-503.
[92] 李凡，郭圣明，王鲁军，等．一种新的声纳作用距离指标评估方法［J］．声学技术，2009，28（3）：235-239.
[93] 边刚，刘雁春，裴文斌，等．海洋工程中磁性物质探测时探测间距和探测深度的确定［J］．海洋技术，2008，27（2）：41-45.
[94] 姚俊杰，孙毅，边少锋，等．水下磁目标探测线间距确定方法［J］．海洋测绘，2005，25（4）：29-31.
[95] 杨国清．水下搜索中磁探仪探测范围的确定方法［J］．海洋技术，1986，5（3）：55-60.
[96] 蒋志忠，杨日杰，张林琳，等．基于先验目标分布的磁探仪应召搜潜最佳搜索半径研究［J］．兵工学报，2011，32（9）：1100-1105.
[97] Koopman B O. Search and screening [M]. New York: Pergamon Press, 1970.
[98] Stone L D. Theory of optimal search [M]. New York: Academic Press, 1975.
[99] Washburn A. Search and detection [M]. Linthicum: Institute for Operations Research and Management Sciences, 2002.
[100] Brown S S. Optimal search for a moving target in discrete space and time [J]. Operations Research, 1980, 28 (6): 1275-1289.
[101] Joseph C F. Optimal search for moving targets in continuous time and space using consistent approximations [D]. Monterey: Naval Postgraduate School, 2011.
[102] Singh S, Vikram K. The optimal search for a Markovian target when the search path is constrained: the infinite-horizon case [J]. IEEE Transactions on Automatic Control, 2003, 48 (3): 493-496.
[103] Vermeulen F J. The search for an alerted moving target [J]. Journal of Operational Research Society, 2005, 56 (5): 514-516.
[104] Eagle J N, Yee J R. An optimal branch-and-bound procedure for the constrained path moving target search problem [J]. Operations Research, 1990, 38 (1): 110-114.
[105] Kierstead D P, DelBalzo D R. A genetic algorithm applied to planning search paths in complicated environments [J]. Military Operations Research, 2003, 8 (2): 45-58.
[106] Cho J H, Kim J S, Lim J S, et al. Optimal acoustic search path planning based on genetic algorithm in continuous path system [C] // Proceedings of 2006 IEEE Conference on Oceans, Asia Pacific: IEEE Press, 2006: 1-5.
[107] Cho J H, Kim J S, Lim J S. Optimal acoustic search path planning for sonar system based on genetic algorithm [J]. International Journal of Offshore and Polar Engineering, 2007, 17 (3): 218-224.
[108] Cho J H, Kim J S, Lim J S. Optimal acoustic search path planning in realistic environments based on genetic algorithm [C] //Proceedings of 2008 MTS/IEEE Conference on Oceans, Asia Pacific: IEEE Press, 2008: 1-8.
[109] 朱清新．离散和连续空间中的最优搜索理论［M］．北京：科学出版社，2005.
[110] 李长明，杨健，王晶．舰载直升机反潜搜索最佳方案优选模型及应用［J］．火力与指挥控制，2005，30（8）：68-71.

[111] 陈建勇，王健，单志超. 离散时间探测随机恒速目标的最优搜索算法 [J]. 系统工程与电子技术，2013，35 (8)：1627-1630.

[112] 周旭，杨日杰，高学强，等. 基于遗传算法的被动浮标阵优化布放技术研究 [J]. 电子与信息学报，2008，30 (10)：2532-2536.

[113] 曾海燕，杨日杰，周旭. 声纳浮标搜潜优化布放技术研究 [J]. 指挥控制与仿真，2012，34 (1)：82-85.

[114] 崔旭涛，杨日杰，何友. 声纳浮标与磁探联合搜潜仿真研究 [J]. 系统仿真学报，2008，20 (16)：4357-4358.

[115] 吴芳，杨日杰，周旭. 航空磁探仪应召搜潜效能研究 [J]. 测试技术学报，2008，22 (2)：114-117.

[116] 蒋志忠，杨日杰，熊雄，等. 磁探仪应召搜潜建模与仿真 [J]. 海军航空工程学院学报，2011，26 (1)：75-100.

[117] 吴芳，杨日杰，周旭，等. 航空磁探仪应召搜潜效研究 [J]. 测试技术学报，2008，22 (2)：114-117.

[118] 蒋志忠. 反潜巡逻机搜潜航路规划建模与仿真研究 [D]. 烟台：海军航空工程学院，2011.

[119] Kierstead D P，DelBalzo D R. Studies and application of adaption decision aiding in antisubmarine warfare [R]. Monterey：Naval Postgraduate School，1992.

[120] Thomas A J. Tri-level optimization for anti-submarine warfare mission planning [D]. Monterey：Naval Postgraduate School，2008.

[121] SPAWAR. PCIMAT version 7. 0 user's manual [M]. San Diego：SPAWAR Systems Center，2008.

[122] Surface Warfare Development Group. ASW screen planner TDA user manual [M]. Norfolk：Tacmemo SDG.

[123] Wagner Associates. ORP algorithm description [M]. USA：Wagner Associates，2008.

[124] 李汉清，李麓，宋裕农. 潜艇声纳的训练仿真 [J]. 计算机仿真，2001，18 (2)：24-28.

[125] 孟祥宇. 分布式舰载武器模拟训练系统的设计与研究 [D]. 大连：大连理工大学，2008.

[126] 王在刚，叶安娜，赵晓哲. 水面舰艇综合反潜仿真系统研究 [J]. 系统仿真学报，2004，16 (8)：1704-1708.

[127] Pierson W J，Moskowitz L. A proposed spectral form for fully developed wind seas based on the similarity theory of S. A. Kitaigorodskii [J]. Journal of Geophysics Research，1964，69：5191-5203.

[128] 张金春，陈志伟. 基于海浪谱的东中国海海浪二维仿真 [J]. 海军航空工程学院学报，2008，23 (4)：450-452.

[129] Frechot J. Realistic simulation of ocean surface using wave spectra [C]//Proceedings of the First International Conference on Computer Graphics Theory and Applications，Portugal，2006：76-83.

[130] Steele K E，Earle M D. Directional ocean wave spectra using buoy azimuth，pitch and roll derived from magnetic field components [J]. IEEE Journal of Oceanic Engineering，1991，16 (4)：427-433.

[131] 郭利进，师五喜，李颖，等. 基于四叉树的自适应栅格地图创建算法 [J]. 控制与决策，2011，26 (11)：1690-1693.

[132] 刘扬，宫阿都，李京. 基于数据分层分块的海量三维地形四叉树简化模型 [J]. 测绘学报，2010，39 (4)：410-413.

[133] 曾凯，杨华，翟月，等. 光电成像干扰图像质量评估 [J]. 电子与信息学报，2011，33 (9)：2164-2166.

[134] 尹长林，詹庆明，许文强，等. 大规模三维地形实时绘制的简化技术研究 [J]. 武汉大学学报

（信息科学版），2012，37（5）：556-558.

[135] Liu Z，Pang H，Pan M. Calibration and compensation of geomagnetic vector measurement system and improvement of magnetic anomaly detection [J]. IEEE Transactions on Geoscience and Remote Sensing Letters，2016，13（3）：447-451.

[136] Soshin C. Physics of ferromagnetism [M]. Oxford：Oxford University Press，2009：3-42.

[137] 闫辉，肖昌汉，周国华. 基于曲面积分的磁场矢量延拓方法 [J]. 兵工学报，2008，29（7）：839-843.

[138] Canova A，Freschi F，Repetto M，et al. Identification of an equivalent-source system for magnetic stray field evaluation [J]. IEEE Transactions on Power Delivery，2009，14（3）：1352-1358.

[139] 张朝阳，肖昌汉，衣军. 舰船平面磁场的边界矢量积分延拓方法 [J]. 华中科技大学学报，2011，39（9）：125-128.

[140] 林春生，龚沈光. 舰船物理场 [M]. 北京：兵器工业出版社，2007：45-49.

[141] Wangsness R K. Electromagnetic Fields [M]. New York：John Wiley & Sons，1986：250-254.

[142] Yan H，Xiao C H，Zhou G H. An extrapolation method of vector magnetic field via integral technique [J]. Journal of China Ordnance，2009，5（3）：192-197.

[143] Sheinker A，Salomonski N，Ginzburg B，et al. Aeromagnetic search using genetic algorithm [C] // Progress in Electromagnetics Research Symposium（PIERS 2005），Hangzhou：Piers Online，2005，1（4）：492-495.

[144] Rakotoarison H L，Yonnet J P，Delinchant B. Using coulombian approach for modeling scalar potential and magnetic field of a permanent magnet with radial polarization [J]. IEEE Transactions on Magnetics，2007，43（4）：1261-1264.

[145] Rade L，Westergren B. Mathematics handbook for science and engineering [M]. New York：Springer-Verlag Berlin Heidelberg，2004：246-258.

[146] Chadebec O，Coulomb J L，Leconte V，et al. Modeling of static magnetic anomaly created by iron plates [J]. IEEE Transactions on Magnetics，2000，36（4）：667-671.

[147] Rioux-Damidau F，Bandelier B，Penven P. A fast and precise determination of the static magnetic field in the presence of thin iron shells [J]. IEEE Transactions on Magnetics，1995，31（6）：3491-3493.

[148] Chadebec O，Rouve L L，Coulomb J L. New methods for a fast and easy computation of stray fields created by wound rods [J]. IEEE Transactions on Magnetics，2002，38（2）：517-520.

[149] 周耀忠，张国友. 舰船磁场分析计算 [M]. 北京：国防工业出版社，2004：104-200.

[150] 周家新，陈建勇，单志超，等. 航空磁探中潜艇磁场建模方法分析 [J]. 海军航空工程学院学报，2017，32（1）：143-148.

[151] 张朝阳，肖昌汉，高俊吉，等. 磁性物体磁偶极子模型适用性的试验研究 [J]. 应用基础与工程科学学报，2010，18（5）：862-868.

[152] 周国华，刘大明. 基于逐步回归法的潜艇高空磁场仿真 [J]. 海军工程大学学报，2005，17（5）：82-85.

[153] 刘胜道，刘大明，肖昌汉，等. 基于遗传算法的磁性目标磁模型 [J]. 武汉理工大学学报，2008，32（6）：1017-1020.

[154] 张朝阳，肖昌汉，徐杰. 基于微粒群优化算法的舰船磁模型分析 [J]. 华中科技大学学报，2010，38（11）：124-128.